星箭载一体化飞行器
设计理论与方法

魏 承 曹喜滨 著

科 学 出 版 社
北 京

内 容 简 介

本书针对传统设计方法在星箭独立设计、界面约束严格、设计空间割裂等方面的不足，难以显著提升荷载比的问题，提出打破星箭载之间的设计边界，实现"功能集成化、结构模块化、接口标准化、任务多样化"的一体化设计。由于星箭载一体化飞行器存在多学科耦合，传统的系统工程方法难以胜任。随着系统工程向数字化转型，本书首先提出面向星箭载一体化飞行器的公理化设计理论，然后利用基于模型的系统工程方法进行功能设计、逻辑设计和学科设计，最后开发基于模型的星箭载一体化飞行器设计与验证平台，以验证星箭载一体化飞行器总体设计方案及指标体系。

本书可作为系统工程师、航天器工程师、高校研究人员的参考书，也可作为系统工程专业研究生的教学用书。

图书在版编目（CIP）数据

星箭载一体化飞行器设计理论与方法 / 魏承，曹喜滨著. -- 北京：科学出版社，2025.3. -- ISBN 978-7-03-079644-8

Ⅰ.V47

中国国家版本馆 CIP 数据核字第 20243YJ368 号

责任编辑：郭　媛　孙伯元　李　娜 / 责任校对：王　瑞
责任印制：师艳茹 / 封面设计：无极书装

科学出版社 出版
北京东黄城根北街 16 号
邮政编码：100717
http://www.sciencep.com

北京富资园科技发展有限公司印刷
科学出版社发行　各地新华书店经销
*
2025 年 3 月第 一 版　开本：720×1000 1/16
2025 年 3 月第一次印刷　印张：16 3/4
字数：338 000
定价：150.00 元
（如有印装质量问题，我社负责调换）

前　言

随着我国航天技术的快速发展和人类社会对空间资源利用需求的不断增加，如何以更低的成本、更高的运载效率、更快的发射周期完成空间任务成为迫切的新需求。传统飞行器采用星箭独立设计和星载平台化设计方式，技术体制和设计规范各异，系统界面分工严格，导致火箭、卫星和载荷系统资源过度冗余，严重制约了入轨有效荷载比的提升。此外，在执行空间任务时，发射前的系统组装、燃料加注、测试检验流程，以及飞行器动力系统有限的运载能力，都制约了航天器的响应速度。因此，开发一种低成本、高运载能力和快速响应的飞行器具有迫切意义。

为了应对这些挑战，本书提出一种星箭载一体化飞行器(本书中简称一体化飞行器)，并系统性地提出一体化飞行器的设计理论与验证方法。通过一体化飞行器设计，能够大幅提升飞行器的运载效率和荷载比，还能大幅提升飞行器的响应速度和任务执行能力。

本书提出面向一体化飞行器设计的理论和方法，包括基于模型的系统工程(model-based system engineering, MBSE)和公理化设计理论，通过多层次的迭代设计和功能行为聚类分析，优化飞行器系统的功能架构，实现功能一体化的逻辑设计。研究工作涵盖从概念设计到详细设计再到系统验证的全过程，包括系统的设计和子系统的集成与优化。基于公理化设计理论与方法开展功能一体化设计并得到系统的逻辑结构，而 MBSE 技术则提供系统工程的数字化设计与验证环境，保证学科之间的一致性，降低设计风险，减少设计成本。基于 MBSE 和 SpaceSim 的设计及验证平台可实现一体化飞行器的方案设计与指标体系验证，能够支持一体化飞行器设计方案的需求追溯验证及指标确认验证。

本书共 5 章。第 1 章介绍一体化飞行器的基本概念与内涵，阐明其在现代航天领域，特别是应急响应中的需求背景和技术特点，总结一体化飞行器的发展现状，梳理一体化飞行器系统设计理论与方法。第 2 章提出一体化飞行器公理化设计理论，通过对复杂系统功能-行为-动作的分析与优化，提出功能分析行为聚类公理化设计理论，详细介绍其在一体化飞行器设计中的具体应用。第 3 章提出基于 MBSE 的一体化飞行器设计方法，涵盖一体化飞行器模型元素预定义、运行和任务分析、系统功能-逻辑设计、分系统学科模型等方面。第 4 章提出基于 MBSE 的一体化飞行器总体设计方案，涵盖一体化飞行器系统到分系统的详细设计方案。第 5 章提出基于 MBSE 的一体化飞行器系统设计方案验证方法和基于 SpaceSim

的一体化飞行器系统仿真与验证技术，验证包括顶层指标、分系统指标、飞行器行为逻辑和需求追溯，为设计的完备性及需求指标的回溯确认提供有力支持。

本书第 1 章由魏承、曹喜滨撰写，第 2 章由韦常柱、刘哲、王瑞鸣撰写，第 3 章由张玉彤撰写，第 4 章由郭金生、张柳、李烁、徐伟撰写，第 5 章由梁友鉴、周明泽、王天烨撰写，全书由魏承和曹喜滨统稿。

本书旨在通过对高荷载比一体化飞行器系统设计理论、设计方法与仿真验证技术的研究，提出一体化飞行器高效总体设计理论与方法，形成一体化飞行器总体设计方案，构建设计与验证系统，为一体化飞行器设计提供有力支撑。希望本书的出版能够为航天工程领域的研究人员和工程师提供理论指导和实践参考。为了便于阅读，本书提供部分彩图的电子文件，读者可自行扫描前言二维码查阅。

限于作者水平，书中难免存在不妥之处，恳请读者批评指正。

作 者

部分彩图二维码

目 录

前言
第1章 绪论 ··· 1
1.1 引言 ··· 1
1.2 一体化飞行器发展现状 ··· 1
1.2.1 星箭一体化飞行器 ··· 1
1.2.2 星载一体化飞行器 ··· 6
1.2.3 一体化飞行器发展现状 ··· 12
1.3 飞行器系统设计理论与方法 ··· 13
1.3.1 一体化设计 ·· 13
1.3.2 公理化设计理论 ··· 13
1.3.3 系统工程数字化发展 ··· 14
1.4 一体化飞行器系统设计难题与关键技术 ······························· 18
1.4.1 一体化飞行器系统设计难题 ··· 18
1.4.2 一体化飞行器系统设计关键技术 ··································· 20
1.5 本章小结 ··· 21

第2章 一体化飞行器公理化设计理论 ····································· 22
2.1 引言 ··· 22
2.2 复杂系统公理化设计理论 ··· 22
2.2.1 复杂系统公理化设计理论基础 ······································· 22
2.2.2 复杂系统公理化设计理论难题 ······································· 26
2.3 复杂系统功能分析行为聚类公理化设计理论 ························ 27
2.3.1 基于系统工程的公理化设计体系 ··································· 28
2.3.2 复杂系统功能-行为-动作分析 ······································· 34
2.3.3 复杂系统动作聚类优化 ··· 39
2.3.4 复杂系统设计综合 ··· 47
2.4 一体化飞行器功能分析行为聚类公理化设计 ························ 52
2.4.1 一体化飞行器任务分析 ··· 52
2.4.2 顶层任务需求至分系统架构迭代设计 ···························· 53
2.4.3 分系统至组件层次迭代设计 ··· 66
2.4.4 组件至部件层次迭代设计 ··· 79

　　　　2.4.5　底层叶级部件迭代设计 ·· 90
　2.5　本章小结 ··· 100

第3章　基于MBSE的一体化飞行器设计方法 ······························· 101
　3.1　引言 ·· 101
　3.2　面向一体化飞行器系统的多视角设计方法论 ····························· 101
　　　　3.2.1　一体化飞行器模型元素预定义 ··· 101
　　　　3.2.2　一体化飞行器的运行和任务分析 ······································ 105
　　　　3.2.3　一体化飞行器系统功能-逻辑设计 ····································· 115
　　　　3.2.4　一体化飞行器系统概念设计 ·· 138
　　　　3.2.5　一体化飞行器分系统学科模型 ··· 146
　3.3　基于系统工程的一体化飞行器系统分析与设计 ·························· 163
　　　　3.3.1　一体化飞行器设计领域集成 ·· 165
　　　　3.3.2　一体化飞行器系统模型仿真 ·· 166
　　　　3.3.3　基于模型系统工程的一体化飞行器设计选型 ······················· 168
　　　　3.3.4　一体化飞行器系统结构验证和确认 ··································· 168
　3.4　本章小结 ·· 169

第4章　基于MBSE的一体化飞行器总体设计方案 ························ 170
　4.1　引言 ·· 170
　4.2　一体化飞行器系统总体设计方案 ··· 170
　　　　4.2.1　多级固体动力系统总体设计方案 ······································ 170
　　　　4.2.2　入轨航天器总体设计方案 ·· 175
　4.3　入轨航天器分系统设计方案 ·· 179
　　　　4.3.1　入轨航天器分系统设计方案概述 ······································ 179
　　　　4.3.2　结构与机构系统 ·· 180
　　　　4.3.3　姿轨控系统与动力推进系统 ·· 180
　　　　4.3.4　一体化载荷组件系统 ·· 185
　　　　4.3.5　一体化信息处理系统 ·· 193
　　　　4.3.6　星上能源系统 ··· 196
　　　　4.3.7　热控系统 ·· 196
　4.4　一体化飞行器系统指标体系 ·· 198
　4.5　本章小结 ·· 200

第5章　一体化飞行器系统设计方案与指标体系验证 ····················· 201
　5.1　引言 ·· 201
　5.2　基于MBSE的一体化飞行器设计方案验证 ······························· 201
　　　　5.2.1　一体化飞行器顶层指标验证 ·· 201

5.2.2　一体化飞行器分系统指标验证……………………………………201
5.2.3　一体化飞行器行为逻辑验证……………………………………202
5.2.4　一体化飞行器需求追溯验证……………………………………204
5.3　基于 SpaceSim 的一体化飞行器系统仿真与验证………………………204
5.3.1　航天器系统仿真软件 SpaceSim………………………………204
5.3.2　一体化飞行器入轨优化理论与方法……………………………207
5.3.3　一体化飞行器快速部署理论与方法……………………………225
5.3.4　一体化飞行器应用仿真与验证…………………………………236
5.4　基于 MBSE 与 SpaceSim 的一体化飞行器指标体系验证………………248
5.4.1　一体化飞行器系统联合仿真模型定义…………………………248
5.4.2　一体化飞行器系统联合仿真验证………………………………251
5.4.3　一体化飞行器指标体系验证……………………………………257
5.5　本章小结…………………………………………………………………257

参考文献……………………………………………………………………………258

第1章 绪　　论

1.1 引　　言

　　一体化飞行器是一种能够实现多功能集成和高效快速响应的航天器，专为灾害应急响应设计。其核心特性包括快速发射和任务多样性，能够在紧急情况下迅速部署并执行任务，及时提供关键数据支持。与传统的星箭独立设计和星载平台化设计相比，一体化飞行器实现了火箭、卫星与载荷的一体化设计，由多级固体动力系统和自主入轨航天器系统构成。该设计能够显著提升入轨有效荷载比，利用大推力发动机，具备轨道强机动及快速部署能力，且一体化飞行器成本低，可长期储存，该设计大幅提高了一体化飞行器的空间快速响应能力。

　　一体化飞行器的高载质比、高荷载比和高动态重构能力，使其能够适应通信、导航、遥感等多种任务，并具备快速响应能力，通过单机共用、软件重构等手段完成火箭、卫星、载荷可共用模块的综合集成与一体化设计。入轨航天器系统作为核心，通过一体化功能集成，仅用一套系统即可在不同阶段分别实现运载、卫星和载荷管理功能。

　　固体动力系统通过优化组合多级固体发动机，形成适应不同任务需求的动力型谱。高荷载比的一体化飞行器突破了传统设计模式，打破了火箭、卫星和载荷之间的界限，进行了面向功能的集成化设计、面向结构的模块化设计和面向任务的柔性化设计，形成了新型航天器系统综合优化的设计思路。结合复杂系统功能分析行为聚类公理化设计理论和 MBSE 方法，从顶层任务需求出发，逐级进行系统功能、行为、动作分析及优化，规范化映射得到一体化物理域部件，实现功能集成化、结构模块化、接口通用化和任务多样化。

1.2　一体化飞行器发展现状

1.2.1　星箭一体化飞行器

　　星箭一体化技术是一种将卫星和运载火箭进行一体化设计的技术。该技术的目标是通过提高火箭和卫星之间的耦合程度，来提高整个航天系统的性能和可靠性，并降低成本。星箭一体化技术打破了传统火箭与卫星系统界面之间的关系，通过加强两系统之间的技术耦合度，以及共用动力、结构、控制、测量等系统，将运载火箭末级整体送入预定轨道并长期在轨工作实现卫星功能,大幅提高了有效载荷利用率,拓展了应用空间。

1. "快舟"系列

2013年9月25日,"快舟一号"卫星发射升空,创造了我国航天发射和航天应用的最快纪录,标志着我国的运载火箭具备了空间快速响应发射能力[1]。

"快舟一号"是航天科工火箭技术有限公司与哈尔滨工业大学卫星技术研究所合作研制出的一种小型固体运载火箭。这款火箭采用了国际首创的星箭一体化技术,同时在国内首次采用栅格舵控制技术,在出厂时就是卫星-运载火箭-发射筒-发射车的组合体,因此一旦发生自然灾害,能够机动到达预定发射阵地,快速发射入轨,并立即开始执行任务。相较以前的火箭和卫星,不再需要进行星箭对接试验,从而大大缩短了发射准备时间。常规发射通常需要6~9个月的准备时间,而"快舟一号"则能在几小时到几天时间内完成发射[2],初步形成了空间快速响应能力。

2015年,随着小卫星发射服务市场的日渐兴起,中国航天科工集团有限公司启动了"快舟一号"星箭一体化运载器的通用化改型工作,通过去除卫星在轨部件并扩大整流罩,增加星箭对接分离界面,改进研制出"快舟一号甲"运载火箭。在首个中国航天日(2016年4月24日),成立仅2个月的航天科工火箭技术有限公司就签订了国内首个商业航天发射服务合同,并用8个半月的时间于2017年1月9日完成了首次商业航天发射,打造了中国商业航天发展的"快舟"速度。2019年8月31日,"微重力技术实验卫星"与"潇湘一号07卫星"分别准确进入预定轨道[3]。这项任务标志着中国首次尝试进行运载火箭和卫星之间的在轨连接测试。通过在运载火箭末级(也称最后级)增加通信天线,在运载火箭末级和卫星之间建立了通信链路。通过运载火箭末级的终端进行天基测控,与中继卫星建立连接,允许地面人员在运载火箭和卫星分离后连续跟踪卫星。"空空链路对接"的实现可避免卫星运行至地球背后导致的短暂失联情况。

2022年12月7日,"快舟十一号"遥二固体运载火箭将行云交通甚高频数据交换系统(very high frequency data exchange system,VDES)试验卫星进入预定轨道[4],其总体技术水平达到固体运载火箭国际先进水平。中国运载火箭型谱中再添一枚中型固体运载火箭。

"快舟十一号"中型固体运载火箭由中国航天科工集团有限公司负责工程抓总研制,由其下属中国航天三江集团有限公司承担总体研制任务。该火箭为四级运载火箭,即一级固体级段、二级固体级段、三级固体级段和四级液体级段。全箭采用轻量化设计,碳纤维复合材料占比从80%提高到94%,大幅提高了火箭的荷载比,拥有较优的结构系数,也助力该火箭成为中国现役运载系数最高的固体运载火箭。同时，较高的运载系数支撑"快舟十一号"火箭将每千克的发射费用控制在 1 万美元以内。相比于"快舟一号甲"运载火箭，"快舟十一号"火箭运力实现了成倍跃升，前者的低地球轨道(low earth orbit, LEO)最大运载能力和 700km 太阳同步轨道(sun synchronous orbit, SSO)运载能力分别为 0.3t 和 0.2t，后者相应的运载能力分别为 1.5t(LEO)和 1.0t(SSO)，均提升了 400%。

"快舟十一号"火箭具有低成本、快响应、市场化的核心特点，采用移动发射平台和三平模式(水平组装、水平测试、水平运输)发射，配备了采用双四级长行程液压缸同步起竖方案的发射车，具备快速发射能力，能够适应多样化发射任务，将主要承担 400～1500km 低地球轨道和太阳同步轨道小卫星、微小卫星单星及多星组网发射任务。"快舟十一号"火箭能更好地满足大规模、高密度、快速发射卫星的需求。

2. "长征四号丙"运载火箭

除了"快舟"系列运载火箭外，我国还在不断推进其他星箭一体化技术的研发和应用。"长征"系列运载火箭也在逐步采用星箭一体化技术，以提高其有效载荷的利用率和应用范围。

目前，实现元器件上天验证主要有以下三种途径。

(1)发射专用试验卫星。这是一种常规方法，将元器件搭载在专用试验卫星上，将其送入太空进行验证。

(2)在业务卫星上搭载。这种方法是将元器件搭载在已经部署的业务卫星上，元器件可以在实际运行环境中进行测试。

(3)利用载人飞船和空间站搭载。载人飞船和空间站也可以成为元器件验证的平台，这种方法虽然机会难得，但是在某些情况下是可行的。

然而，现役运载火箭大多拥有两级以上的构型。其中，火箭末级通常停留在太空轨道上，没有任何功能，成为一种太空垃圾。一种方法是将末级改造为试验平台，在将卫星送入轨道后继续完成其他任务。据统计，我国在 2023 年发射了 67 次火箭。如果按照这个频率运载火箭加装末级验证系统，将会显著提高新元器件在太空环境下的测试验证能力。此外，火箭末级回收难度较大，在轨运行时间较长，且具备集中安装控制系统和其他设备的仪器舱，是最具改造潜力的火箭级段。

针对运载火箭留轨末级再利用的问题，中国航天科技集团有限公司第八研究院提出了低成本太空试验系统。该系统通过对运载火箭留轨末级进行升级改造，充分利用其完整结构体和轨道停留时间，增加独立的能源模块、通信模块和控制模块，使其变成一个完整的卫星平台，并不断完善和升级空间环境测量能力，可提供元器件、组件和载荷在轨试验的标准机接口、电热接口和信息接口，实现即插即用地安装由其他单位研制的元器件、组件、载荷等,并为这些载荷提供太空环境下的试验,成为一种新型的低成本、常态化的太空试验系统。

2022年3月17日,搭载"遥感三十四号02星"的"长征四号丙"运载火箭,在酒泉卫星发射中心成功发射。除了完成主要任务,本次发射的火箭还搭载了末级验证系统开展技术验证[5]。这一举措有助于有效减少火箭发射造成的末级太空垃圾,同时充分利用在轨末级的太空飞行时间。

总的来说,我国在星箭一体化技术研究方面取得了一定的成果,但仍需要不断加强技术创新与合作,以推动星箭一体化技术的进一步发展。同时,随着应用需求的不断增加和商业竞争的加剧,我国需要在星箭一体化技术方面持续投入,以保持其领先地位并满足市场需求。

3. 美国Electron火箭和Photon卫星

2019年4月,美国Rocket Lab公司宣布对Electron火箭(图1-1)的末级进行改造,充分利用其末级本身的三轴稳定能力和轨道控制能力,在轨控发动机四周布设太阳能电池板,以满足长期在轨能源获取需求,使末级可以加装一系列载荷,实现长期在轨工作。美国Rocket Lab公司将该卫星平台命名为Photon。

图1-1 Electron火箭

2020年9月3日,Rocket Lab公司宣布已将本公司的第一颗Photon卫星平台(图1-2)送入轨道。2020年8月30日,Electron火箭的发动节将美国Capella Space

图1-2 Photon卫星平台

公司的 Sequoia 雷达成像卫星送入轨道，之后，控制台发出指令，将该节火箭转为 Photon 卫星模式，成为可独立运作的卫星，命名为"First Light"，开始其自身的轨道飞行任务。因此，Photon 卫星平台在该任务中起着双重作用，首先是作为火箭末级用于交付客户卫星，其次是作为独立卫星。该方式消除了部署的航天器的寄生质量，并能够充分利用整流罩。

4. 印度 PSLV

2022 年 6 月 30 日，执行 PSLV-C53 发射任务的极轨卫星运载火箭（polar satellite launch vehicle，PSLV）搭载主星 DS-EO 和搭载星 NeuSAR、Scoob-1 等 3 颗卫星，自萨蒂什·达万航天中心成功发射。同时，此次任务还有特别之处，即将对运载火箭的芯四级（上面级）进行再利用。PSLV-C53 发射任务开展了名为 PSLV 的轨道试验模块行动，使用运载火箭的芯四级作为轨道平台进行在轨科学试验。这是 PSLV 芯四级首次作为稳定平台绕地球轨道运行，使用专用的导航、制导和控制（navigation, guidance and control，NGC）系统实现姿态稳定。轨道试验模块的电力来自安装在芯四级储箱周围的太阳能电池板及一个锂离子电池，使用四个太阳传感器、一个磁强计、陀螺仪和印度区域导航卫星系统（Indian regional navigation satellite system，IRNSS）进行导航，配备了使用氦气的专用控制推进器，并支持遥控指令控制。在轨道试验模块上搭载了 6 个有效载荷，其中 2 个来自印度 Digantara 公司和 Dhruva Space 公司。

2023 年 4 月 22 日，执行 PSLV-C55 发射任务的 PSLV 搭载主星 TeLEOS-2 雷达成像卫星和 Lumelite-4 卫星，自萨蒂什·达万航天中心成功发射。PSLV 的芯四级搭载 7 个有效载荷，在完成两颗卫星的部署后，PSLV 的芯四级作为一个试验平台留在轨道上。这个芯四级被命名为 PSLV 轨道试验模块-2，在该模块上搭载了 7 个有效载荷，如高级阻滞电位分析仪和 PSLV 在轨机载计算机等。

2024 年全球首次航天发射由印度空间研究组织（Indian Space Research Organisation，ISRO）的 PSLV 完成。2024 年 1 月 1 日，执行 PSLV-C58（图 1-3）发射任务的 PSLV 搭载 XPoSat 卫星，自萨蒂什·达万航天中心成功发射。此次任务还搭载了 POEM-3，它仍然连接到 PSLV 的第四级火箭上。POEM-3 是一种太空摆渡车，POEM-3 承载了来自 ISRO 和印度国家空间推广和授权中心的 10 个有效载荷（图 1-4），如辐射屏蔽试验模块、燃料电池动力系统、硅基高能电池等。POEM-3 预计将在轨运行约一个月。

图 1-3　PSLV-C58

图 1-4　PSLV-C58 的有效载荷容纳

1.2.2　星载一体化飞行器

随着卫星技术的不断发展和完善，卫星有效载荷的尺寸逐渐增大，对传统的航天器舱室设计提出了挑战。传统的航天器舱室设计方法导致卫星尺寸整体增大，会引发卫星发射质量、卫星成本和机械性能等方面的问题。为了解决这些问题，综合卫星设计应运而生，打破了传统的服务模块(推进模块)和有效载荷模块的分离，将整个卫星设计集中在有效载荷周围[6]，实现了整体集成化。具体而言，星载一体化设计具有以下优势。

(1)降低卫星发射质量。集成型设计可以有效减少卫星发射的总质量，使卫星更轻便，提高了发射效率。

(2)减小卫星尺寸。集成型设计允许更紧凑的构型，从而减小了卫星的整体尺寸。

(3)降低卫星成本。通过整体集成可以减少部件之间的接口和连接，降低了制造成本和维护成本。

(4)提高卫星刚度。集成型设计有助于提高卫星的结构刚度，使其更适合在太空环境中运行。

因此，星载一体化设计为卫星的性能和效益提供了更灵活、通用且易于扩展的解决方案。

1. "吉林一号"系列卫星

"吉林一号"卫星星座是我国目前最大的商业遥感卫星星座，具备较强的服务能力[7]。"吉林一号"卫星星座打响了中国卫星商业化的"第一枪"，无论是技术层面还是运营模式都为中国航天信息产业带来了新变革。目前，"吉林一号"卫星星座的星载一体化整星设计制造技术经历了以载荷为核心、载荷平台一体化、载荷平台相融合的代际演进，并进入了载荷平台融为一体的发展阶段。

长光卫星技术股份有限公司(简称长光卫星公司)第一代卫星技术研发星坚持以载荷为核心设计整星，重点针对传统卫星平台对有效载荷约束条件过多、有效载荷难以进行最优化设计的问题，从光学遥感卫星的本质是为用户提供高质量影像的空间光学仪器这一全新视角出发，重新思考了卫星平台与光学有效载荷之间的关系，按照以载荷为核心的思路，考虑如何保证有效载荷的性能，为载荷设计放宽约束条件。本阶段跨过传统的平台加载荷设计方式，采用星载一体化技术。"一箭四星"的成功发射有效验证了以载荷为核心这一理念的可行性。

2015年10月，长光卫星公司第一代卫星技术研发星——"吉林一号"光学A星(图1-5)在酒泉卫星发射中心成功发射。"吉林一号"光学A星是"吉林一号"高分卫星系列的首颗卫星，也是"吉林一号"卫星星座的首批卫星，采用一体化设计技术，在达到亚米级分辨率的同时，质量不到同等级卫星的50%。"吉林一号"光学A星由中国科学院长春光学精密机械与物理研究所、哈尔滨工业大学、长光卫星公司共同研制完成，哈尔滨工业大学曹喜滨教授担任该卫星系统总师。

图1-5 "吉林一号"光学A星

载荷平台一体化是长光卫星公司第二代卫星技术研发星的鲜明特点。本阶段重点针对卫星平台与空间光学有效载荷在结构一体化、热控一体化等方面存在的问题，按照载荷平台一体化思路开展星载一体化整星设计制造技术研究，有效荷载比提升至30%左右,并以此为基础实现单颗亚米级卫星质量在200kg左右,批量化单颗亚米级卫星制造成本不超过5000万元的研制目标。

2017年11月,长光卫星公司第二代卫星技术研发星——"吉林一号"视频04～06星(3颗)在太原卫星发射中心成功发射,该系列卫星继承了"吉林一号"视频03星单机和技术状态,并根据商业市场需求对星载相机系统进行了性能优化,具备面阵视频、夜光成像和推扫成像功能,图1-6为"吉林一号"视频04星。本组3颗卫星的成功发射标志着星载一体化整星设计制造技术进入载荷平台一体化阶段。

图1-6 "吉林一号"视频04星

载荷平台相融合是长光卫星公司第三代卫星技术研发星的鲜明特点。这一阶段着重解决了整星高集成综合电子技术方面的问题。基于第二阶段载荷平台一体化的技术研究,在考虑低成本和批量化制造的前提下,进一步推进了星载一体化整星设计制造技术的研究,这一阶段最显著的特点是去平台化。以此为基础,目标是实现单颗亚米级卫星质量在40kg左右,批量化单颗亚米级卫星制造成本不超过800万元。为了达到这一目标,2019年6月,成功发射了长光卫星公司第三代卫星技术研发星——"吉林一号"高分03A星,如图1-7所示。"吉林一号"高分03A星的成功发射标志着星载一体化整星设计制造技术已经进入载荷平台相融合的阶段,同时也意味着长光卫星公司正式开始进入低成本、批量化生产卫星的阶段。

长光卫星公司第四代卫星技术研发星以载荷平台融为一体为发展方向,本阶段重点解决新一代高集成度电控系统、超高速率激光数据传输和微电推进等方面存在的问题,在第三阶段载荷平台相融合技术的基础上,按照载荷平台融为一体

图 1-7 "吉林一号"高分 03A 星

的思路深入开展星载一体化整星批量化设计与制造技术研究,并以此为基础实现单颗亚米级卫星质量在 20kg 左右,批量化单颗亚米级卫星制造成本不超过 400 万元的目标。

2023 年 6 月,长光卫星公司成功发射了第四代卫星技术研发星——"吉林一号"高分 05A 星,如图 1-8 所示。这颗卫星肩负着特殊的使命,作为"吉林一号"卫星星座第四代卫星技术研发星的首颗技术验证星,具备高分辨率、高传输速度和高机动性等特点,并且实现了完全中心化的设计思路。

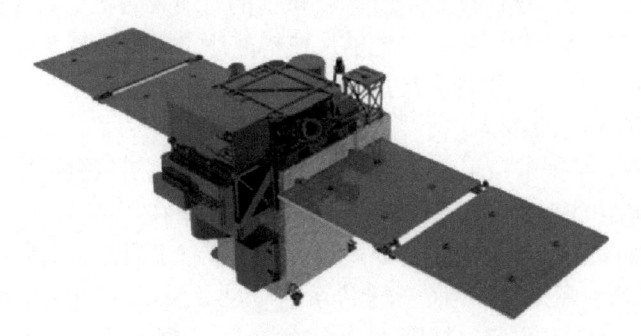

图 1-8 "吉林一号"高分 05A 星

"遥感三十六号"卫星采用了平台载荷一体化构型设计,以一体化桁架结构为整星的主承力结构。通过模块化设计、集成化设计,载荷完全融入整星构型和布局,同时满足星敏感器等产品高精度、高稳定安装接口的要求,实现了姿态控制(简称姿控)敏感器件与载荷的最短物理路径。这一设计提升了卫星在轨工作性能,并填补了中国航天科技集团有限公司第八研究院轻小型、高敏捷、高稳定卫星平台的空白[8]。

2. 美国 GeoEye-1 卫星

目前，国外正在从以平台为中心的技术体系向以有效载荷为中心的技术体系过渡[9]。例如，GeoEye-1/2、SPOT 6/7 以及 Pléiades-1/2 均采用平台载荷一体化的设计理念，在四大卫星系列中占据三席。

美国 GeoEye 系列由 GeoEye-1 和 GeoEye-2 两颗卫星组成，与 WorldView 系列采用标准化平台以及模块化分舱的设计理念不同，GeoEye 系列卫星从构型上继承了原 Ikonos 卫星的技术理念，采用了平台与载荷的一体化设计，如图 1-9 所示。

(a) GeoEye-1　　(b) GeoEye-2

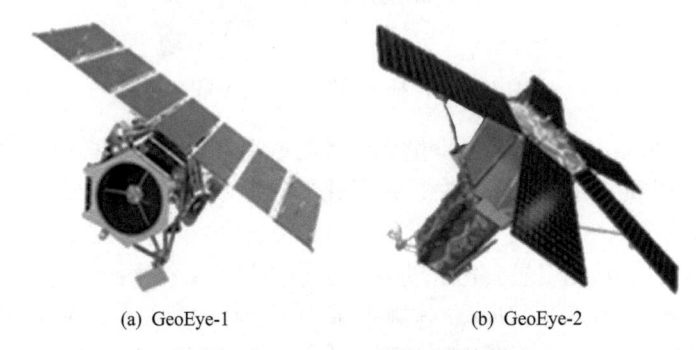

图 1-9　GeoEye 系列卫星构型

GeoEye-1 是一颗高精度、高稳定、高敏捷的对地观测卫星，具备先进的控制力矩陀螺和精确的姿态控制系统，能够快速精准地"摇头"瞄准目标。GeoEye-1 采用了载荷与平台一体化设计方法进行设计，使得整星转动惯量小、挠性扰动少，便于实现快速姿态机动和稳定。

正是 GeoEye 系列卫星采用了平台载荷一体化设计，使得同样采用 $\phi1100$ mm 口径、13.3m 焦距同轴高分辨率相机的 GeoEye-1 卫星在具备与 WorldView-2 卫星相当成像能力的同时，整星质量降低近 1t，大幅节省了研制及发射成本。同时，GeoEye-1 也是第一颗采用军用全球定位系统(global positioning system, GPS)的商业卫星，其地面无控制点定位精度达 3m，在加入一定数量的控制点后，精度可达 0.5m。值得一提的是，GeoEye 系列卫星虽然未采用控制力矩陀螺，但通过配置 8 台增强型反作用飞轮，仍可实现整星 2.4(°)/s 的机动能力，侧摆成像能力达到惊人的±60°。

3. 法国 SPOT 系列卫星

SPOT 6 和 SPOT 7(图 1-10)这两颗卫星是 SPOT 系列的新一代，分别于 2012

年和 2014 年发射入轨。

SPOT 1, SPOT 2, SPOT 3　　SPOT 4　　SPOT 5

SPOT 6, SPOT 7

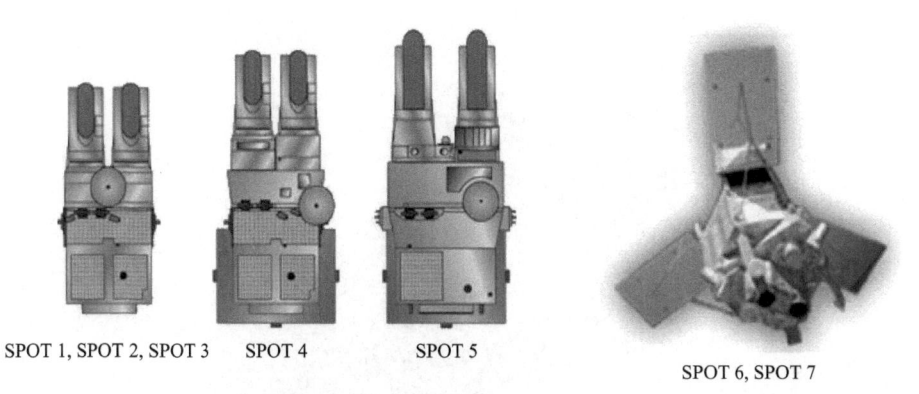

图 1-10　法国 SPOT 系列卫星构型

SPOT 6 和 SPOT 7 这两颗卫星采用了平台载荷一体化设计理念，将整星质量从 3000kg 降低到 714kg，大幅降低了研制和发射成本。SPOT 6 和 SPOT 7 的设计完全一致，保持了 60km 的大幅宽成像能力，同时将成像分辨率提升至 2m，这两颗卫星每天在轨获取的数据覆盖面积达到了 600 万 km^2[10]。

4. 法国 Pléiades 系列卫星

Pléiades 系列卫星是法国的另一款高分辨率光学遥感卫星，与 SPOT 系列卫星的宽幅遥感性能形成优势互补。Pléiades 系列卫星的整体设计以载荷为中心，敏感器直接安装于相机结构上，质量为 900kg[6]，如图 1-11 所示。

(a) Pléiades系列卫星构型　　　　(b) 小型控制力矩陀螺

图 1-11　法国 Pléiades 系列卫星构型及小型控制力矩陀螺

5. 以色列 EROS-B 卫星

EROS-B 卫星由以色列设计，也采用了一体化的设计思想，如图 1-12 所示。

它采用桁架结构，将相机结构作为中心，以实现平台载荷一体化。EROS-B 卫星的设计进一步降低了相机的安装高度[6]。

图 1-12　以色列 EROS-B 卫星

1.2.3　一体化飞行器发展现状

从关于星箭一体化飞行器发展的国内外现状来看，星箭一体化飞行器在国内外都受到了广泛关注。这一设计理念不仅能够将众多火箭末级变废为宝，实现再利用，还能降低试验卫星的发射需求，从而有效减少太空垃圾，实现运载火箭物尽其用。目前，我国已成功研制出多款星箭一体化飞行器，包括"快舟"系列运载火箭和"长征"系列运载火箭部分型号等，这些飞行器在实际应用中取得了显著成果。例如，"快舟"系列运载火箭已成功执行多次快速响应的卫星发射任务，为应急救灾、气象观测等提供了重要支持。同时，星箭一体化技术的应用也使我国在商业卫星发射市场上占据了重要地位。

卫星从以卫星平台为核心转向以载荷为中心的设计，趋向小型化和集成化。星载一体化的卫星构型能有效提高卫星荷载比，降低空间任务成本。我国新一代卫星应采用星载一体化设计，以提高卫星整体性能，降低研制和发射成本，与国际卫星设计理念保持同步，提升国际竞争力。

传统飞行器的星箭独立设计和星载平台化设计存在技术体制和设计规范的差异，导致火箭、卫星和载荷系统资源过度冗余，无法实现对飞行器各系统设计余量的综合优化利用，难以大幅度提升飞行器的载质比和荷载比。因此，针对高荷载比航天器应用需求，需要突破星、箭、载之间的设计壁垒，分解协调三者之间的功能耦合和结构耦合。通过一体化设计，将传统运载火箭、卫星平台和载荷融合，形成具有高荷载比的一体化飞行器,从而有效提升我国航天装备的一体化设计能力。

1.3 飞行器系统设计理论与方法

1.3.1 一体化设计

一体化设计(integrated design),在中国学术界也被翻译为整体设计或综合设计,是并行设计、协同设计和多学科设计进步和整合的结果。一体化设计方法旨在优化整体产品功能,同时考虑设计和生产过程的所有阶段,全面协调产品开发团队,并将产品型号信息作为关键要素。一体化设计方法旨在将不同领域、不同层次的设计要素整合到一个统一设计框架中,以实现系统整体的最优性能。

一体化设计思想并非新近出现的崭新概念。早在20世纪70年代,日本就开始研究机电一体化技术。随着新技术的出现,一体化技术也从机电设计转向其他领域。然而,目前的一体化研究还处于概念阶段,没有形成大众普遍接受的理论和方法。大多数研究只关注描述集成技术在特定领域的应用,既缺乏深入的算法研究,又缺乏普遍适用的约束求解算法[11]。国外发达国家的研究机构和学术单位早就开始研究一体化设计,几乎涵盖了所有领域。一体化设计的概念与必要性以及产品设计过程中所有因素的重要性,广度、深度、方法和层次之间的关系相继得到分析[12]。中国对一体化设计的研究起步较晚,而且局限于航空航天等领域的小规模设计。这些研究也处于理论阶段,没有应用于实际项目。机电一体化设计、设计与制造集成、计算机辅助设计/工程/制造一体化是国内的主要研究领域[13]。

总之,一体化系统设计理论作为一种综合性的设计方法,已经成为现代工程设计领域的重要研究方向。目前,该理论已经形成了较为完整的理论体系,并在多个领域得到了广泛应用。未来,随着科学技术的不断发展和设计需求的不断提高,一体化系统设计理论将会继续发展和完善,为工程设计领域的发展做出更大的贡献。

1.3.2 公理化设计理论

公理化设计(axiomatic design,AD)是由美国麻省理工学院的Suh在20世纪90年代初期提出的一种新的产品设计概念理论,旨在为复杂的产品设计提供一套科学的、具有一定指导意义的设计思路与方法,以提升设计者研发产品的效率。

1990年,Suh提出公理化设计理论,之后,Suh对工程设计系统的公理化设计及实现技术进行了系统论述[20]。然后,公理化设计理论不断发展与完善,形成了通用的设计结构,同时公理化设计理论的应用范围不断扩大,对各类工业产品的规范化设计起到了指导作用。

在现有国内外研究中，公理化设计理论可以实现各个工程领域的整合，以获得创新的工程设计[14]。在设计过程中，公理化设计思想的引入可以规范化确定功能参数、设计参数及设计约束，覆盖需求定义、软件开发、质量控制、代码测试及文档管理等全流程[15]。其便于和其他设计理论与方法相结合，如并行工程、面向对象的设计方法、软件系统辅助设计等[16]，从而进一步提升设计效率。

总之，公理化设计理论作为一种概念设计方法，已经被很多研究机构引入。它提供了一种自上而下的设计方法将系统进行分解，并且利用两个公理来改善系统设计方案，减少设计迭代，增强设计的稳定性。

1.3.3 系统工程数字化发展

一体化飞行器是一种面向快速响应任务的飞行器，要求进行功能一体化设计，提高运载效率，并适应多种空间任务。这种设计的内涵在于融合功能冗余部件，由信息平台综合处理发射到入轨部署的信息，融合火箭末级与轨控发动机，消除明显的载荷-平台分界等，因此提高了运载效率，提升了应急响应能力。其涉及大量内部功能耦合、多学科性质以及敏捷性的要求，使其成为一种复杂系统。由于快速响应任务的特性，如何降低航天器设计与运行的成本和风险成为一个迫切需要解决的问题，基于模型的新范式为此提供了契机。不仅是快速响应任务，整个航空航天领域都在探索进行数字化转型，以提高工程效率和质量。目前，工业 4.0 的概念正在引领工业界数字化转型的浪潮。工业 4.0 的核心是信息-物理系统(cyber-physical system，CPS)，它利用信息通信技术和网络互联技术，实现了虚拟世界与物理世界的互动与融合。空间飞行器是一类典型的 CPS，其设计、制造、运行和维护涉及多个阶段、学科和组织。空间任务系统开发总成本的 80%左右将在集成与制造阶段投入，因此后期的架构变更会对产品的成本、质量和性能产生负面影响。目前，基于文档的系统工程方法没有实现单一数据源，各部门协作易出现错误，需求变更时的重新设计极大地影响了进度，并且导致集成时出现大量错误，其中很大部分错误都是由不一致导致的。因此，模型驱动的数字化技术成为系统工程新的范式，进而驱动 CPS 的设计与研发。

工业 4.0 的一个关键词是信息化，即认为物理世界的所有对象都是一种信息，并且应当在虚拟世界中捕获这些信息。这导致两项数字化转型的关键技术：数字孪生(digital twin)和数字线程(digital thread)。数字孪生是物理对象或系统的数字表示，它收集精确信息以生成精确模型并用来预测维护需求、模拟系统变化并优化流程。数字线程是产品生命周期(从设计到制造再到维护及其他)的数字连续性，提供了连接生命周期所有方面的无缝数据流。数字线程的目标是在产品的整个生命周期内实现数字化和可追溯性，并将数字孪生的所有功能连接起来，如设计、性能数据、产品数据、供应链数据和用于创建产品的软件。数字孪生和数字线程可以相互支持，共同提升制造系统的可视化、可追溯性、可协作性和可决策性。二者的区别在于数字孪生通常只针对单一的物理对象或系统，而数字线程可以连接多个系统，包括数字孪生系统，实现全生命周期的覆盖。因此，数字线程要求更高的可扩展性，以满足全生命周期的需求。图 1-13 描述了波音的数字线程架构。这种架构上下是对称的，上方为数字孪生，下方为对称的物理系统；左侧和右侧也是对称的，左侧代表越来越详细的设计，右侧代表越来越高保真度的验证。

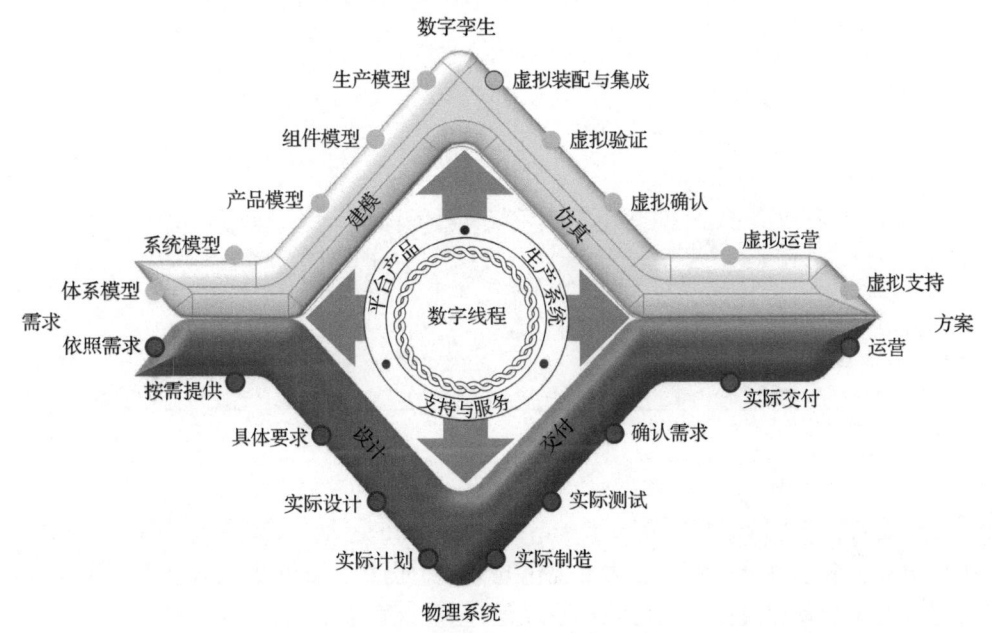

图 1-13 波音的数字线程架构

无论是数字线程还是数字孪生都以数字模型为核心。利用端到端的可追溯性或数字连续性来辅助多学科决策，利用仿真与分析优化、评估替代方案消除缺陷，并避免建造物理原型。事实上，数字模型应用于包括空间任务在内的工业领域已经有几十年的历史，包括各类计算机辅助设计(computer-aided design，CAD)、计算机辅助工程(computer- aided engineering，CAE)等得到的各种领域模型。但系统工程(systems engineering，SE)往往还是基于文档的，不再满足日益增长的工程复杂性带来的需求。MBSE 是一项新的技术，旨在将系统工程活动模型化，并规范其流程。MBSE 将是实现数字线程的一块重要的拼图，将指导如何建立系统全生命周期的架构模型。

在 2007 年系统工程国际委员会(International Council on Systems Engineering，INCOSE)的国际研讨会上，MBSE 被定义为正式应用建模来支持系统需求、设计、分析、验证和确认活动，从概念设计阶段出发，贯穿整个开发和以后的生命周期阶段[17]，并在会议上首次提出 MBSE 愿景规划，如图 1-14 所示。这代表着 MBSE 成为系统工程未来发展的重要方向。根据规划，MBSE 主要经过三个阶段：2010 年实现 MBSE 的标准化；2010～2020 年 MBSE 理论体系走向成熟化阶段，在系统的架构模型中集成仿真、分析、可视化，并定义出完善的 MBSE 理论体系；2020～2025 年在各个领域应用 MBSE 方法[18]。

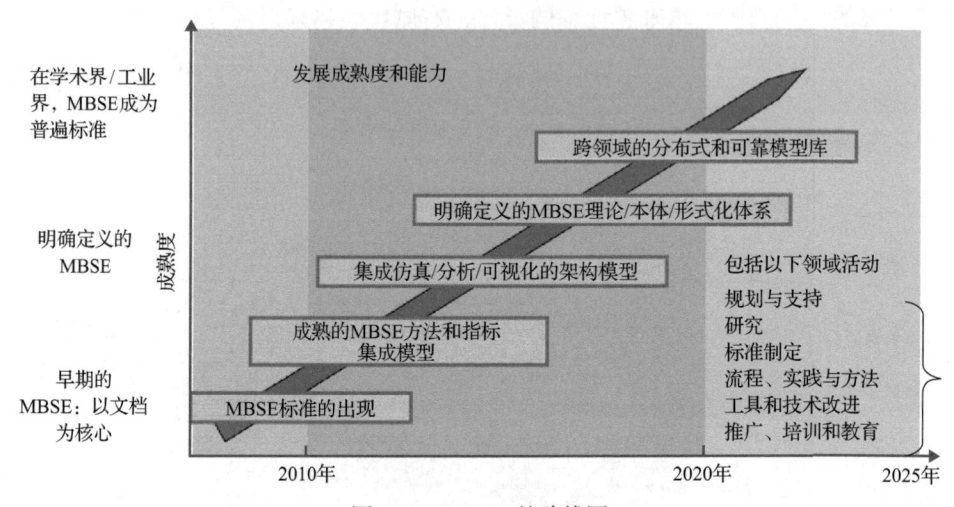

图 1-14 MBSE 的路线图

在 2022 年，INCOSE 发布了《系统工程 2035 愿景》。该愿景指出了 MBSE 在与仿真、多学科分析和沉浸式可视化的集成中仍然面临挑战。INCOSE 建议继续完善使用和管理模型、架构和数字线程(包括数字孪生)的技术；建立具有广泛跨度和沉浸式可视化的可信数字环境；由人工智能或机器学习提供系统工程支持，以帮助开发解决方案。2035 年系统工程的主要目标包括：将系统工程作为跨领域的首选学科，旨在应对工程和社会的重大挑战，综合跨学科实践、模型和工具；使用标准化库为基础的系统创成式设计提供广泛重用的证据；在创新教育和培训方法的支持下，融入所有教育级别和相关学科。跨学科视角对于成功设计产品创新系统至关重要，可确保减少缺陷，保证敏捷性和安全性。

美国国家航空航天局(National Aeronautics and Space Administration，NASA)一直是 MBSE 领域的开拓者，并且取得了一系列的成果。2011 年，NASA 的系统工程界就开始评估采用数字方法或 MBSE。2016 年，"MBSE 探路者"项目成立，旨在评估 MBSE 在 NASA 实际航天系统中一些最具挑战性方面的应用。2017 年，"MBSE 探路者"项目扩展到更严格的实施和覆盖系统工程生命周期的多个阶段。"MBSE 探路者"项目第一部分评估了 MBSE 部署和有效应用于四个主题领域的难易程度：

(1) 人类火星任务的任务架构使用和重复使用；

(2) 火箭发动机开发的增材制造；

(3) 火星着陆器的任务元件设计；

(4) 探空火箭项目的任务流。

"MBSE 探路者"项目第二部分则基于"MBSE 探路者"项目第一部分的研究主题增加了一些新的研究主题，包括火星现场资源利用架构、太空发射系统（space launch system，SLS）有效载荷适配器的设计权衡、商业乘员计划（commercial crew program，CCP）火箭发动机的需求验证等。随后，"MBSE 探路者"项目领导团队将整体工作的名称改为基于模型的系统工程注入和现代化倡议（MBSE infusion and modernization initiative，MIAMI），其目标包括：

(1) 提高效率，减少错误；

(2) 将技术和程序洞察力与数据驱动的决策联系起来；

(3) 增强对设计灵活性和适应性的理解；

(4) 增强对感兴趣系统将按预期运行的信心；

(5) 更简单、高效、互联的通信（最好是电子通信），使每个人都能保持一致；

(6) 弥合系统分析和系统工程之间的鸿沟（展示权衡可追溯性）。

MIAMI 工作本身的目标是使系统工程更容易实现数字化，建立 MBSE 能力，并与 NASA 的相关工作联系起来。

自 2010 年以来喷气推进试验室（Jet Propulsion Laboratory，JPL）也进行了 MBSE 的转型并在一些项目中得到了应用经验。最重要的应用则是将 MBSE 应用到"欧罗巴"快船上。"欧罗巴"快船的主要目标是确定木星的冰冷卫星欧罗巴表面之下是否有可以孕育生命的地方。这些应用包括：设备质量清单（mass equipment list，MEL）、设备功率清单（power equipment list，PEL）、能源与功率仿真、架构与需求、科学追溯和一致框架（science traceability and alignment framework，STAF）、电气系统工程。

JPL 总结了应用 MBSE 带来的好处如下：

(1) 对利益攸关者和关注点的良好描述，以及对项目需求集的有效跟踪；

(2) 在叙述性文档中更好地捕捉完整的需求原因，捕捉需求和设计约束之间丰富的相互关系；

(3) 自动检查和报告需求特征，这是建模的基础能力，使之成为可能的更大框架的一部分；

(4) 通过查询生成文档和其他工件，实现快速周转并确保一致性；

(5) 针对任务量身定制的视图，创作视图侧重于输入，而报告和交付视图侧重于内容需求和偏好；

(6)信息与权威来源的交叉引用,每一个事实和特征都被捕获在一个地方,以确保内容出现在多个文档时的一致性。

JPL同时指出了架构框架的新颖性和范围是其应用的障碍。该障碍主要包括:应用新术语带来的障碍;大量的新技术、新语言、新工具的培训;需求开发使用了新技术和旧技术的混合方式,导致出现错误等。

Mars2020则是NASA应用MBSE的另外一个尝试(图1-15)。Mars2020任务及其"毅力号"漫游车是将火星样本送回地球供进一步研究的往返旅程的第一步。这项任务不是一个典型的前期A阶段项目,它沿用一些"好奇号"设计,大部分软/硬件设备已完成设计定型。设计团队利用MBSE提供的集成视角来跟踪和管理不同学科、阶段和活动之间的关系,并用来帮助设计和验证火星探测车和发射载具之间的接口需求。MBSE还可以利用现有的火星科学试验室(Mars Science Laboratory,MSL)的设计和验证数据来加速和简化Mars2020的开发过程。

1.4 一体化飞行器系统设计难题与关键技术

1.4.1 一体化飞行器系统设计难题

针对一体化飞行器的应用需求和特点,可以发现一体化飞行器在设计中存在一系列的技术难题。需要对新型飞行器系统进行综合优化,以提高一体化飞行器的整体效能和快速设计能力,开展载荷与平台一体化高效新型飞行器系统基础理论、体系架构和总体技术研究,重点突破星箭载一体化、飞行器一体化多功能集成、面向多种任务的快速设计,全面提升航天装备一体化水平。其主要的困难包括以下三个方面。

(1)一体化飞行器高效设计理论与技术储备不足。在传统飞行器设计中,载荷、平台和运载分离设计界面约束严格、设计空间独立,无法实现对一体化飞行器各系统设计余量的综合优化利用,难以大幅度提升飞行器的载质比和荷载比,亟须开展载荷与平台一体化高效新型飞行器系统基础理论、体系架构和总体技术的研究。然而,一体化设计导致设计的复杂性大幅增加,传统的依靠经验或现有技术的独立设计方法难以适应。尤其是为了实现一体化设计,需要重新开展功能设计并得到一体化飞行器的体系架构。

(2)面向多种任务的一体化飞行器型谱快速选择与系统优化方法需要突破。一体化飞行器是一类面向多种任务场景的快速响应飞行器,面对不同的任务场景,可能需要选择不同类型的载荷和轨道,导致需要重新设计完整且详细的飞行器。为了实现快速设计,分系统、部组件是型谱化且接口通用的,因此能够在最短时间内完成飞行器的设计与验证。然而,如何管理这些型谱并允许从这些型谱中快

第 1 章 绪　　论

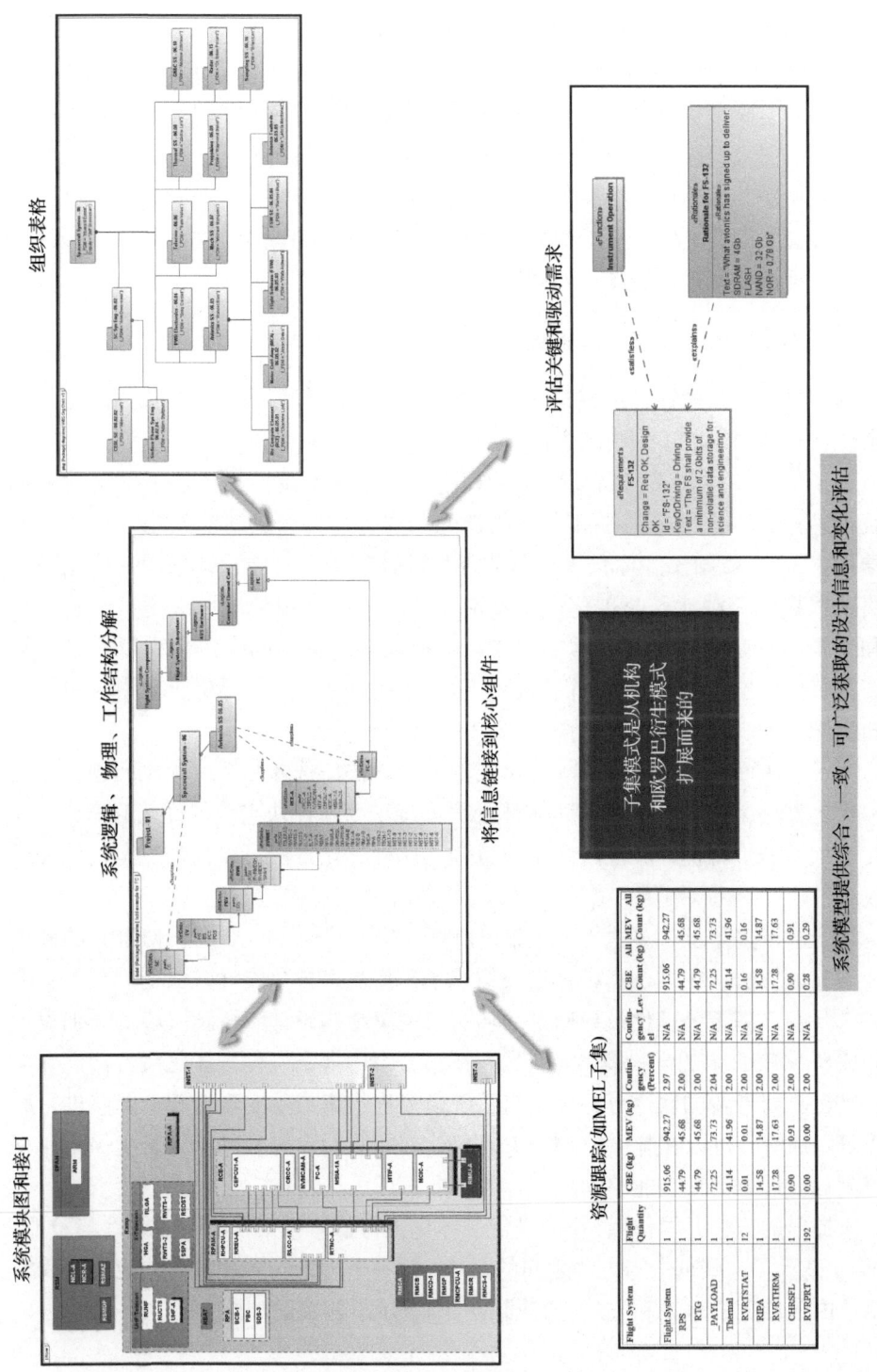

图 1-15　Mars2020 的系统模型架构

速选择满足需求的型谱组合的方法仍然需要突破。

(3) 多需求、多学科的全流程追溯与集成验证方法欠缺。一体化飞行器的设计具有极高的复杂度，体现在设计学科众多、学科间功能和结构耦合、功能架构复杂、需求数量大且变更频繁。此外，型谱也是一体化飞行器设计的一部分，如何管理这些型谱并作为体系架构的一部分也需要进一步研究。需求应被追溯到设计，并且被验证。因此，需要一个集成的环境来容纳全部的设计、需求管理和验证，以避免出现错误，进而影响设计周期。

1.4.2 一体化飞行器系统设计关键技术

本书提出一系列设计理论与方法来解决一体化飞行器设计中存在的问题。具体来说，本书提出以下理论和方法。

为了应对一体化飞行器高效设计理论与技术的不足，提出基于模型的公理化设计理论，以重新进行一体化飞行器的功能分析并得到功能架构，进一步得到结构。第 2 章给出一体化飞行器公理化设计理论，功能设计采用一体化设计思路，以提高荷载比，公理化设计理论又能够提供合理的设计次序。这些在功能和逻辑设计阶段可以发挥重要的作用，提高功能架构的一体化程度，进一步提高荷载比。3.2.3 节中将这个设计过程完全模型化，以改善功能架构与结构之间的追溯。

为了解决面向多种任务的一体化飞行器型谱快速选择与系统优化问题，提出一种优化方法，3.2.5 节介绍多级固体动力系统中型谱模块组合与优选的理论，同时在系统模型中管理并验证这些模块组合。这种优化方法可以被推广至其他分系统或组件。

为了进行多需求、多学科的全流程追溯与集成验证，提出基于 MBSE 的系统设计与验证方法。在第 3 章中详细介绍基于模型的多视角设计方法论的流程，涉及需求开发、基于公理化设计理论的功能与逻辑结构设计、概念阶段的详细设计和集成至 MBSE 中的学科模型定义，并在第 5 章中提出一种一体化飞行器设计与验证平台。将专业的轨道分析工具与系统模型进行集成并实现追溯，能够进行联合仿真。最终，可以在统一的 MBSE 环境中进行设计、分析与验证，确保第 4 章中得到的设计方案模型能够满足所有的需求。

所提出的方法共同作用，帮助进行一体化飞行器体系架构的高效设计与验证。图 1-16 显示了这些理论与方法之间的关联。每一个理论与方法内部的矩形虚线框表示了内部相关的理论和方法，椭圆形框则表示了相关的功能。

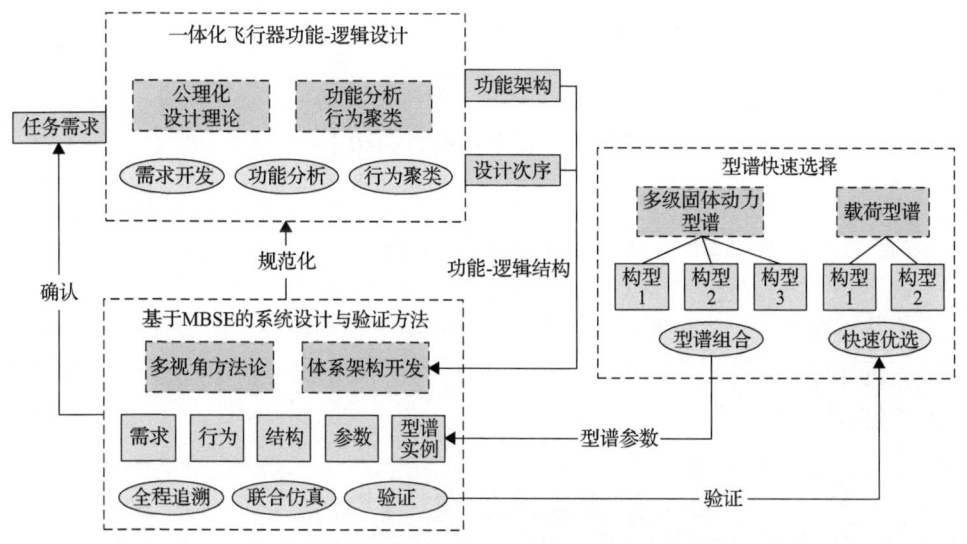

图 1-16　一体化飞行器高效设计理论与方法

1.5　本章小结

传统的星箭独立设计、星载平台化设计方式导致设计存在大量冗余，难以大幅度提升飞行器的载质比和荷载比。因此，针对高荷载比飞行器应用需求，需突破星、箭、载之间的设计壁垒，分解协调三者之间的功能耦合和结构耦合，通过一体化设计将传统运载火箭、卫星平台、载荷融合形成具有高荷载比的一体化飞行器，从而有助于提升我国航天装备一体化设计能力。

第 2 章　一体化飞行器公理化设计理论

2.1　引　　言

本章面向一体化飞行器设计，提出一种适用于复杂系统的功能分析行为聚类公理化设计理论，并以一体化飞行器为研究对象，对其分系统进行设计，验证设计方法的有效性。

2.2　复杂系统公理化设计理论

公理化设计是一种创新型高效设计理论和方法，提供了一套系统的框架和准则，用于指导系统工程师在设计过程中进行逻辑清晰和高效的设计决策。这一理论强调设计的科学性和系统性，通过明确的设计公理和设计方法，帮助系统工程师从功能需求出发，逐步推导出满足这些需求的设计解决方案。公理化设计的应用范围广泛，包括但不限于机械设计、软件开发和人机交互等领域。本节首先介绍公理化设计的基本框架，并对面向复杂系统设计时存在的问题进行剖析。

2.2.1　复杂系统公理化设计理论基础

1. 设计域及设计要素

在公理化设计中，设计域是指设计过程中涉及的不同方面或领域。设计域可分为：用户域、功能域、物理域和过程域。设计域示意图如图 2-1 所示，左侧的域相对右侧的域表示待实现的目标，而右侧的域相对左侧的域表示解决方案。每个域的设计要素包括：用户需求（customer aspiration，CA）、功能需求（function

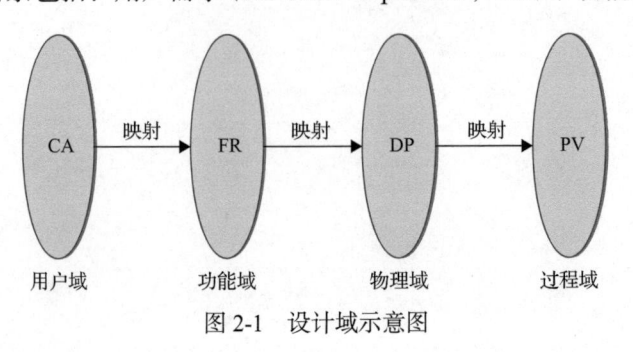

CA → 映射 → FR → 映射 → DP → 映射 → PV

用户域　　功能域　　物理域　　过程域

图 2-1　设计域示意图

requirement，FR)、设计参数(design parameter，DP)和过程变量(process variant，PV)[19]。

公理化设计中的一些基本定义如下。

(1)用户需求是指在产品设计或服务提供过程中,用户对产品或服务的功能、性能、外观、使用体验等方面的期望和要求代表了用户对产品或系统的最终期望。用户需求是产品设计的重要依据之一,直接影响产品的市场表现和用户体验。

(2)功能需求是对系统功能需要的独立需求的一个最小集合,其应根据用户需求进行明确的定义和描述。本书中的非功能需求包括定性指标及定量约束。

(3)设计参数是实现功能需求所需的关键物理量,应尽可能地保持设计参数之间的独立性以降低设计复杂性。

(4)设计准则是设计者在设计过程中遵循的基本规则,旨在保证设计的有效性和正确性。这些准则可以根据不同的设计领域和具体情况进行调整和补充。

(5)约束是限制设计域中元素的性质,设计目标总是要服从约束。约束提供了设计方案的边界。

2. 设计映射

设计映射用于建立不同设计域之间的关系,通过映射矩阵可以了解右边的物理域能否真正满足左边的功能域规定的要求。公理化设计中的映射是在两个不同的设计域之间进行的,包括用户需求到功能需求的映射、功能需求到设计参数的映射等,在图 2-2 中使用带箭头的线表示。

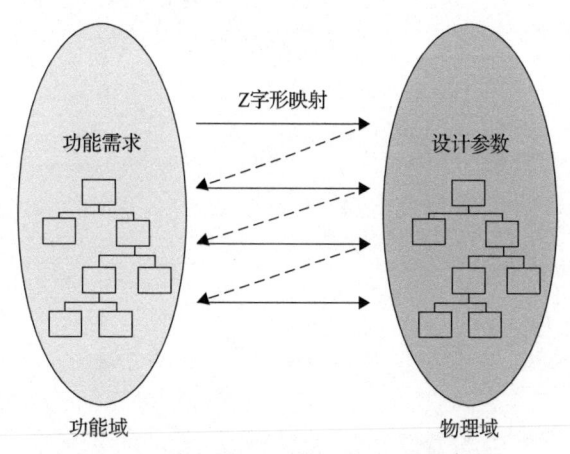

图 2-2 功能域及物理域间的 Z 字形映射关系

功能域和物理域之间相同层次内进行系统功能需求至物理域设计参数的映射(图 2-2 中实线部分);不同层次间进行上一层次设计参数至下一层次功能需求的映射(图 2-2 中虚线部分)[20]。

相同层次内各设计域之间的关系如式(2-1)所示。

$$F = AP \tag{2-1}$$

其中，F 为功能需求矢量；P 为设计参数矢量；A 为 F 和 P 之间的设计矩阵。

3. 设计公理

公理化设计是在设计公理及其推论指导下的一种科学高效的设计方法，其中，设计公理包括独立公理及信息公理。

1) 第一公理：独立公理

独立公理表示功能需求应尽可能保持独立，此功能需求被定义为表征设计目标独立需求的最小集合。功能需求矢量 **FR** 及设计参数矢量 **DP** 之间的关系为

$$\mathbf{FR} = A \cdot \mathbf{DP} \tag{2-2}$$

其中，A 为设计矩阵。

假设设计矩阵为

$$A = \begin{bmatrix} A_{11} & A_{12} & A_{13} \\ A_{21} & A_{22} & A_{23} \\ A_{31} & A_{32} & A_{33} \end{bmatrix} \tag{2-3}$$

当设计方程写成以下微分形式时：

$$\mathrm{d}\mathbf{FR} = A \cdot \mathrm{d}\mathbf{DP} \tag{2-4}$$

设计矩阵元素为

$$A_{ij} = \frac{\partial \mathrm{FR}_i}{\partial \mathrm{DP}_j} \tag{2-5}$$

则功能需求元素可以写为

$$\mathrm{FR}_i = \sum_{j=1}^{n} A_{ij} \mathrm{DP}_j \tag{2-6}$$

其中，n 为设计参数的个数。

对于一个含有三个设计参数的设计，式(2-6)具体可以表示为

$$\begin{cases} \mathrm{FR}_1 = A_{11}\mathrm{DP}_1 + A_{12}\mathrm{DP}_2 + A_{13}\mathrm{DP}_3 \\ \mathrm{FR}_2 = A_{21}\mathrm{DP}_1 + A_{22}\mathrm{DP}_2 + A_{23}\mathrm{DP}_3 \\ \mathrm{FR}_3 = A_{31}\mathrm{DP}_1 + A_{32}\mathrm{DP}_2 + A_{33}\mathrm{DP}_3 \end{cases} \tag{2-7}$$

功能需求与设计参数间的关系如表 2-1 所示。对于线性设计，A_{ij} 是常数；对于非线性设计，A_{ij} 是 DP 的函数。设计矩阵有两种特殊情况：对角矩阵和三角形矩阵。

表 2-1 功能需求与设计参数间的关系

类型	公理化设计		耦合设计
设计矩阵	$\begin{bmatrix} A_{11} & 0 \\ 0 & A_{22} \end{bmatrix}$	$\begin{bmatrix} A_{11} & 0 \\ A_{21} & A_{22} \end{bmatrix}$	$\begin{bmatrix} A_{11} & A_{12} \\ A_{21} & A_{22} \end{bmatrix}$

在对角矩阵中，除 $i = j$ 外，所有的 $A_{ij} = 0$，该设计矩阵对应的设计为独立设计，对应的设计矩阵为

$$A = \begin{bmatrix} A_{11} & 0 & 0 \\ 0 & A_{22} & 0 \\ 0 & 0 & A_{33} \end{bmatrix} \tag{2-8}$$

在下三角形矩阵中，所有的上三角元素等于零，对应的设计矩阵为

$$A = \begin{bmatrix} A_{11} & 0 & 0 \\ A_{21} & A_{22} & 0 \\ A_{31} & A_{32} & A_{33} \end{bmatrix} \tag{2-9}$$

在上三角形矩阵中，所有的下三角元素等于零，对应的设计矩阵为

$$A = \begin{bmatrix} A_{11} & A_{12} & A_{13} \\ 0 & A_{22} & A_{23} \\ 0 & 0 & A_{33} \end{bmatrix} \tag{2-10}$$

上三角形矩阵/下三角形矩阵对应的设计为浅耦合设计，同样满足公理化设计需求。不难理解，设计矩阵需为对角矩阵或三角形矩阵，使得设计满足独立公理要求，即设计结果为公理化设计。

2) 第二公理：信息公理

信息公理定义为与设计目标实现的成功概率相关的概念。设计的信息量越少，设计目标实现的成功概率越大，对应的设计越优良。

图 2-3 显示某个 FR 的设计范围、系统范围、公共范围和系统概率密度函数（probability density function，PDF）。定义系统范围与设计范围的重叠区域为公共范围，其为满足 FR 的唯一区域。记公共范围的面积为 A_{cr}，其为达到规定目标设计的概率。

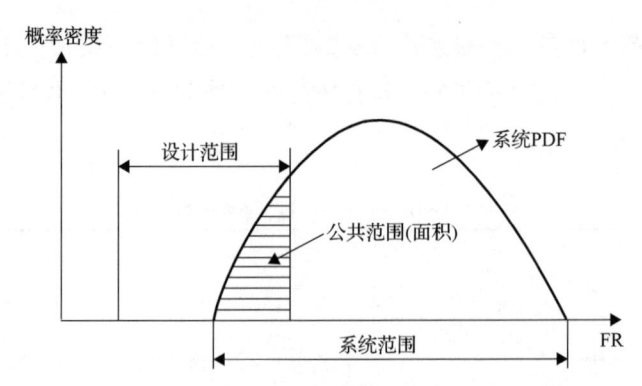

图 2-3　FR 的设计范围、系统范围、公共范围和系统 PDF

信息量可以表示为

$$I = \log_2 \frac{1}{A_{cr}} \tag{2-11}$$

2.2.2　复杂系统公理化设计理论难题

公理化设计理论以其良好的理论性质获得了相关学者的关注，但应用公理化设计理论进行复杂系统设计时，存在以下两个突出的设计难题。

(1) 复杂系统功能需求繁多，一个功能需求往往涉及多个物理域设计参数，系统内部信息、能量等交互关系难以分析，设计矩阵难以准确构建。

(2) 传统公理化设计理论要求功能需求之间相互独立，当功能需求之间不相互独立时，直接由功能需求映射得到物理域设计参数将产生设计冗余，即部件间存在功能交叉，易产生设计冗余。

此外，复杂系统的设计普遍存在功能、参数之间的耦合现象。按照独立公理化设计要求，应该对其进行解耦设计或重新设计。

公理化设计理论虽然提供了两条设计公理以及相应的公式作为设计优劣的判断准则，实际应用中也由此推导出一些推论和定理用于指导设计过程，但是实际上设计过程中很难做到设计矩阵是对角矩阵或者三角形矩阵，而更多的是一般矩阵，即耦合设计。设计公理可以帮助设计者判断设计的合理性，但针对耦合设计不满足设计公理要求的问题，公理化设计并未提出有效的解耦措施，而是需要设计者根据经验进行修改。

目前，较为主流的观点认为，对于一个复杂系统设计，很难做到设计矩阵是非耦合的，但是设计中应该力求做到浅耦合设计，即确定物理域设计参数详细设计阶段合理的设计次序，以满足独立公理化设计要求。在浅耦合设计中，根据设计矩阵调整设计参数的设计次序，即优先设计受其他设计参数影响小的部分，减少物理域部件详细设计过程中的设计迭代。

但传统公理化设计理论严格追求功能需求与物理域设计参数间的解耦，即功能需求与物理域设计参数之间为一一对应关系，这种映射方式未考虑系统内部组件间的分工及交互关系，易产生设计冗余。

总的来看，前面的研究均属于这两个范畴，采用常规方法往往不能获得满意解，应寻求更具创造性和指导性的方法。

针对上述问题，工程设计人员通常依靠直觉和经验处理耦合问题，耦合参数的调整和寻求替代技术是两个主要措施。此外，已有学者结合萃智理论等[5]创新设计技术实现解耦，但依然强依赖实际经验，应用存在局限性。相关研究人员针对该问题提出基于系统创新思维的解耦方法，采用Z字形层次分解处理设计问题，在规划设计矩阵识别出耦合功能后应用系统创新思维模式描述问题，进而选择相应的工具获得保持原技术概念的解决方案，最后选择新的满足独立公理化设计要求的参数，实现完全解耦关联的功能需求[6]。

总而言之，现有研究多局限于功能需求与物理域设计参数间的解耦，未考虑由此产生的设计冗余。因此，如何根据实际工程一体化设计的需要，研究公理化设计框架下的一体化设计方法，从而扩展公理化设计理论应用至复杂系统设计，是一个亟待解决的问题。

2.3 复杂系统功能分析行为聚类公理化设计理论

复杂系统功能需求繁多，不同功能需求间存在交叉，难以通过功能需求直接映射得到合理的物理域设计参数，且映射得到的物理域设计参数可能存在大量设计冗余。同时，功能需求与物理域设计参数间的关系难以进行有效分析，设计矩阵较为复杂，设计次序难以合理确定，导致后续详细设计中将产生大量的迭代过程，设计效率降低。针对上述问题，基于公理化设计理论及MBSE方法展开设计，从以下两方面开展创新性工作。

一是提出复杂系统功能分析行为聚类公理化设计理论。为了梳理设计矩阵，清楚地表征功能域与物理域之间的映射关系，在功能域与物理域之间引入行为域，对系统进行行为域分析，充分掌握系统内部运行逻辑。通过增加功能域到行为域、行为域到物理域的映射，得到合理的物理域部件，同时实现设计矩阵的准确构建，根据行为域与物理域设计矩阵优化物理域部件设计次序，减少详细参数设计过程中的设计迭代。

二是将公理化设计理论与MBSE方法相结合，对复杂系统进行任务分析设计后，得到包含任务需求及任务约束的任务概念模型，将设计结果(功能需求、系统行为、动作、物理域设计参数)模型化，代入MBSE框架进行MBSE设计合理性验证以及详细参数设计。

2.3.1 基于系统工程的公理化设计体系

1. MBSE 方法与公理化设计理论集成

飞行器功能耦合主要集中在交互上，例如，飞行器执行太阳能电池板充电需要执行对日定向，充电功能与执行姿态控制之间存在依赖的耦合关系，每一个活动是独立定义的。在得到设计矩阵后，按照满足设计公理的顺序回到每一个活动中，将相同的功能合并为一个定义的类型，耦合将转变为流的形式，最后形成下一轮完整的 FR 集。当系统较为复杂时，该过程将很难完全人为实现，需要对设计要素进行模型化表征，并借助计算机软件辅助实现设计过程。

公理化设计理论作为 MBSE 系统功能-结构设计流程的理论基础，利用公理化设计矩阵评估系统的复杂性并提供解耦的功能设计次序，为了将公理化设计适应基于模型的设计规则，将公理化设计进行了一定的扩展，形成了基于模型的公理化设计框架，解决了公理化设计或 MBSE 存在的问题如下。

(1) 公理化设计理论往往没有考虑系统的复杂状态对应不同的功能。飞行器往往具有多种工作状态，对应的功能需求也不同，在概念阶段或分解阶段构建系统建模语言(system modeling language，SysML)的状态机图来描述系统状态，并在状态内构建执行的系统行为，通过整理可以得到功能集。

(2) 公理化设计理论并没有指明如何合理构建 FR 至 DP 的设计矩阵，而设计矩阵直接影响设计结果及公理满足情况。当系统范围较大，多个 FR 构成的耦合设计使得一个特定的 FR 改变时，非预期的 FR 会任意改变，只有当存在一个独特的解决方案时才能满足功能需求，这就要求所有的 DP 沿着预先规定的路径一致变化。而当系统中有许多 FR 和许多层的设计层次时，很难甚至不可能实现所有的 DP 沿着预先规定的路径一致变化。以往的公理化设计文献都是通过经验来简要分析系统耦合情况的，且往往局限在很小的系统内，对于大型复杂系统，公理化设计理论的应用更少。采用 SysML，利用活动图来构建行为流程，SysML 丰富的语义支持大型系统复杂行为建模与分析，并利用泳道将活动的行为分配给 DP。这使得从 SysML 的分配关联矩阵可以直接生成设计矩阵，实现基于模型的公理化设计，并保证了元素的可追溯性。

(3) 为了弥合公理化设计和系统设计之间的差距，引入活动图的项目流，这有助于突出功能交互建模，从而显示设计矩阵中的功能耦合。交互包括行为中的流传输，如信息、数据、电流、燃料，符合飞行器多交互的特性。DP 间的接口以及流交互建模通常从这些流中得到，也可以通过行为仿真生成的序列图来分析。系统间的交互及接口是系统总体设计中重点考虑的内容，而这些是传统公理化设计难以考虑的。

(4) 公理化设计中的系统结构可以用几种不同的形式来表示：FR 的层次结构、DP 的层次结构，以及相应的设计方程、设计矩阵、模块-连接图和流程图。这些可以利用 SysML 中的图很好地表示，并且进行模型化。

(5) 将公理化设计结合 MBSE，由此产生的架构模型具有数学意义，它直接允许为系统特定的应用进行实例化并定量描述模型。利用模型的特性，在系统公理化设计的每一层次都可以进行一定的模型验证和权衡分析，考虑质量、功率、成本等因素并确保满足约束和性能指标，在独立公理的基础上定量校核系统设计结果。

2. 基于 MBSE 的公理化设计框架

基于 MBSE 的公理化设计框架在 MBSE 方法的基础上，结合了经典的公理化设计理论以指导系统设计。公理化设计是一种自上而下的系统设计方法，而且共同开发系统的需求和结构，与自上而下的系统工程方法相一致。

公理化设计指出，无论是物理系统还是软件系统，或者是二者的组合，都应该由一张图来表示，这个图应当显示模块如何组合以及系统应当如何操作。在 MBSE 中，可以由多张图从不同的角度来描述设计结果。将公理化设计通过 SysML 进行，利用模型将公理化设计理论进行必要的扩展，发挥其优势并掩盖其不足。公理化设计的映射表征为一个设计矩阵，在 SysML 中进行功能分析与映射，并生成分配关系矩阵，可以直接得到设计矩阵。这使得公理化设计的进行完全融入 MBSE 架构模型下，实现了基于模型的公理化设计。

基于 MBSE 的公理化设计框架将公理化设计在 MBSE 中进行，得到了一种符合系统工程准则的公理化设计框架，其流程如下。

(1) 设计人员已经捕获了顶层系统需求，包括功能需求、性能需求、设计约束等，并构建了 SysML 需求模型，进行自动分析，生成公理化设计的 FR 对应的功能用例及 DP 模块，同时生成三者之间的分配关系以确保需求追溯关系。

(2) 利用 SysML 提供的活动图对每一个 FR 进行初步分析设计，并利用泳道将子行为分配给 DP。该行为设计为抽象的黑盒设计，同时利用项目流考虑行为之间的交互。

(3) 在生成用例中，将系统活动到 DP 的分配矩阵作为本阶段映射的设计矩阵，分析其是否满足独立公理要求。

(4) 在设计满足独立公理要求的情况下，按照非耦合设计矩阵的次序重新完善行为。由于飞行器系统设计的交互耦合性，合并仅有交互的相同行为，从而得到下一轮的功能行为。如果设计不满足独立公理要求，则重新选择上一级的 FR。使用新的 FR 文本分析和同步表格定义对模型元素的修改。

(5) 根据构建的活动图，可以通过运行生成描述交互的序列图，由此定义模块间的接口及流交互，并进行验证及权衡分析。

(6) 按照非耦合设计矩阵次序对得到的新一轮功能进行设计，重复进行公理化设计以及基于模型的验证，直至系统分解到所需级别。

基于模型的公理化设计流程如图 2-4 所示。

公理化设计结合功能分析行为聚类公理化设计理论和 MBSE 方法，进行复杂系统设计，图 2-5 显示了基于公理化设计和 MBSE 的一体化飞行器设计总体流程框架。总体流程如下。

(1) 根据输入的用户任务文档进行任务分析设计，得到任务背景、任务需求、任务用例、任务约束。根据得到的任务需求、任务约束建立任务概念模型，用于支撑功能分析行为聚类公理化设计。

(2) 进行功能分析行为聚类公理化设计，每一层次均将设计结果（功能、行为、动作模型，部件类型和设计次序）在 MBSE 中进行表征，并进行设计合理性验证：验证设计矩阵是否满足独立公理要求，定义接口并验证信息/能量/物料流通的合理性。若设计合理，则转入下一层次功能分析行为聚类公理化设计（图 2-5 中各层次行为域至下一层次功能域连线，第二层次行为域至最后第 n 层次功能域的连线，表示每一层次的转换）；否则，返回该层功能域重新设计。

(3) 当设计满足公理化设计迭代终止准则时，输出设计结果（系统全部的功能、行为、动作模型、部件类型和设计次序）到 MBSE 中。

(4) 基于 MBSE 进行系统的详细接口、详细参数、参数方程、工作模式与行为、联合仿真模块等的设计，以得到系统可执行架构，验证需求追溯性和系统约束满足情况。若确认所有的任务需求与任务约束均已满足，则输出系统详细的设计方案。

行为域拓展后的复杂系统功能分析行为聚类公理化设计是一个自顶层任务需求出发的 Z 字形映射过程，如图 2-6 所示。映射关系包括相同层次中不同设计域间的映射以及不同层次间的映射。其中，相同层次中进行系统功能域-行为域-物理域映射；不同层次间进行上一层次行为域至下一层次功能域的映射。

首先，构建了公理化设计叶级部件库，若系统所有的功能都由叶级部件库中的部件实现，则认为系统公理化设计阶段结束。构建公理化设计叶级部件库的准则如下。

(1) 公理化设计叶级部件库中部件为已开发成熟、设计人员可直接选用的成品。由此排除了诸如火箭一子级、卫星导航模块等层次过高的部件。

(2) 公理化设计叶级部件库中部件的功能可通过规定的规范化语言直接进行描述，不涉及非线性传递函数、微分方程等复杂映射关系。由此排除了镜面、芯片晶体管等层次过细的部件。

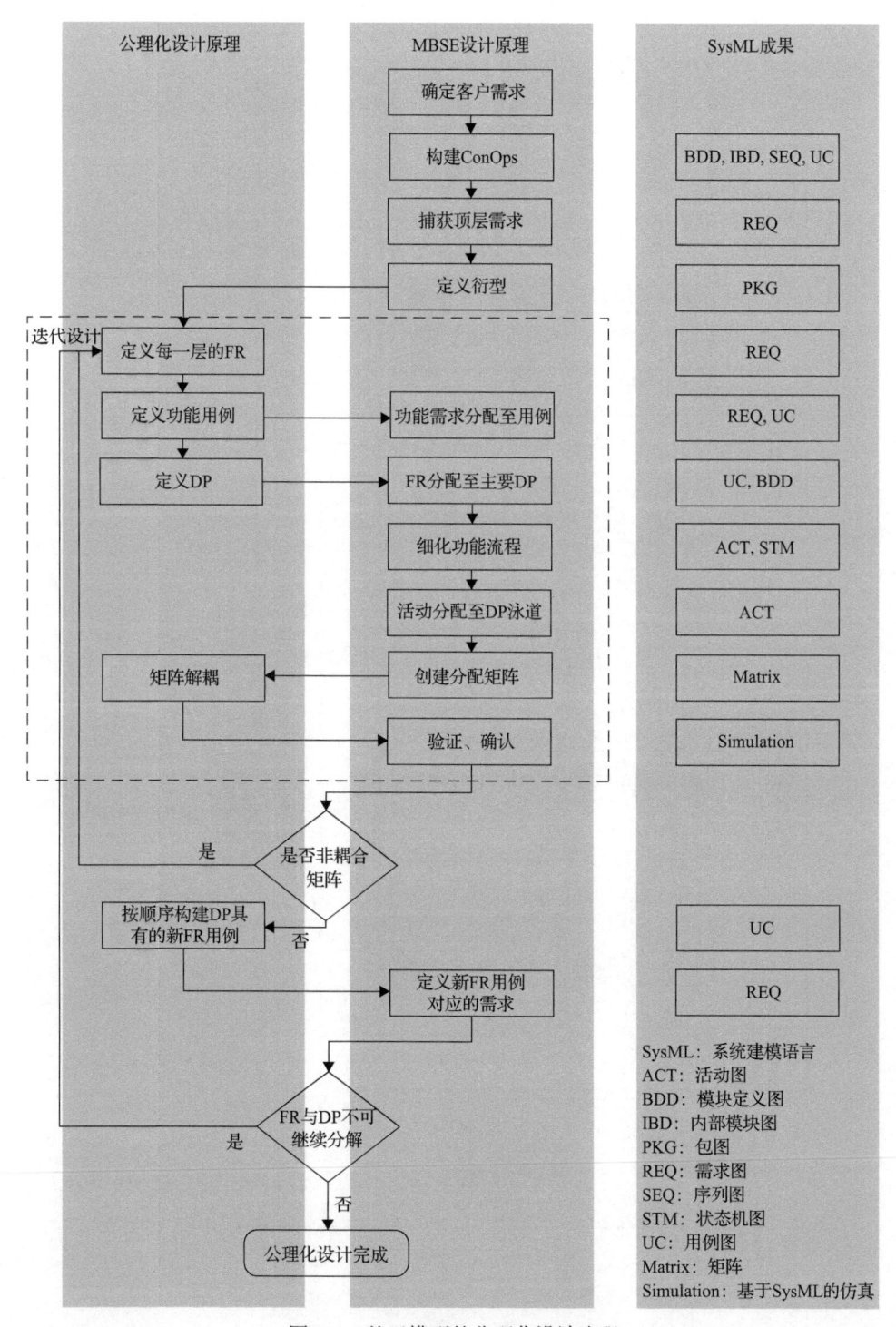

图 2-4　基于模型的公理化设计流程

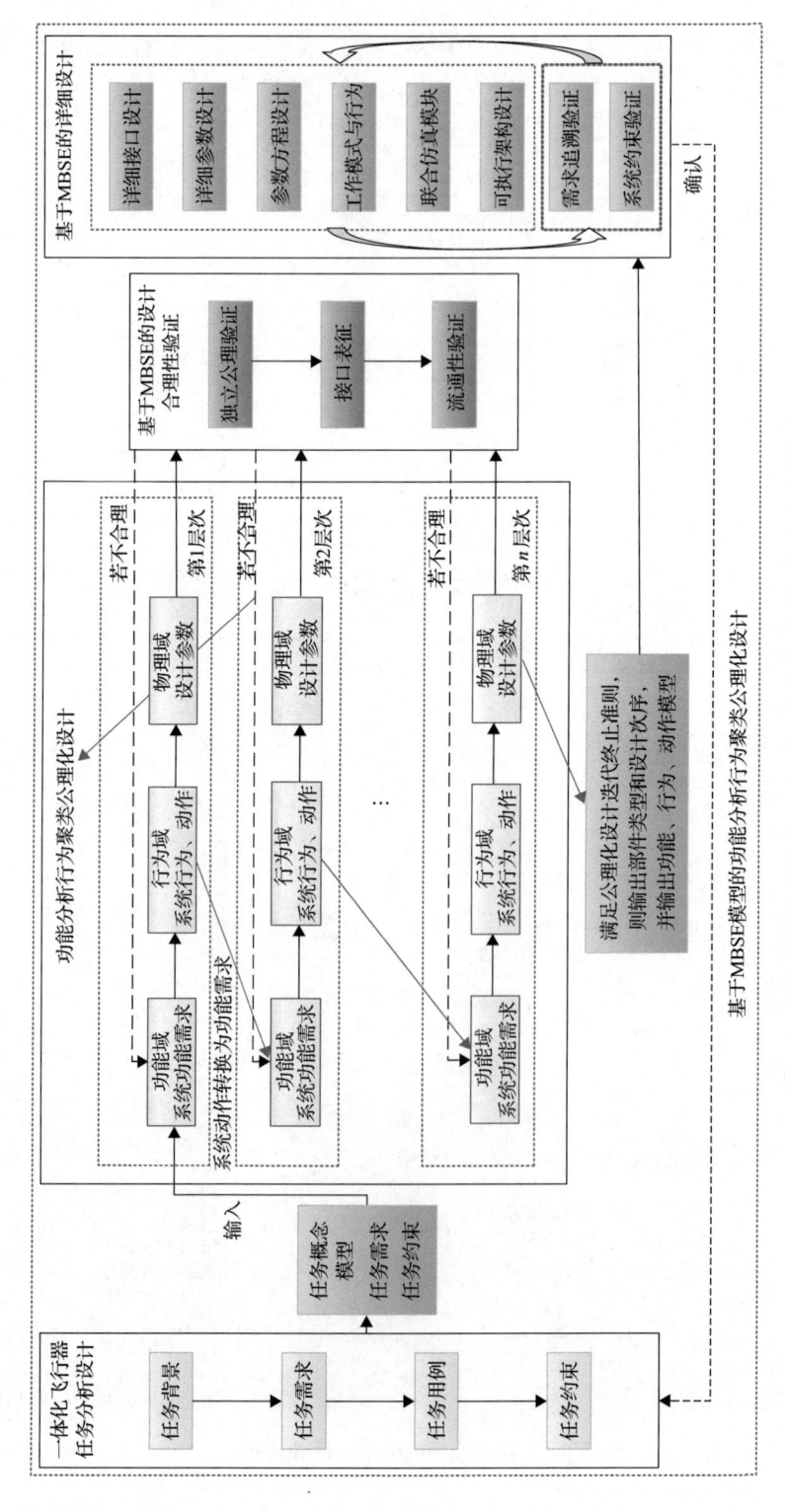

图 2-5　基于公理化设计和MBSE的一体化飞行器设计总体流程框架

第 2 章 一体化飞行器公理化设计理论

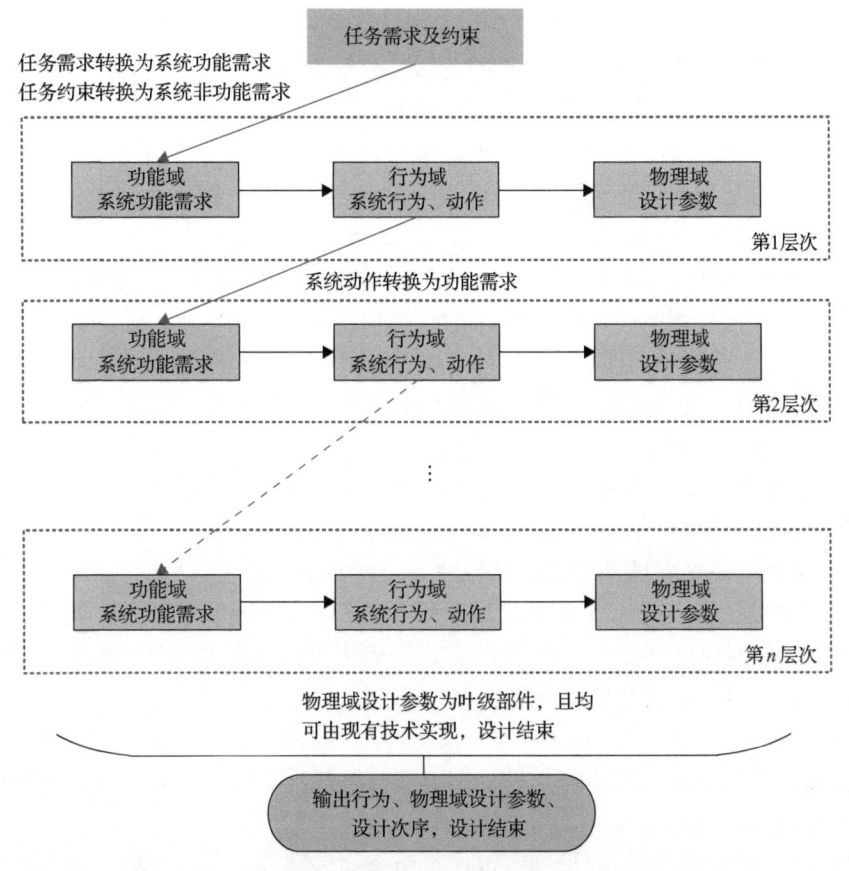

图 2-6 复杂系统功能分析行为聚类公理化设计总体流程

复杂系统功能分析行为聚类公理化设计总体流程如下。

(1) 根据任务分析设计得到的顶层任务需求及约束条件，进一步进行任务域至功能域的映射，从而将顶层任务需求转换为下一层次系统功能需求，任务约束转换为系统非功能需求，转至步骤(2)。

(2) 基于功能分析系统技术(function analysis system technique，FAST)进行系统功能域至行为域的映射。分析系统为实现功能所需要的行为(系统运行场景)，采用规范化描述形式构建行为模型，并继续通过 FAST 分析得到系统行为对应的详细动作，转至步骤(3)。

(3) 进行系统行为域至物理域的映射，通过系统动作聚类优化得到一体化动作及一体化部件。在该过程中，首先基于词频-反文档频率(term frequency-inverse document frequency，TF-IDF)相似度进行动作聚类，得到待一体化的动作子集；然后针对动作子集进行分支定界一体化设计，得到一体化动作及部件，从而通过动作一体化实现部件一体化，减少设计冗余，转至步骤(4)。

(4)进行系统功能域、行为域、物理域设计综合。分析系统活动,根据行为、部件间的交互关系构建系统行为域-物理域部件设计矩阵。进一步基于有向图分析理论确定部件设计次序,减少后续设计迭代。最终,将功能、行为、动作、部件代入 MBSE 验证框架,验证需求、约束是否均满足,信息、能量等是否流通,若不满足,则转至步骤(2),返回行为域重新设计;若满足,则该层次设计结束,转至步骤(5)。

(5)判断当前层次设计结果中,物理域设计参数是否均为底层叶级部件,若均为底层叶级部件且现有技术可实现,满足公理化设计迭代终止准则,则设计结束,转至步骤(7);否则转至步骤(6)。

(6)当前层次设计结束,将当前层次动作转换为下一层次系统功能需求,转至步骤(2)。

(7)输出系统设计结果(功能、行为、动作、部件),设计结束。

其中,在步骤(5)中,公理化设计迭代终止准则如下。

(1)迭代所得物理域部件之间满足独立公理要求。

(2)对于某一设计层次,检验该层次物理域部件是否为叶级部件,若是叶级部件,且满足准则(4),则认为该部件已完成公理化设计阶段的设计,在下一层次保持现有设计结果,不需要继续分解迭代设计。

(3)若设计所得物理域部件不在叶级部件库内,则检验迭代设计所得物理域部件可由现有技术实施。若不可实施,则继续分解迭代设计;若可实施,则进行准则(4)的判断。

(4)设计上达到最简,即设计所得任意两个物理域部件进行一体化设计的研发代价均大于一体化后的收益,此时不再继续进行设计。

当上述公理化设计迭代终止准则全部满足时,认为设计过程收敛,停止设计。

上述过程能够充分分析系统行为,行为域能够有效连接功能域和物理域,避免了复杂系统功能需求与物理域设计参数直接映射困难对设计过程的影响,为系统行为分析与聚类以及基于有向图分析的系统公理化设计奠定了基础,增强了设计参数映射的可靠性。同时,功能需求间的关系得到了充分分析,重复交叉的功能需求采用一体化物理域部件实现,从而能够利用最精简的物理域部件实现原有功能需求。

2.3.2 复杂系统功能-行为-动作分析

1. 功能-行为-动作分析总体思路

首先,通过需求-功能分析将顶层任务需求转换为第一层次功能需求。其次,研究 FAST 的功能需求-行为映射方法,根据系统功能需求映射得到实现需求所需的系统行为。再次，采用规范化语言描述形式构建行为模型，即系统为实现功能需求所需的运行场景。最后，继续利用 FAST 分析得到行为实现的具体途径，即动作集合。

2. 任务需求-功能需求分析

为实现复杂系统功能-行为分析，首先进行任务需求-功能需求分析，其流程如图 2-7 所示。根据设计任务描述，确定顶层任务需求以及任务约束。对于每一个任务需求和任务约束，将其转换为系统的功能需求、非功能需求。其中，一个任务需求可能对应一个或多个功能需求，非功能需求包括定性指标、定量约束两类。

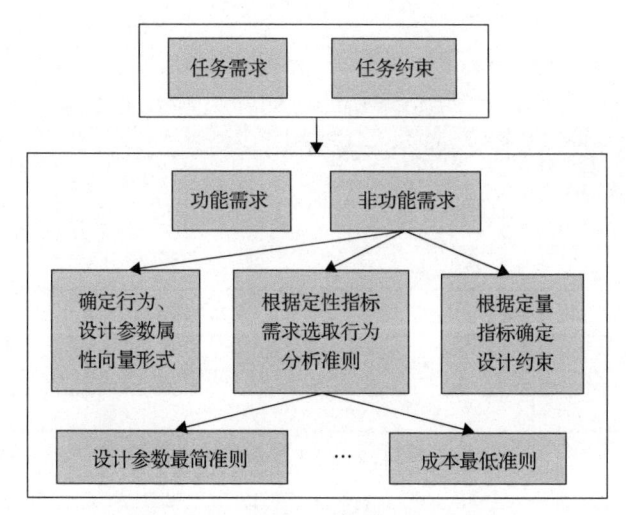

图 2-7 任务需求-功能需求分析流程

对于功能需求，进一步将其映射至行为域中的系统行为；根据非功能需求确定行为域中对系统行为进行处理的依据，包括系统行为描述的形式、物理域设计参数属性向量构成以及行为分析准则，如针对一体化设计需求的设计参数最简准则、针对经济性需求的成本最低准则等。

3. 功能-行为-动作分析理论框架

对于一体化飞行器这类复杂系统，传统公理化设计方法将导致设计冗余。为此，在功能域、物理域之间引入行为域，并分析系统为实现功能所需要的详细动作，以支撑设计矩阵的准确构建。首先从顶层任务需求出发，自上而下分解得到功能的实现途径和行为；对于分解得到的行为，基于知识表示思想，采用规范化语言结构，构建标准化行为模型，以提取功能需求中的关键设计要素；对于获得的行为，建立输入输出黑箱模型，基于功能系统分析技术分解得到行为的实现途径，从而获得系统动作。复杂系统功能-行为-动作分析理论框架如图2-8所示。

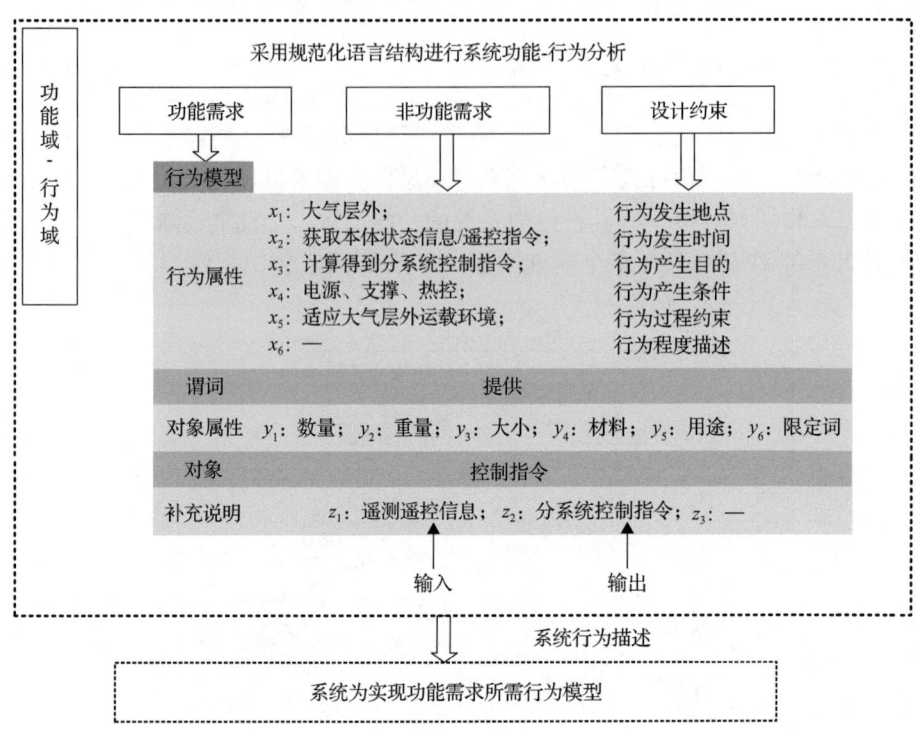

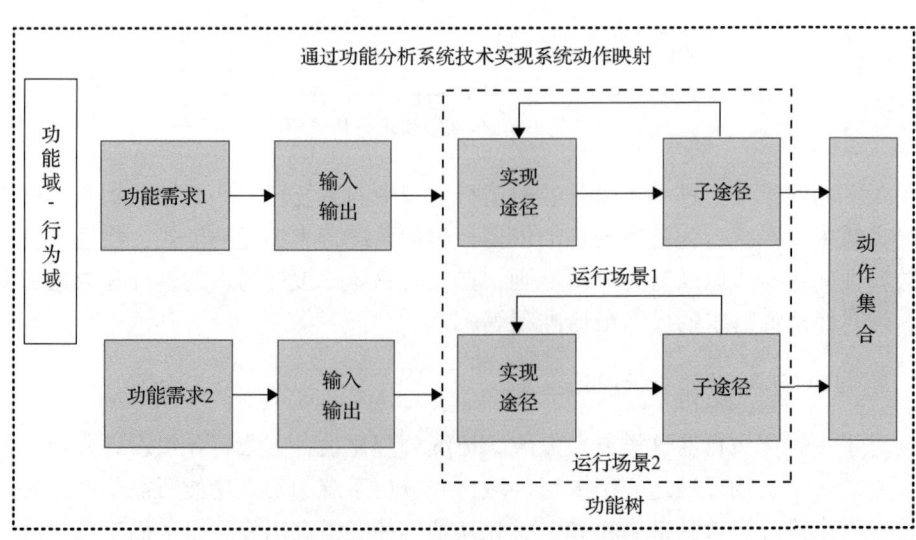

图 2-8 复杂系统功能-行为-动作分析理论框架

4. 基于规范化语言结构的行为描述

1) 知识表示思想

复杂系统设计所涉及的分系统及部件构成繁杂，需要利用规范化的统一建模语言对各个分系统或部件的行为进行描述，从而将相似行为进行融合，以减少系统的功能冗余、结构冗余。注意到人工智能知识表示的相关方法能够以向量的形式表示自然事物的行为及各类属性，并且不同行为向量之间具有运算、推理、演化的功能。因此，本节借鉴知识表示方法的思想内涵，提出一种针对复杂系统的规范化语言描述结构。接下来，本节将给出相关概念。

本节方法借鉴一阶谓词逻辑表示方法，采用统一结构、规则下的自然语言形式对复杂系统行为进行描述，充分掌握系统行为域的活动、交互过程，进而结合后面介绍的相似度分析方法对相同属性行为进行融合，使复杂系统实现功能、结构一体化。谓词逻辑的一般表示形式为

$$P(x_1, x_2, \cdots, x_n) \tag{2-12}$$

其中，$x_1, x_2, \cdots, x_n$ 为个体，即某个独立存在的事物或概念；P 为谓词名，用于刻画个体的性质、状态或个体间的关系。

2) 基于规范化语言结构的行为分析

复杂系统的功能需求、行为繁多，且实现不同功能需求的行为之间可能存在关联，导致难以全面表示系统行为特征(输入、输出、约束等)并进行分析处理，因此首先需要利用规范化语言结构对系统行为进行描述。通过对系统功能需求的分析，确定系统行为的基本结构以实现功能需求。根据系统非功能需求确定行为描述的具体形式、设计参数属性向量的构成以及行为域分析准则，进一步结合行为域分析准则，基于 FAST 分析得到系统行为对应的详细动作。

首先，借鉴知识表示中的一阶谓词逻辑表示方法，定义行为(behavior，BE)的标准语言描述形式为

$$\mathbf{BE}\left\{[x_1, x_2, \cdots, x_m] + P + (y_1, y_2, \cdots, y_n) + O + \langle z_1, z_2, \cdots, z_p \rangle\right\} \tag{2-13}$$

其中，P 为行为的谓词名；O 为行为的对象；$[x_1, x_2, \cdots, x_m]$ 为状语，用于限定谓词类型，具体可包括 x_1(行为发生地点)、x_2(行为发生时间)、x_3(行为产生目的)、x_4(行为产生条件)、x_5(行为过程约束)、x_6(行为程度描述)等；$(y_1, y_2, \cdots, y_n)$ 为定语，用于限定行为对象的类型，具体可包括 y_1(行为对象数量)、y_2(行为对象重量)、y_3(行为对象大小)、y_4(行为对象材料)、y_5(行为对象用途)、y_6(行为

对象限定词)等；$\langle z_1, z_2, \cdots, z_p \rangle$为补语，用于补充说明行为的信息，具体可包括$z_1$（行为输入）、$z_2$（行为输出）、$z_3$（行为结果状态）、$z_4$（行为可能趋势）、$z_5$（行为结果位置）、$z_6$（行为结果时间）、$z_7$（其他约束）等。

接下来，给出物理域设计参数的属性向量形式如下：

$$\text{DP}\left\{\text{struct}_f \langle f_1, f_2, \cdots \rangle, \text{struct}_p \langle p_1, p_2, \cdots \rangle, \text{struct}_s \langle s_1, s_2, \cdots \rangle, \text{struct}_c \langle c_1, c_2, \cdots \rangle \right\}$$

(2-14)

其中，设计参数属性向量内部包含多个结构体，$\text{struct}_f \langle f_1, f_2, \cdots \rangle$表示物理域设计参数的功能属性，即$f_1$为输入类型，$f_2$为输出类型等；$\text{struct}_p \langle p_1, p_2, \cdots \rangle$表示 DP 的物理特征，即$p_1$为 DP 的质量，$p_2$为 DP 的尺寸，$p_3$为 DP 的形状等；$\text{struct}_s \langle s_1, s_2, \cdots \rangle$表示 DP 正常工作所需的支持，即$s_1$为输入端口类型，$s_2$为输出端口类型，$s_3$为 DP 正常工作所需的电源功率，$s_4$为 DP 正常工作所需的作用力等；$\text{struct}_c \langle c_1, c_2, \cdots \rangle$表示 DP 对应的约束条件，即$c_1$为 DP 的质量约束，$c_2$为 DP 的体积约束等。需要说明的是，属性向量具有可扩展性，可根据任务需求及约束条件进行扩展。

5. 基于 FAST 的行为-动作映射

基于功能分析系统技术实现行为-动作映射。建立随机功能列表，进而构建功能系统分析模型，由关键设计因素分析得到具体的实现途径，即为系统动作。若实现方式有多种，则该过程得到一个功能-行为-动作树。根据随机功能列表建立的基于 FAST 的功能-行为-动作映射模型如图 2-9 所示。

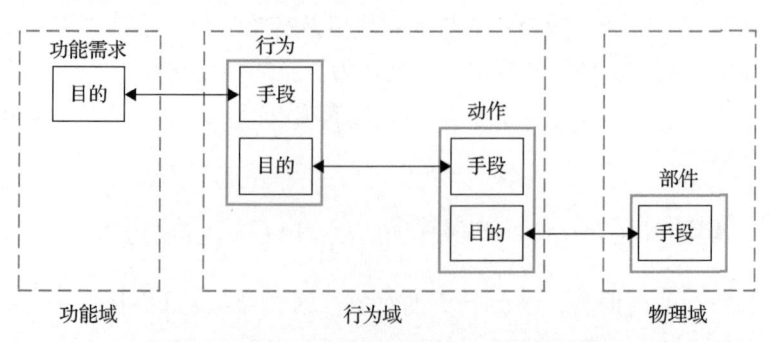

图 2-9 基于 FAST 的功能-行为-动作映射模型

如图 2-9 所示，从顶层功能需求出发，自上而下进行分解，同一层次内按照功能域-行为域-物理域的次序进行映射，最终依次得到系统的行为域、动作域及物理域部件，即功能需求的实现途径。其中，同一层次内左侧设计域相对于右侧表示目的,即为什么;右侧设计域相对于左侧表示手段,即怎么办。

FAST 的具体实现步骤如下。

(1) 进行功能定义,从用户需求出发,准确描述系统运行所需要实现的功能需求。

(2) 进一步建立功能需求间的联系,根据每个层次的内部功能映射得到对应的实现手段,依次将该层次的实现手段映射至下一层次的功能。

(3) 每一个功能的分支路线都构成一个完整的分系统。

(4) 不断细化各个功能分支,得到基于 FAST 的全系统框架。

图 2-10 介绍了基于 FAST 的行为-动作分析思路。

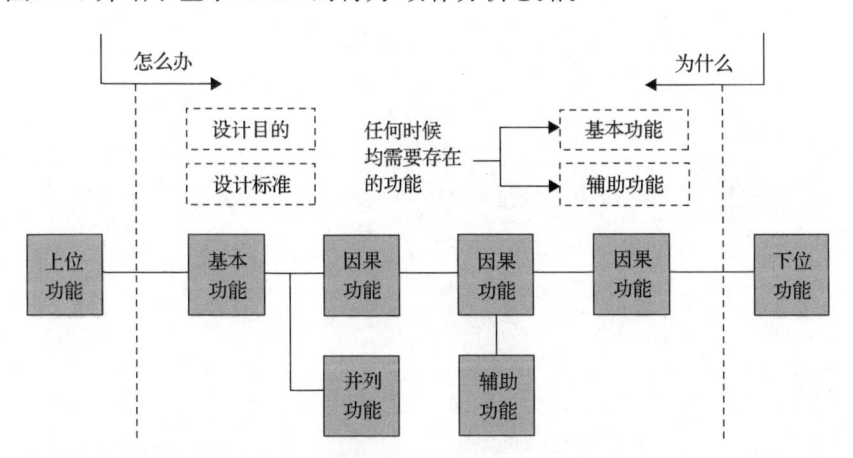

图 2-10 基于 FAST 的行为-动作分析思路

2.3.3 复杂系统动作聚类优化

1. 动作聚类优化总体思路

基于功能-行为-动作分析得到的系统动作集合,将动作的输入、输出以及约束等标签化,构建各个动作的标签向量。然后,基于 TF-IDF 方法计算得到各动作标签向量中元素的具体值,用以评估标签在动作集合中的重要程度,并为计算动作间的相似度奠定基础。进一步基于标签向量相似度进行动作聚类,根据标签向量,结合余弦相似度聚类算法及 k 均值聚类(k-means)算法对相似动作进行聚类得到若干动作子集。最后,基于分支定界方法对动作子集进行一体化设计,得到一体化动作及一体化部件。

2. 动作聚类优化理论框架

经过功能-行为-动作分析,分解得到为实现系统功能所需要的详细动作。若直接从所有动作中进行一体化动作优化选取，则可选组合过多，遍历设计的效率较低。因此，本节方法在复杂系统动作聚类中，首先根据动作标签，基于 TF-IDF 方法构建标签向量，进一步将存在一定相似性的动作进行聚类，以降低可选组合的数量；对聚类在一起的动作，采用分支定界方法，对动作一体化方案进行高效优选，最终获得一体化动作及一体化部件。复杂系统动作聚类优化方法流程如图 2-11 所示。

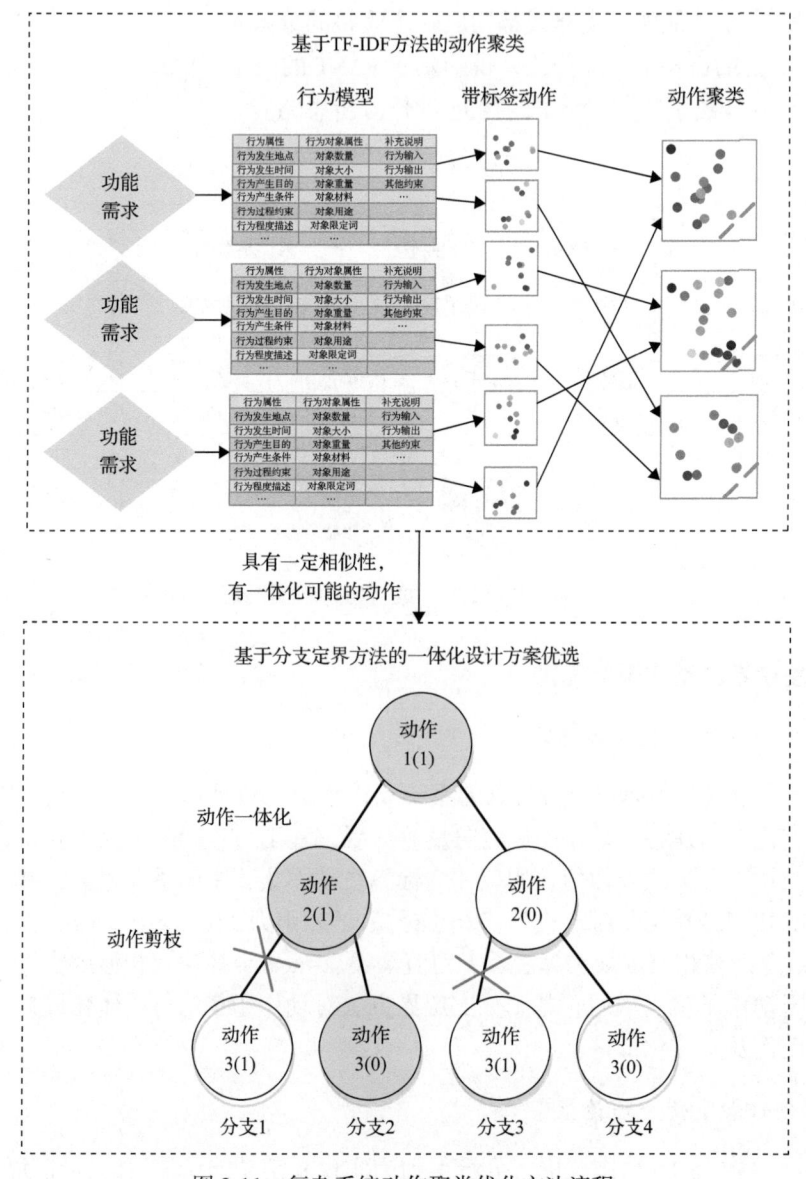

图 2-11 复杂系统动作聚类优化方法流程

3. 基于标签向量相似度的动作聚类

1) 基于 TF-IDF 方法的动作相似度计算

(1) 动作标签向量的构建。

根据功能-行为-动作分析结果,首先分析总结得到动作标签的类型。动作标签包括动作的输入类型、输出类型、约束等,例如,构建以下标签集合:

{输入信息,输入能量,输出信息,输出能量,约束(数据量)}

则对于某一动作,其对应的标签向量示意图如图 2-12 所示。

| 1 | 0 | 1 | 0 | 1 |

图 2-12　标签向量示意图

可见,动作标签向量的维数与标签集合一致。当标签向量中的元素为 1 时,表示该动作具有该标签。以图 2-12 所示动作为例,其标签向量为[1, 0, 1, 0, 1],表示其输入类型为信息,输出类型为信息,约束类型为数据量,同时,输入输出中不含有能量。以此类推,各动作均可表示为标签向量的形式。对于各动作的标签向量,可采用余弦相似度公式判断动作间的相似度。然而,标签的重要程度是不同的,有些标签是飞行器通用的,可能存在于大部分动作中,不具备聚类的必要性;有些标签只存在于少部分动作中,具有很强的类别区分能力,能够反映动作的特点。为了更客观地判断动作间的相似度,需要对标签的重要程度进行衡量并加权至相似度计算过程中。因此,采用 TF-IDF 方法进行动作相似度计算[21,22]。

(2) 动作相似度的计算。

TF-IDF 方法是一种信息统计方法,一般用来评价部分信息对于整体信息库的重要程度,其主要思想是:信息的重要性随着它在整体信息库中出现的次数成正比增加,但同时会随着它在整体信息库中出现的频率成反比下降[23]。

本节结合信息检索中常用的 TF-IDF 方法,来判断动作中标签的重要程度,进而对相似动作进行聚类,从而实现一体化设计。动作相似度的计算步骤如下。

(1) 词频(TF)的计算。

词频(term frequency,TF)表示标签(关键字)在该动作中出现的频率。因此,首先进行标签数量的归一化(标签出现次数/标签总数),防止其偏向标签数多的动作。对于某一动作,TF 的具体计算公式为

$$\text{tf}_{ij} = \frac{n_{ij}}{\sum_{k} n_{kj}} \tag{2-15}$$

即

$$TF_w = \frac{在某一动作中标签 w 出现次数}{所有动作中的标签总数}$$

其中，n_{ij} 为该标签在动作 j 中出现的次数；$\sum_k n_{kj}$ 为动作 j 中所有标签出现的次数总和。

(2) 反文档频率(IDF)的计算。

某一特定标签的反文档频率(inverse document frequency，IDF)可以由动作总数除以包含该标签的动作数目，再将得到的商取对数得到。

包含标签 t 的动作越少，IDF 值越大，认为该标签对动作进行聚类划分的效果越好。其具体计算公式为

$$\mathrm{idf}_i = \log \frac{|D|}{|\{j : t_i \in d_j\}|} \tag{2-16}$$

其中，$|D|$ 为动作总数；$|\{j : t_i \in d_j\}|$ 为包含标签 t 的动作数目。

(3) 计算标签的 TF-IDF 值。

某一特定动作内的高标签频率以及该标签在整个动作集合中的低标签频率，可以产生出高权重的 TF-IDF。因此，TF-IDF 方法倾向于过滤掉常见的标签，保留重要的标签。对于任一动作 j，其标签 i 的重要程度为

$$w_{ij} = \mathrm{tf}_{ij} \cdot \mathrm{idf}_i \tag{2-17}$$

(4) 基于 TF-IDF 指数的标签向量。

计算得到标签的 TF-IDF 值后，将动作标签向量中的元素替换为对应标签的 TF-IDF 指数，示意图如图 2-13 所示。

| W_{11} | 0 | W_{31} | 0 | W_{51} |

图 2-13 基于 TF-IDF 指数的标签向量示意图

(5) 动作间相似度的计算。

将动作的标签向量进行加权后，基于余弦相似度公式，计算两两动作之间的相似度为

$$\lambda_{jk} = \frac{\sum_{i=1}^{N} w_{ij} w_{ik} l_{ij} l_{ik}}{\sqrt{\sum_{i=1}^{N} (w_{ij} l_{ij})^2 \sum_{i=1}^{N} (w_{ik} l_{ik})^2}} \tag{2-18}$$

第 2 章 一体化飞行器公理化设计理论

(6) 动作间距离的计算。

计算得到余弦相似度之后，可得到动作间的余弦距离为

$$d_{jk} = 1 - \lambda_{jk} \tag{2-19}$$

2) 基于 k-means 算法的动作聚类

在数据挖掘中获得广泛应用的是 k-means 算法，它是数据挖掘领域中的经典算法，也是基于距离的迭代算法。k-means 算法输入参数 k，将 n 个动作聚类成 k 个簇，簇内动作相似度较高，簇间动作相似度较低，每个簇内所有动作到聚类中心的距离之和最小。该聚类算法利用前面 TF-IDF 方法计算相似度得到的余弦距离衡量动作间距离，采用 k-means 算法对动作进行聚类，算法伪代码如表 2-2 所示。

表 2-2 基于 TF-IDF 的 k-means 算法

输入：动作集合
输出：k 个聚类结果
1. 初始化 k 个簇类集 $C_i(i=0,1,\cdots,k)$
2. 从动作集合中随机选取 k 个动作作为 k 个簇的初始中心点动作
3. while 前后两次聚类结果不同{
4. 计算每个动作 S 到这些聚类中心点动作的相似度及距离，同时 S 属于动作集合并存入数组 similarity[k]
5. 取 max(similarity[k])对应的下标，将动作划分至该下标对应的簇中
6. 重新设置每个簇内的中心点
7. }
8. 输出 k 个簇类结果
9. return

以上为聚类簇数给定时动作的聚类过程，但复杂系统功能需求、行为、动作繁多，聚类簇数难以提前合理确定。因此，本节对传统 k-means 算法进行改进，提出了基于改进 k-means 的动作聚类算法，其流程图如图 2-14 所示。

图 2-14 中，基于改进 k-means 的动作聚类算法具体流程如下。

(1) 选取动作聚类簇数初值 k。

(2) 选取 k 个聚类中心，基于传统 k-means 算法进行动作聚类。

(3) 计算动作聚类结果中各簇内动作距中心点最大欧几里得距离。

(4) 判断相邻两次最大欧几里得距离变化是否小于阈值，若小于，则转步骤(5)；反之，则令 $k=k+1$，转步骤(2)。

(5) 设计结束，输出动作聚类结果。

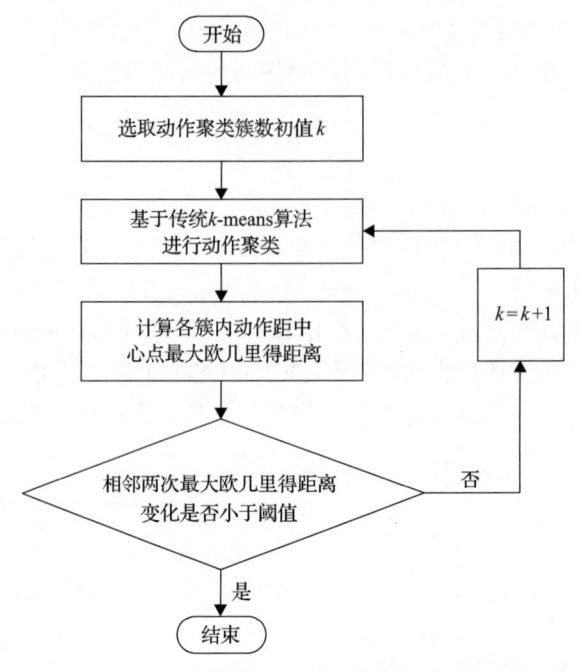

图 2-14 基于改进 k-means 的动作聚类算法流程图

4. 基于分支定界的一体化动作组合优化

1) 动作一体化设计模型构建

根据动作 TF-IDF 标签向量，基于标签相似度聚类后，实现了存在一定相似性的动作聚类，得到了若干动作子集，每一个动作子集内的动作具有一体化设计的可能性。接下来，针对各个动作子集内的动作进行一体化设计。将该类一体化设计问题转换为一个混合整数规划问题：求解满足一定约束条件下，使给定目标函数取极值的动作一体化组合，即

$$\begin{aligned}&\text{Find } \boldsymbol{x} = [x_1, x_2, \cdots, x_n], \quad x_i = 0\text{或}1\\&\min J = \alpha M + \beta C + \eta W\\&\text{s.t.} \quad \sum_{i=1}^{n} x_i \phi_i(\boldsymbol{X}_i) \leqslant 0\\&\quad\quad \phi_i(\boldsymbol{X}_i) \leqslant 0\end{aligned} \quad (2\text{-}20)$$

其中，待设计参数 $\boldsymbol{x} = [x_1, x_2, \cdots, x_n]$ 为动作是否进行合并的特征变量。

$$x_i = \begin{cases} 1, & \text{动作}i\text{与其他动作进行一体化设计} \\ 0, & \text{动作}i\text{与其他动作不进行一体化设计} \end{cases} \quad (2\text{-}21)$$

第 2 章 一体化飞行器公理化设计理论

其中，i 为动作编号。

一体化设计的目的为结构轻、成本低、功率小等，因此目标函数是结构质量 M、成本 C、功率 W 的加权，权重 α、β、η 由设计者预先确定。

此外，优化问题的约束条件包括组合不等式约束（多个部件指标总和 $\sum_{i=1}^{n} x_i \phi_i(\boldsymbol{X}_i)$）以及单部件约束 $\phi_i(\boldsymbol{X}_i)$（保证正常工作）。

2) 基于分支定界的混合整数规划问题求解

对于此类混合整数规划问题，本节采用分支定界方法进行求解，这是一种求解混合整数规划问题的有效方法，通过高效搜索与迭代解决设计变量不连续的优化问题。

分支定界方法始终围绕一棵搜索树进行，主要流程包括分支和定界两部分。在进行动作一体化设计过程中，将问题的初始解（所有动作均不合并，分开设计）看作搜索树的根节点。从根节点出发，通过分支定界方法将所有动作的组合优化问题逐步分割为小的子问题进行求解。上层问题可以视作搜索树的父节点，分割出来的子问题为父节点的子节点，直至分割到最小问题为叶节点。可以看出，分支的过程就是不断给搜索树增加子节点的过程。而定界就是在分支的过程中检查子分支的上下界（根据问题的目标函数而定），如果子分支不能产生比当前最优解更优的解，则剪去该分支，直至所有分支都不能产生一个更优的解为止，算法结束。

本节基于分支定界思想，结合一体化设计需求，通过对动作分支定界以高效搜索最佳动作一体化方案，最终实现物理域部件的一体化设计，图 2-15 给出了动作分支定界示意图。

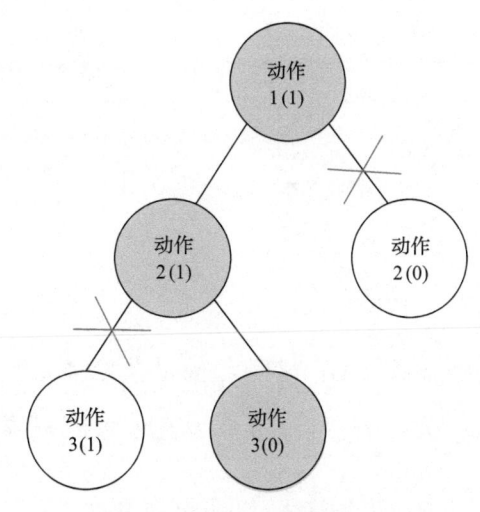

图 2-15 动作分支定界示意图

如图 2-15 所示，以三个动作的一体化设计过程为例，对分支定界方法进行解释说明。需要说明的是，动作 1(1) 表示动作 1 与其他动作进行一体化设计，反之，动作 1(0) 表示动作 1 不与其他动作进行一体化设计。

首先，判断动作 1、动作 2 是否进行一体化设计，当动作 1、动作 2 进行一体化设计时，映射得到物理域部件并计算性能指标，性能指标值优于动作 1、动作 2 不进行一体化设计的情况，因此剪去动作 1、动作 2 不进行一体化设计的分支。

进一步以动作 2(1) 为起点，判断动作 2、动作 3 是否进行一体化设计。当动作 2、动作 3 进行一体化设计时，设计代价过大，因此舍弃该分支，则动作 1、动作 2 进行一体化设计为当前最优设计方案。

综上，当发生以下情况时，进行剪枝操作。

(1) 动作对应的约束冲突，无法合并，舍去该分支。

(2) 动作的合并代价过大，导致性能指标值变大，舍去该分支。

(3) 性能指标下降不明显，选择暂时保留该分支，或者经过一定的迭代次数后，舍去该分支。

基于分支定界的动作一体化设计求解流程图如图 2-16 所示，详细说明如下。

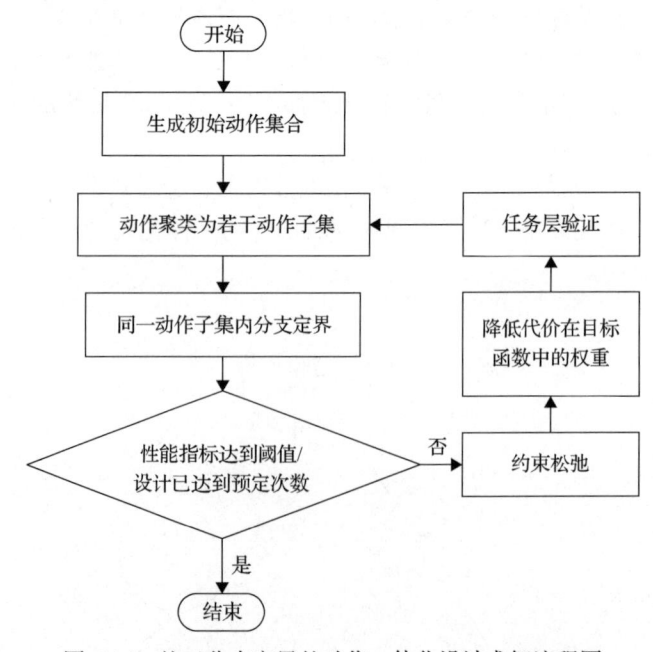

图 2-16 基于分支定界的动作一体化设计求解流程图

(1) 通过系统功能-行为-动作分析，生成为满足系统功能需求所需进行的初始动作集合。

(2) 基于动作标签相似度聚类算法对初始动作集合进行聚类，得到若干动作子集。

(3) 利用分支定界方法对各动作子集内的动作进行一体化聚类优化，得到一体化动作集合。

(4) 判断性能指标是否达到阈值/设计是否达到预定次数，若达到，则转步骤(6)，设计结束；若未达到，则通过约束松弛、目标函数权重自适应调节等手段进行重新优化设计。

(5) 返回任务层进行验证，转步骤(2)。

(6) 设计结束。

2.3.4 复杂系统设计综合

1. 设计综合思路

对于系统动作聚类优化结果，首先根据行为、动作间的交互关系构建设计矩阵并进行规约化处理，进一步基于有向图分析方法识别设计耦合特性，并根据设计耦合类型，通过调整部件设计次序等方式实现公理化设计，以减少后续设计迭代次数，进而将功能、行为、动作、部件代入 MBSE，验证需求、约束是否均满足，信息、能量等是否流通，若不满足，则返回行为域重新设计。

系统设计综合研究思路如图 2-17 所示。系统设计综合的具体步骤如下。

(1) 基于系统功能-行为-动作分析得到满足功能需求所需要的系统行为及动作，而后确定系统行为以及行为之间的信息、能量等交互关系。接下来，根据行为、设计参数及交互关系构建行为-设计参数的设计矩阵。

(2) 将设计矩阵转换为有向图形式，分析设计矩阵的耦合特性(深耦合、浅耦合、无耦合)。

(3) 判断设计矩阵是否为下三角形矩阵。若设计矩阵满足下三角形式，则转步骤(5)，否则，转步骤(4)。

(4) 根据后面介绍的相关理论调整行为、设计参数及设计次序，然后转步骤(2)，根据更新后的行为、设计参数序列重新构建设计矩阵。

(5) 将设计参数类型及设计次序代入 MBSE 框架中进行参数化详细设计，判断当前设计是否满足任务需求及约束。若通过 MBSE 验证，则转步骤(6)；否则转步骤(1)，更新设计约束，返回系统行为域进行重新设计。

(6) 当前层次设计结束，转入下一层次设计。

2. 基于有向图分析的设计耦合特性分析

1) 设计矩阵的规约化处理

复杂系统的行为参数、设计参数繁多，物理域设计参数的设计次序难以合理

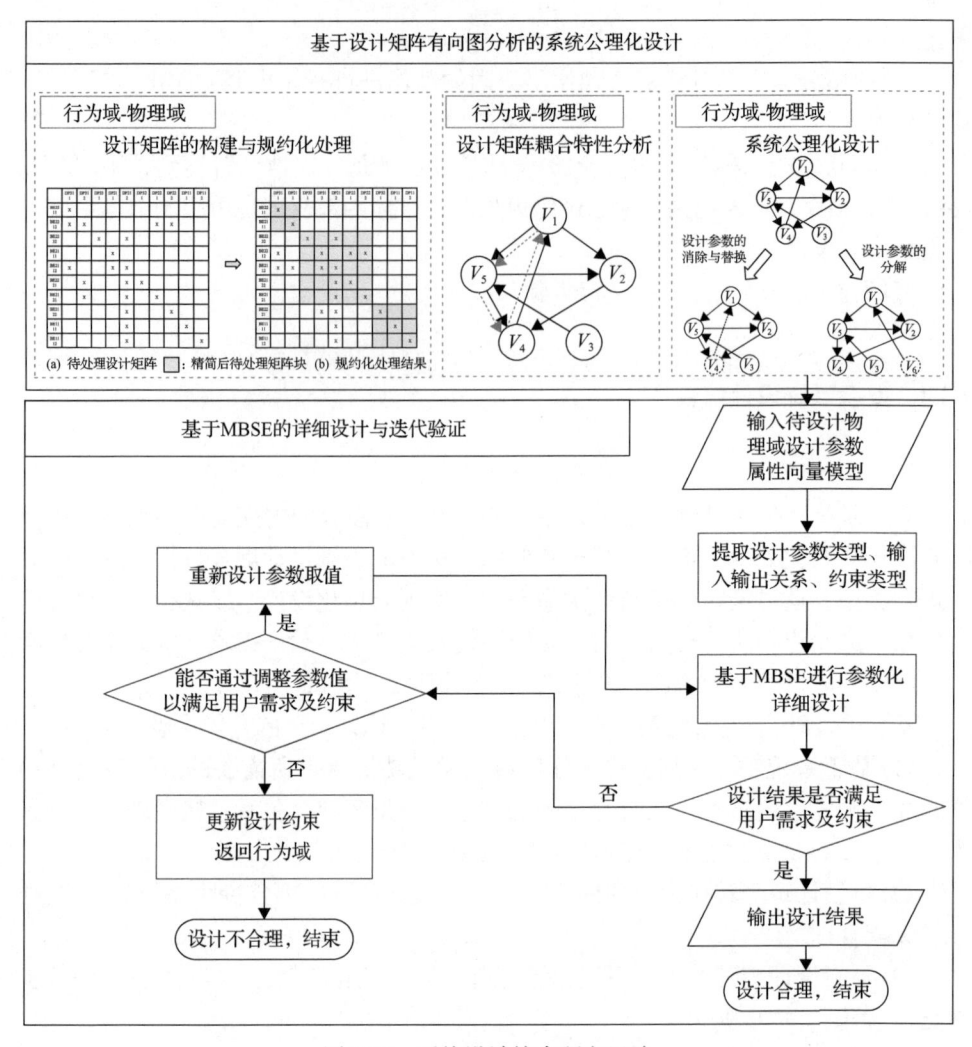

图 2-17 系统设计综合研究思路

确定，不当的设计次序将导致需要大量迭代设计。为提高设计效率，需构建系统设计矩阵以描述系统行为与物理域设计参数之间的关系，进而基于有向图分析得到系统设计参数类型及合理的设计次序，复杂系统高维设计矩阵示意图如图 2-18 所示。其中，$DP_i(i=1,2,\cdots,n)$ 表示物理域第 i 个设计参数；$BE_j(j=1,2,\cdots,m)$ 表示第 j 个系统行为；符号 X 表示对应的行为和设计参数之间存在影响关系，0 表示对应的行为与设计参数无关。

图 2-18 复杂系统高维设计矩阵示意图

当设计矩阵过于复杂时，对设计矩阵进行规约化处理，分离出独立的行为参数和设计参数，从而仅需要对耦合矩阵块进行耦合特性的分析与处理。

设计矩阵规约化处理过程如下。

(1)利用规约算法对设计矩阵进行简化，将行为所在行除主对角线外元素均为零的行为-设计参数放在设计矩阵左上角，转至步骤(2)。

(2)将设计参数所在列除主对角线外元素均为零的行为-设计参数放在设计矩阵右下角，转至步骤(3)。

(3)得到中间部分精简后的设计矩阵，判断设计矩阵是否需要继续进行规约化处理。若需要进一步简化，则对精简后的设计矩阵进行上述步骤的处理；若不需要进一步简化，则转至步骤(4)。

(4)简化设计矩阵中不存在满足上述特征的行为-设计参数，最终得到精简后的待处理矩阵块。

设计矩阵规约化处理过程示意图如图 2-19 所示。

	DP_{31} 1	DP_{31} 2	DP_{33} 1	DP_{21} 1	DP_{21} 2	DP_{32} 1	DP_{22} 1	DP_{22} 2	DP_{11} 1	DP_{11} 2
BE_{22} 11	X									
BE_{22} 12	X	X					X	X		
BE_{22} 32			X		X					
BE_{21} 11				X						
BE_{21} 12	X			X	X					
BE_{22} 21		X			X	X				
BE_{21} 21		X			X		X			
BE_{21} 22					X			X		
BE_{11} 11					X				X	
BE_{11} 12					X					X

(a) 待处理设计矩阵

	DP_{31} 1	DP_{21} 1	DP_{33} 1	DP_{31} 2	DP_{21} 2	DP_{22} 1	DP_{22} 2	DP_{32} 1	DP_{11} 1	DP_{11} 2
BE_{22} 11	X									
BE_{21} 11		X								
BE_{22} 32			X		X					
BE_{22} 12	X			X		X	X			
BE_{21} 12	X	X		X	X					
BE_{21} 22					X	X				
BE_{21} 21					X		X			
BE_{22} 21				X	X			X		
BE_{11} 11					X				X	
BE_{11} 12					X					X

(b) 规约化处理结果

图 2-19　设计矩阵规约化处理过程示意图

：精简后待处理矩阵块

复杂系统设计得到的行为-设计参数矩阵存在无耦合、浅耦合以及深耦合等三类情况，可在构建得到设计矩阵后，基于设计矩阵有向图分析判断其对应的耦合类型。

(1)对于无耦合情况，其设计矩阵为一个对角矩阵或下三角形矩阵，此类情况不需要进行处理，按主对角线顺序对物理域设计参数进行设计即可。

(2)对于浅耦合情况，可基于有向路径排序法调整物理域设计参数的设计次序[24]，将设计矩阵转换为一个对角矩阵或下三角形矩阵。

(3) 对于深耦合情况，基于最小非对角项分析方法，通过对非对角项设计参数进行重设计，结合有向路径排序法，实现物理域设计参数设计次序的优化。

下面对上述过程中所涉及的理论方法进行介绍。

2) 设计矩阵有向图的构建

设计矩阵中的非对角项表示从 DP_i 到 BE_j 的能量/信息/物料流，定义 V_i 是行为 BE_i 及设计参数 DP_i 所对应的设计，即

$$V_i = \{DP_i \to BE_i | i = 1, 2, \cdots, n\} \tag{2-22}$$

定义 $V_i \to V_j$ 表示第 i 个设计参数对第 j 个行为产生的影响，即

$$V_i \to V_j = \{DP_i \to BE_j, j \neq i\} \tag{2-23}$$

3) 设计矩阵耦合特性分析

基于有向图进行设计矩阵耦合特性分析，首先给出设计矩阵耦合特性的分类。

(1) 无耦合设计：设计矩阵为上三角形矩阵或下三角形矩阵。

(2) 浅耦合设计：设计矩阵对应的有向图无循环回路，即设计矩阵可通过调整物理域设计次序的方式转换为上三角形矩阵或下三角形矩阵。

(3) 深耦合设计：设计矩阵对应的有向图存在循环回路，即对于各个行为-设计参数的设计存在耦合，其会相互影响，导致无法通过调整物理域设计次序的方式将设计矩阵转换为上三角形矩阵或下三角形矩阵。

以 V_i 为有向图的顶点，设计矩阵有向图如图 2-20 所示。设计矩阵有向图中出现了 V_1—V_5—V_4—V_1 的闭合循环回路，表明 BE_1、BE_5、BE_4 间存在耦合，会相互影响，为一个深耦合设计。

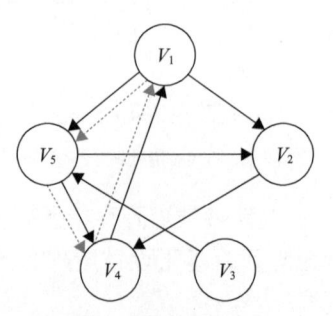

图 2-20 设计矩阵有向图

针对设计矩阵的不同耦合特性，需要进行物理域设计参数设计次序的优化或行为-设计参数的重设计，从而实现公理化设计，相关行为-设计参数的公理化设计方法将在后面给出。

3. 行为-设计参数公理化设计

1) 浅耦合情况下的公理化设计方法

针对浅耦合情况，可以通过调整行为-设计参数的设计次序实现设计的公理化，但当矩阵维数较大或矩阵中非对角项较多时，难以快速确定合理的设计次序。因此，需采用一种可快速实现设计矩阵下三角化的方法——有向路径排序法，其具体实施步骤如下。

(1) 设计矩阵有向图的构建。

根据系统行为及设计参数间的交互关系，构建系统行为-设计参数的设计矩阵，将设计矩阵首先进行规约化处理，定义V_i并构建设计矩阵对应的有向图形式。

(2) 设计起始点的确定。

依次判断设计矩阵有向图中的各个顶点V_i是否存在有向线段接入，若没有，则说明该顶点受其他行为-设计参数的影响较小，可以被选为详细参数设计的起始点。选定设计起始点后，从该顶点V_i出发，分别列写V_i至其他顶点的有向路径，为设计次序的确定奠定基础。

(3) 设计次序的确定。

在获取起始点V_i到其他顶点所有有向路径的基础上，计算以某一顶点V_j为有向路径终点时，对应的有向路径数量。从起始点V_i至V_j的有向路径数量越多，证明设计关系V_j受其他行为-设计参数的影响越大，此时不能对V_j进行优先设计，否则在对其他设计参数进行设计时依然会对V_j产生影响，从而导致大量的设计迭代，甚至设计失败。根据上述分析，按照V_i至V_j有向路径数量的多少进行设计次序的确定，优先设计有向路径数量少的行为-设计参数。若有向路径数量相同，则两者的设计次序可不分先后。按照上述流程进行设计，最终将获得下三角形矩阵，实现浅耦合情况下设计参数设计次序的优化确定。

2) 深耦合情况下的公理化设计方法

针对深耦合情况，需尽可能地以最小的代价去除设计矩阵的非对角项，或者通过替换设计参数改变设计矩阵，从而得到上三角形矩阵或下三角形矩阵，实现设计矩阵的公理化设计。因此，需要判断哪些非对角项需要消除且可以消除，以及如何在对原设计参数改动最小的前提下实现公理化设计。综上，首先通过设计矩阵有向图分析得到公理化设计所需的目标非对角项，然后结合设计矩阵对目标非对角项及对应的行为、设计参数进行重新设计。

例如，对于如图 2-20 所示的设计，若消除关系 DP_4—BE_1，则将实现公理化设计。因此，可采取设计参数消除、替换或分解的策略实现公理化设计，原理示意图如图 2-21 所示。

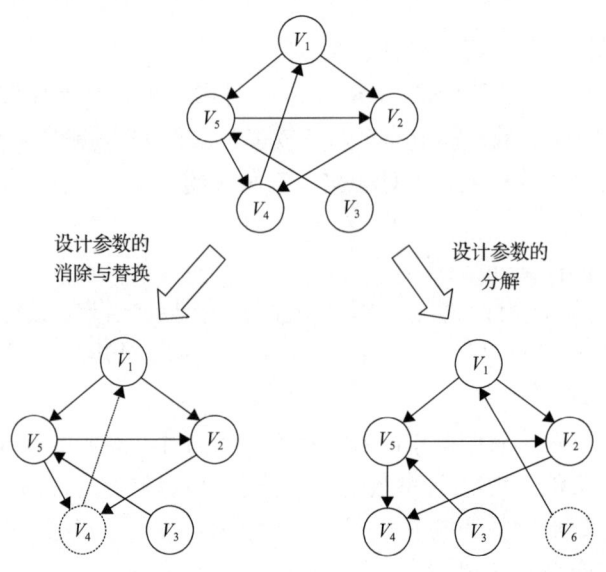

图 2-21 公理化设计的原理示意图

如图 2-21 所示，为消除 DP_4—BE_1，可采取设计参数的消除与替换及分解两种策略。首先，通过将 DP_4 替换为 DP_{41} 的方式消除 DP_4 对 BE_1 的影响，从而消除最小非对角项 DP_4—BE_1，打破了原有向图中所有的循环回路，实现了公理化设计。

此外，可通过增加设计参数 DP_6 的方式，使原来 BE_1 需要的来自 DP_4 的信息由 DP_6 提供，同样能够消除 DP_4—BE_1，同时不影响原有的 BE，从而简化后续的迭代设计过程。

2.4　一体化飞行器功能分析行为聚类公理化设计

本节从一体化飞行器总体设计任务需求出发，结合复杂系统功能分析行为聚类公理化设计理论及 MBSE 方法，开展一体化飞行器设计。每一层次设计包括功能需求分析、功能-行为-动作-设计参数映射、系统设计综合等过程，并且给出各层次设计结果与传统设计结果的对比情况，最后介绍 MBSE 设计结果表征方法，从而为总体详细参数设计提供物理域部件类型、功能-行为-动作模型及设计次序。

2.4.1　一体化飞行器任务分析

高荷载比一体化飞行器具有自身机动能力强、多任务功能动态可重构、无依托快速响应等特点,可在型谱范围内实现快速部署、侦察监视、应急增强等应用。在侦察监视方面,可根据应急任务需求,通过变轨快速到达任务区域,实现对地面目标的高空间分辨率、高时间分辨率应急侦察监视,满足自然灾害的探测和其他需求;在应急增强方面,可根据战时任务需求,通过快速机动发射侦察、导航、通信等任务载荷,快速提升任务区域的天基系统能力,支持应急通信,同时具备任务重构功能,在发射过程中应急改变入轨任务,或者在轨运行中紧急变轨快速调整星下点,以满足多种应急任务和突发灾害应急救援需求。

根据一体化飞行器的基本概念及内涵,可确定顶层任务需求如下。

用户需求:飞行器系统能够实现星箭载一体化,荷载比、载质比高,同时可满足以下应用需求。

(1) 根据用户需求,按照指令在规定时间及规定地点以车载等方式机动快速发射及入轨。

(2) 根据指令在指定地区上空进行侦察,获取目标信息,并且可以根据指令进行指向调节成像,以扩大可视范围。

(3) 飞行器具有信息处理与分发功能,成像后立即下传侦察数据,或者先在星上存储,适时下传。

(4) 具有导航功能,可生成测距增强信号,下行信号可与其他系统联合定位。

(5) 可中继卫星信号、联合探测,增大覆盖范围,实现应急增强。

同时,根据分析可确定顶层任务约束如下。

顶层任务约束1:星箭载一体化,尽可能减少设计空间冗余。

2.4.2 顶层任务需求至分系统架构迭代设计

1. 功能需求分析

将一体化飞行器系统顶层任务需求及任务约束分别转换为系统功能需求及非功能需求,进行第一层次迭代,以实现顶层任务需求至分系统架构设计。该层次系统功能需求如下。

(1) FR1:系统能够满足机动发射入轨及在轨运行的基本需求。

(2) FR2:系统能够侦察监视。

(3) FR3:系统能够导航增强。

(4) FR4:系统能够通信中继。

非功能需求中的定性指标如下。

非功能需求1:物理域设计参数最简。

定量约束指标从顶层任务约束集合继承。

2. 功能-行为-动作-设计参数映射

1)行为-动作映射

针对系统各功能需求，分析得到对应的系统行为，确定各系统行为的输入输出及行为间的交互关系，具体功能-行为-动作-设计参数映射过程如下。

(1)BE1：运行系统。

对运行系统进行详细分析可得行为模型，其详细动作如下。

①AC1-1：提供支撑。

②AC1-2：控制载荷温度。

③AC1-3：传输遥测遥控信息。

④AC1-4：提供上升段姿轨控。

⑤AC1-5：提供上升段配电。

⑥AC1-6：提供入轨段姿轨控。

⑦AC1-7：提供入轨段配电。

⑧AC1-8：提供上升段姿轨控指令。

⑨AC1-9：提供入轨段姿轨控指令。

⑩AC1-10：提供星务管理、数据采集控制。

⑪AC1-11：提供在轨段姿轨控。

⑫AC1-12：测量上升段姿态信息。

⑬AC1-13：测量入轨段姿态信息。

⑭AC1-14：测量在轨段姿态信息。

⑮AC1-15：提供在轨段配电。

在运行系统行为模型中，行为属性为：x_1(大气层内/大气层外)、x_2(全部过程)、x_3(使系统进入预定轨道，使载荷在轨正常运行)、x_4(无)、x_5(满足荷载比、载质比要求，适应预定轨道参数需求，适应载荷对热控、配电、结构支撑、信息传输需求)；谓词为"运行"；对象属性为"无"；对象为"系统"；输入为"遥控信息"；输出为"遥测信息、控制指令、电能、热控、结构支撑"。

运行系统行为对应的系统活动图如图 2-22 所示。

(2)BE2：跟踪探测目标。

对跟踪探测目标进行详细分析可得行为模型，其详细动作如下。

①AC2-1：提供变轨/调姿动力。

②AC2-2：提供侦察监视设备配电。

③AC2-3：控制侦察监视任务载荷。

④AC2-4：获取光学探测信息。

⑤AC2-5：处理存储下传图像数据。

第 2 章　一体化飞行器公理化设计理论

在跟踪探测目标行为模型中，行为属性为：x_1(大气层外)、x_2(在轨段)、x_3(获取目标光学图像、位姿状态信息)、x_4(热控、配电、结构支撑、信息传输)、x_5(适应用户对目标成像区域的需求，适应用户对图像质量的需求，适应工作环境要求)；谓词为"跟踪探测"；对象属性为"空间/地面"；对象为"目标"；输入为"用户侦察位置指令"；输出为"目标图像、位姿数据"。

跟踪探测目标行为对应的系统活动图如图 2-23 所示。

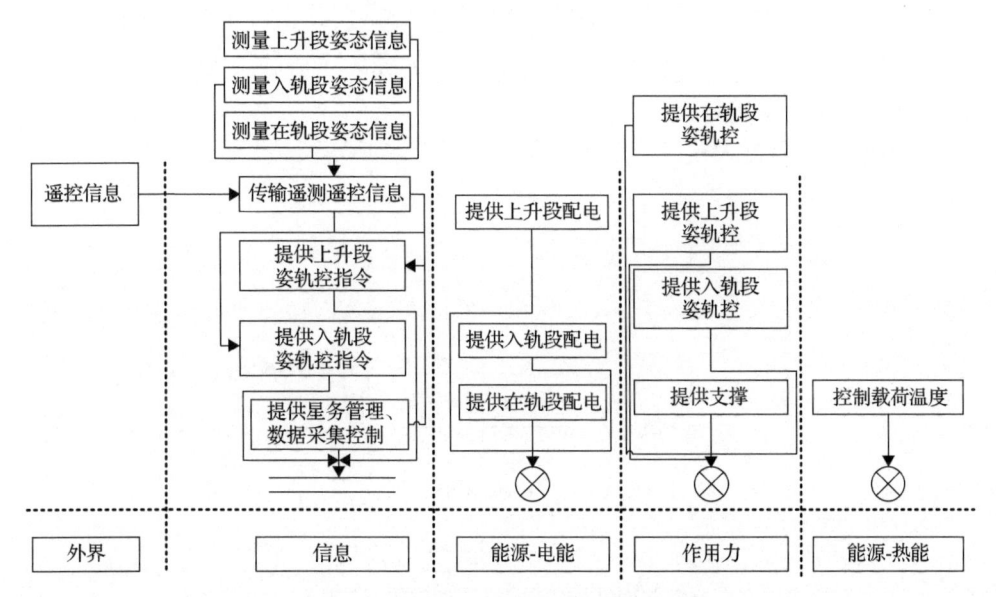

图 2-22　运行系统行为对应的系统活动图

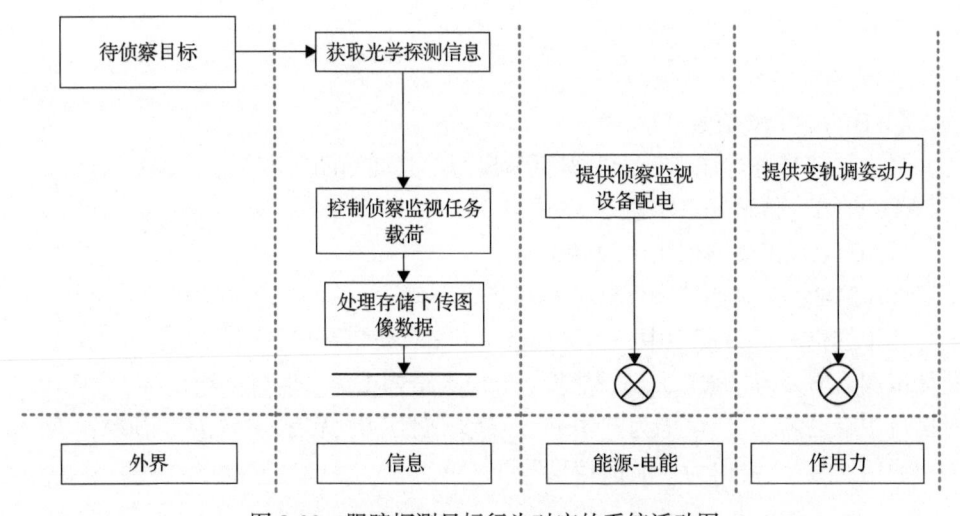

图 2-23　跟踪探测目标行为对应的系统活动图

(3) BE3：生成导航信息。

对生成导航信息进行详细分析可得行为模型，其详细动作如下。

①AC3-1：下传导航信号。

②AC3-2：提供导航设备配电。

③AC3-3：控制导航任务载荷。

在生成导航信息行为模型中，行为属性为：x_1(大气层外)、x_2(在轨段)、x_3(提高导航精度)、x_4(热控、配电、结构支撑、信息传输)、x_5(适应用户对导航精度的需求)；谓词为"生成"；对象属性为"导航"；对象为"信息"；输入为"地面信号"；输出为"导航信息"。

生成导航信息行为对应的系统活动图如图 2-24 所示。

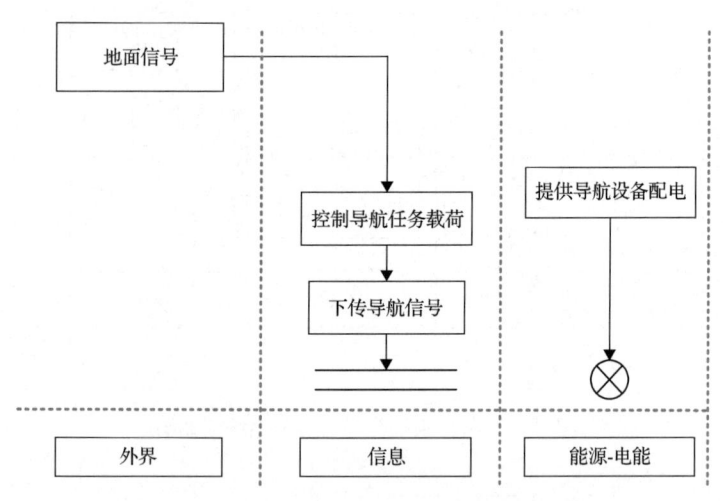

图 2-24　生成导航信息行为对应的系统活动图

(4) BE4：中继信号。

对中继信号进行详细分析可得行为模型，其详细动作如下。

①AC4-1：传输通信信息。

②AC4-2：提供通信中继设备配电。

③AC4-3：控制通信中继任务载荷。

在中继信号行为模型中，行为属性为：x_1(大气层外)、x_2(在轨段)、x_3(扩大通信范围，增大信号强度)、x_4(热控、配电、结构支撑、信息传输)、x_5(适应用户对信号中继的需求)；谓词为"中继"；对象属性为"无"；对象为"信号"；输入为"通信信号"；输出为"通信信号"。

中继信号行为对应的系统活动图如图 2-25 所示。

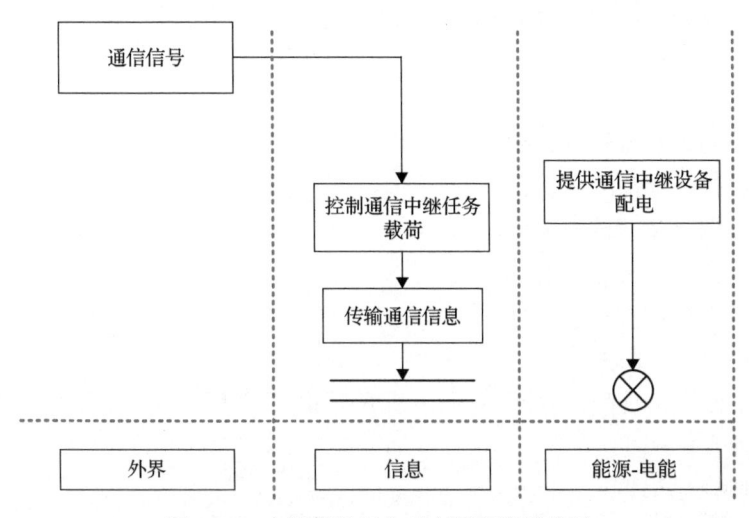

图 2-25 中继信号行为对应的系统活动图

2)行为动作聚类

各行为分解得到的动作共 26 个,如下所示。

(1)提供支撑;

(2)控制载荷温度;

(3)传输遥测遥控信息;

(4)提供上升段姿轨控;

(5)提供上升段配电;

(6)提供入轨段姿轨控;

(7)提供在轨段配电;

(8)提供上升段姿轨控指令;

(9)提供入轨段姿轨控指令;

(10)提供星务管理、数据采集控制;

(11)提供变轨/调姿动力;

(12)测量入轨段姿态信息;

(13)控制在轨段姿态;

(14)下传导航信号;

(15)提供导航设备配电;

(16)控制导航任务载荷;

(17)传输通信信息；

(18)提供中继通信设备配电；

(19)控制中继通信任务载荷；

(20)提供侦察监视设备配电；

(21)控制侦察监视任务载荷；

(22)获取光学探测信息；

(23)处理存储下传图像数据；

(24)测量上升段姿态信息；

(25)测量在轨段姿态信息；

(26)提供入轨段配电。

在各动作中出现的标签有29个，如下所示。

(1)时间-上升段；

(2)时间-入轨段；

(3)时间-在轨段；

(4)约束-单位时间所能发送的信息量；

(5)约束-单位时间所能接收的信息量；

(6)约束-姿态测量精度；

(7)约束-所能输出的力矩；

(8)约束-所能输出的功率；

(9)约束-所能输出的推力；

(10)约束-所能输出的支撑力大小；

(11)约束-输出单次指令的耗时；

(12)约束-输出图像的质量；

(13)输入-信息；

(14)输入信息类型-导航信号；

(15)输入信息类型-通信信号；

(16)输入信息类型-遥测量；

(17)输出-信息；

(18)输出-物料；

(19)输出-能量；

(20)输出信息类型-姿态信息；

(21)输出信息类型-导航信号；

(22)输出信息类型-控制指令；

第 2 章 一体化飞行器公理化设计理论

(23) 输出信息类型-目标图像；
(24) 输出信息类型-通信信号；
(25) 输出物料类型-支撑；
(26) 输出能量类型-力矩；
(27) 输出能量类型-推力；
(28) 输出能量类型-热能；
(29) 输出能量类型-电能。

以动作 AC1-8(提供上升段姿轨控指令)为例，该动作的输入为信息中的遥测量，输出为信息中的控制指令，发生时间为上升段，该动作的约束为输出单次指令的耗时满足上升段姿轨控指令计算周期要求。因此，该动作的标签为{"输入-信息"，"输入信息类型-遥测量"，"时间-上升段"，"输出-信息"，"输出信息类型-控制指令"，"约束-输出单次指令的耗时"}。对于该动作，构建标签向量，向量长度为所有动作中出现的标签数量。将该动作含有的标签对应位置元素置为 1，该动作不含有的标签对应位置元素置为 0，则动作 AC1-8 的标签向量为

[1 0 0 0 0 0 0 0 0 0 1 0 1 0 0 1 1 0 0 0 0 1 0 0 0 0 0 0 0]

同理，对于动作 AC1-1(提供支撑)，该动作的输出为物料中的力，发生时间为上升段、入轨段、在轨段等全过程，且所能输出的力大小需要满足支撑飞行器结构的要求。因此，该动作的标签为{"输出-物料"，"输出物料类型-支撑"，"时间-上升段"，"时间-入轨段"，"时间-在轨段"，"约束-所能输出的支撑力大小"}，则动作 AC1-1 的标签向量为

[1 1 1 0 0 0 0 0 0 1 0 0 0 0 0 0 1 0 0 0 0 0 0 1 0 0 0 0 0]

类似地，对于动作 AC1-4(提供上升段姿轨控)，该动作的输出为能量中的推力，发生时间为上升段，且所能输出的推力大小需能满足飞行器上升时轨迹控制的需求。因此，该动作的标签为{"输出-能量"，"输出能量类型-推力"，"时间-上升段"，"约束-所能输出的推力"}。对于此动作，构建标签向量为

[1 0 0 0 0 0 0 0 1 0 0 0 0 0 0 0 0 0 1 0 0 0 0 0 0 0 1 0 0]

以此类推，对于各动作分别进行分析，得到其标签向量为

$$\begin{bmatrix}
1 & 1 & 1 & 0 & 0 & 0 & 0 & 0 & 1 & 0 & 0 & 0 & 0 & 0 & 0 & 0 & 1 & 0 & 0 & 0 & 0 & 0 & 0 & 1 & 0 & 0 & 0 & 0 \\
1 & 1 & 1 & 0 & 0 & 0 & 1 & 0 & 0 & 0 & 0 & 0 & 0 & 0 & 0 & 0 & 1 & 0 & 0 & 0 & 0 & 0 & 0 & 0 & 0 & 1 & 0 \\
1 & 1 & 1 & 1 & 0 & 0 & 0 & 0 & 0 & 1 & 0 & 0 & 0 & 0 & 1 & 0 & 0 & 0 & 0 & 0 & 0 & 0 & 0 & 0 & 0 & 0 & 0 & 0 \\
1 & 0 & 0 & 0 & 0 & 0 & 0 & 1 & 0 & 0 & 0 & 0 & 0 & 0 & 0 & 0 & 1 & 0 & 0 & 0 & 0 & 0 & 0 & 0 & 1 & 0 & 0 \\
1 & 0 & 0 & 0 & 0 & 0 & 1 & 0 & 0 & 0 & 0 & 0 & 0 & 0 & 0 & 0 & 1 & 0 & 0 & 0 & 0 & 0 & 0 & 0 & 0 & 0 & 1 \\
0 & 1 & 0 & 0 & 0 & 0 & 0 & 1 & 0 & 0 & 0 & 0 & 0 & 0 & 0 & 0 & 1 & 0 & 0 & 0 & 0 & 0 & 0 & 0 & 1 & 0 & 0 \\
0 & 0 & 1 & 0 & 0 & 0 & 1 & 0 & 0 & 0 & 0 & 0 & 0 & 0 & 1 & 0 & 0 & 0 & 0 & 0 & 0 & 0 & 0 & 0 & 0 & 1 \\
1 & 0 & 0 & 0 & 0 & 0 & 0 & 0 & 0 & 1 & 0 & 1 & 0 & 0 & 1 & 1 & 0 & 0 & 0 & 0 & 1 & 0 & 0 & 0 & 0 & 0 & 0 \\
0 & 1 & 0 & 0 & 0 & 0 & 0 & 0 & 0 & 1 & 0 & 1 & 0 & 0 & 1 & 0 & 0 & 0 & 0 & 1 & 0 & 0 & 0 & 0 & 0 & 0 & 0 \\
0 & 0 & 1 & 0 & 0 & 0 & 0 & 0 & 0 & 1 & 0 & 1 & 0 & 0 & 1 & 1 & 0 & 0 & 0 & 0 & 1 & 0 & 0 & 0 & 0 & 0 & 0 \\
0 & 0 & 1 & 0 & 0 & 0 & 0 & 1 & 0 & 0 & 0 & 0 & 0 & 0 & 0 & 0 & 1 & 0 & 0 & 0 & 0 & 0 & 0 & 0 & 1 & 0 & 0 \\
0 & 0 & 1 & 0 & 0 & 0 & 1 & 0 & 0 & 0 & 0 & 0 & 0 & 0 & 0 & 0 & 1 & 0 & 0 & 0 & 0 & 0 & 0 & 0 & 0 & 0 & 1 \\
0 & 0 & 1 & 0 & 0 & 0 & 0 & 0 & 0 & 1 & 0 & 1 & 0 & 0 & 1 & 1 & 0 & 0 & 0 & 0 & 1 & 0 & 0 & 0 & 0 & 0 & 0 \\
0 & 0 & 1 & 0 & 0 & 0 & 0 & 0 & 1 & 0 & 0 & 0 & 0 & 0 & 1 & 0 & 0 & 0 & 0 & 0 & 1 & 0 & 0 & 0 & 0 & 0 \\
0 & 0 & 1 & 0 & 0 & 0 & 0 & 0 & 1 & 0 & 0 & 0 & 0 & 0 & 0 & 0 & 1 & 0 & 0 & 0 & 0 & 0 & 0 & 0 \\
0 & 0 & 1 & 1 & 1 & 0 & 0 & 0 & 0 & 0 & 0 & 1 & 1 & 0 & 0 & 0 & 0 & 0 & 0 & 0 & 0 & 0 & 0 & 0 & 0 & 0 \\
0 & 0 & 1 & 0 & 0 & 0 & 0 & 0 & 0 & 0 & 0 & 0 & 0 & 0 & 0 & 1 & 0 & 0 & 0 & 0 & 0 & 0 & 0 & 1 \\
0 & 0 & 1 & 0 & 0 & 0 & 0 & 0 & 0 & 1 & 0 & 1 & 0 & 0 & 1 & 1 & 0 & 0 & 0 & 0 & 1 & 0 & 0 & 0 & 0 & 0 & 0 \\
0 & 0 & 1 & 1 & 1 & 0 & 0 & 0 & 0 & 0 & 0 & 0 & 0 & 0 & 0 & 0 & 1 & 0 & 0 & 0 & 0 & 0 \\
0 & 0 & 0 & 0 & 0 & 0 & 0 & 0 & 0 & 0 & 0 & 0 & 0 & 0 & 0 & 0 & 0 & 0 & 0 & 0 & 0 & 0 & 0 & 0 & 0 & 1 \\
0 & 0 & 1 & 0 & 0 & 0 & 0 & 0 & 0 & 1 & 0 & 1 & 0 & 0 & 1 & 1 & 0 & 0 & 0 & 0 & 1 & 0 & 0 & 0 & 0 & 0 \\
0 & 0 & 1 & 0 & 0 & 1 & 0 & 0 & 0 & 0 & 0 & 0 & 0 & 1 & 0 & 0 & 1 & 0 & 0 & 0 & 0 & 0 & 0 & 0 & 0 & 0 \\
0 & 1 & 0 & 0 & 0 & 1 & 0 & 0 & 0 & 0 & 0 & 0 & 0 & 0 & 0 & 0 & 1 & 0 & 0 & 0 & 0 & 0 & 0 & 0 & 0 & 0 \\
0 & 0 & 1 & 0 & 0 & 0 & 0 & 0 & 0 & 0 & 0 & 0 & 1 & 0 & 0 & 1 & 0 & 0 & 0 & 0 & 0 & 0 & 0 & 0 & 0 \\
0 & 0 & 1 & 0 & 0 & 0 & 0 & 0 & 0 & 0 & 0 & 0 & 1 & 0 & 0 & 0 & 0 & 0 & 0 & 1 & 0 & 0 \\
0 & 1 & 0 & 0 & 0 & 0 & 1 & 0 & 0 & 0 & 0 & 0 & 0 & 0 & 0 & 0 & 1 & 0 & 0 & 0 & 0 & 0 & 0 & 0 & 0 & 0
\end{bmatrix}$$

对于获得的各动作标签向量,进行 TF-IDF 加权运算,以更客观地反映各标签的重要程度。

以动作 AC1-8(提供上升段姿轨控指令)为例,该动作共有 6 个标签:"输入-信息"、"输出-信息"、"时间-上升段"、"输出信息类型-控制指令"、"约束-输出单次指令的耗时"、"输入信息类型-遥测量"。每个标签出现了 1 次,则每个标签的 TF 为

$$\text{tf}_{i,\text{AC1-8}} = \frac{1}{6} \tag{2-24}$$

考虑到共有 26 个动作,而 6 个标签在所有动作中出现的次数分别为 6、6、9、6、14、6,则可求得各标签的 IDF 为

$$\text{idf}_1 = \log\frac{26}{6} = 1.4663, \text{idf}_2 = \log\frac{26}{6} = 1.4663, \text{idf}_3 = \log\frac{26}{9} = 1.0609,$$
$$\text{idf}_4 = \log\frac{26}{6} = 1.4663, \text{idf}_5 = \log\frac{26}{14} = 0.6190, \text{idf}_6 = \log\frac{26}{6} = 1.4663 \tag{2-25}$$

将 TF 与 IDF 相乘，得到动作 AC1-8 的 IF-IDF 处理后的标签向量为

[0.244　0.000　0.000　0.000　0.000　0.000　0.000　0.000　0.000　0.000
0.244　0.000　0.177　0.000　0.000　0.244　0.103　0.000　0.000　0.000
0.000　0.244　0.000　0.000　0.000　0.000　0.000　0.000　0.000　0.000]

同理，对于动作 AC1-5（提供上升段配电），该动作共有 4 个标签："约束-所能输出的功率"，"时间-上升段"，"输出能量类型-电能"，"输出-能量"。每个标签出现了 1 次，则每个标签的 TF 均为

$$\text{tf}_{i,\text{AC1-5}} = \frac{1}{4} \tag{2-26}$$

考虑到共有 26 个动作，而 4 个标签在所有动作中出现的次数分别为 6、7、11、6，则可求得各标签的 IDF 为

$$\begin{aligned}\text{idf}_i &= \log\frac{26}{6}, \log\frac{26}{7}, \log\frac{26}{11}, \log\frac{26}{6}\\ &= 1.4663, 1.3122, 0.8602, 1.4663\end{aligned} \tag{2-27}$$

将 TF 与 IDF 相乘，得到动作 AC1-5 的 IF-IDF 处理后的标签向量为

[0.367　0.000　0.000　0.000　0.000　0.000　0.000　0.328　0.000　0.000
0.000　0.000　0.000　0.000　0.000　0.000　0.000　0.000　0.215　0.000
0.000　0.000　0.000　0.000　0.000　0.000　0.000　0.000　0.000　0.367]

依此类推，对各动作分别进行分析，得到其经过 TF-IDF 加权后的标签向量，由于篇幅限制，不在此给出向量的具体形式。

对于 TF-IDF 加权后的标签向量，求其标签的余弦相似度，以衡量动作间的距离。

以动作 AC3-3（控制导航任务载荷）、AC4-1（传输通信信息）间余弦相似度计算为例，两个动作的 TF-IDF 加权标签向量分别为

[0.000　0.000　0.045　0.308　0.308　0.000　0.000　0.000　0.000　0.000
0.000　0.000　0.152　0.000　0.465　0.000　0.088　0.000　0.000　0.000
0.000　0.000　0.000　0.000　0.465　0.000　0.000　0.000　0.000　0.000]

[0.000　0.000　0.078　0.000　0.000　0.000　0.000　0.328　0.000　0.000
0.000　0.000　0.000　0.000　0.000　0.000　0.000　0.000　0.215　0.000
0.000　0.000　0.000　0.000　0.000　0.000　0.000　0.000　0.000　0.367]

两个动作间的余弦相似度为

$$\lambda_{\text{AC3-3,AC4-1}} = \frac{L_{\text{AC3-3}} \cdot L_{\text{AC4-1}}}{\|L_{\text{AC3-3}}\|\|L_{\text{AC4-1}}\|}$$

$$= \frac{0.0568}{\sqrt{0.1695^2 + 0.1293^2 + 0.2506^2 + 0.2506^2 + 0.2506^2}\sqrt{0.2118^2 + 0.1617^2 + 0.4865^2 + 0.4865^2}}$$

$$= \frac{0.0568}{0.4835 \times 0.7378} = 0.1592$$

(2-28)

则两动作间的余弦距离为

$$d_{\text{AC3-3,AC4-1}} = 1 - \lambda_{\text{AC3-3,AC4-1}} = 0.8408 \tag{2-29}$$

将余弦距离作为动作间距离的度量手段，进行 k-means 计算，如图 2-26 所示。当计算到第 9 次时，若与第 8 次欧几里得距离变化在 1%以内，则跳出计算，此时聚类簇数为 8。

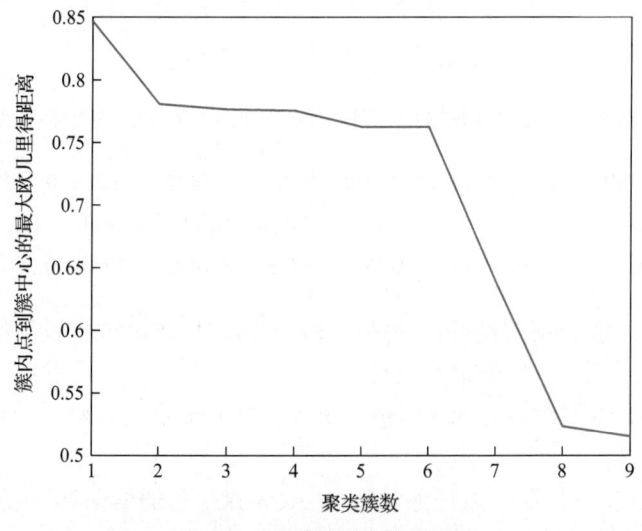

图 2-26 分系统层次聚类进程

根据聚类结果，形成了 8 个子动作集合，如表 2-3 所示。

表 2-3 分系统层次动作聚类结果

子动作集合	动作
	提供上升段配电
电源系统	提供入轨段配电
	提供在轨段配电

续表

子动作集合	动作
电源系统	提供侦察监视设备配电
	提供导航设备配电
	提供通信增强设备配电
光学系统	获取探测信息
	与外界交互信息
综合电子系统	提供上升段姿轨控指令
	提供入轨段姿轨控指令
	提供星务管理、数据采集控制
	控制侦察监视任务载荷
	控制导航任务载荷
	控制通信增强任务载荷
测控系统	传输遥测遥控信息
	下传导航信号
	放大电磁波信号
动力推进系统	提供上升段姿轨控
	提供入轨段姿轨控
	提供变轨/调姿动力
结构系统	提供支撑
热控系统	控制载荷温度
姿轨控系统	测量上升段姿态信息
	测量入轨段姿态信息
	测量在轨段姿态信息
	控制在轨段姿态

3) 行为-物理域映射

动作聚类优化后即可对应得到物理域设计参数，系统行为与物理域设计参数的对应关系如表 2-4 所示。

表 2-4　分系统层次聚类后的系统行为与物理域设计参数的对应关系

行为	物理域设计参数
BE1：提供能源	DP1：电源系统
BE2：探测信息	DP2：光学系统
BE3：产生指令	DP3：综合电子系统

行为	物理域设计参数
BE4：传输信息	DP4：测控系统
BE5：提供姿轨控动力	DP5：动力推进系统
BE6：提供结构支撑	DP6：结构系统
BE7：提供热控	DP7：热控系统
BE8：提供姿态测量与小力矩	DP8：姿轨控系统

3. 系统设计综合

在功能-行为-动作-设计参数映射完成后，对系统活动图中不同行为间的交互关系进行分析。DP1、DP2、DP3、DP4、DP5、DP7、DP8 均由 DP6 结构系统提供支撑；DP1、DP2、DP3、DP4、DP5、DP8 均由 DP7 热控系统提供温度控制；DP2、DP3、DP4、DP5、DP8 均由 DP1 电源系统提供配电和数据传送。根据系统活动图中不同行为间的交互关系可得分系统层次行为-设计参数矩阵，如表 2-5 所示。

表 2-5 分系统层次行为-设计参数矩阵

行为	设计参数							
	DP1	DP2	DP3	DP4	DP5	DP6	DP7	DP8
BE1	×	×	×	×				
BE2		×						
BE3		×	×		×			×
BE4			×	×				
BE5		×						
BE6	×	×	×	×	×	×		×
BE7	×	×	×	×	×		×	×
BE8		×			×			×

上述设计矩阵为方阵，通过对应的有向图判断当前设计是否满足设计独立公理要求。分系统层次系统设计矩阵有向图如图 2-27 所示。

由图 2-27 可知，设计矩阵中无循环回路，可以通过合理选取设计参数的设计次序，使设计矩阵下三角化，从而满足设计独立公理要求。进一步利用有向路径排序法确定设计参数的设计次序，选取无有向路径接入的 DP2（光学系统）作为有向路径的起始点，则分系统层次设计矩阵对应的有向路径情况如表 2-6 所示。

设计参数作为顶点对应的有向路径越少，说明受其他设计参数的影响越小，因此在实际设计过程中，首先设计受其他设计参数影响小的参数。本例中，按照 DP2—DP5—DP8—DP3—DP4—DP1—DP7—DP6 的顺序进行设计，即可满足设计独立公理要求。

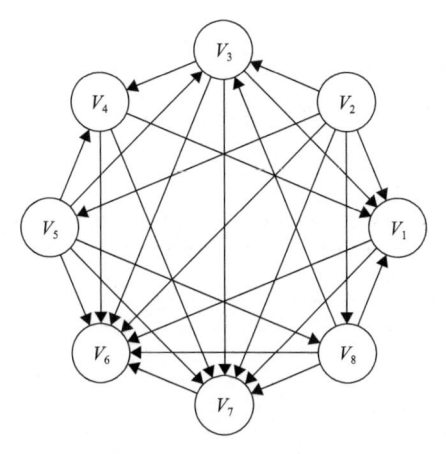

图 2-27　分系统层次系统设计矩阵有向图

表 2-6　分系统层次设计矩阵对应的有向路径情况

顶点	有向路径情况
V_1(DP1)	2—1；2—3—1；2—3—4—1；2—5—8—1；2—8—1；2—8—3—1
V_2(DP2)	—
V_3(DP3)	2—3；2—5—3；2—8—3
V_4(DP4)	2—3—4；2—5—4；2—8—3—4
V_5(DP5)	2—5
V_6(DP6)	2—6；2—1—6；2—3—6；2—4—6；2—5—6；2—7—6；2—8—6
V_7(DP7)	2—7；2—1—7；2—3—4—7；2—4—7；2—5—7；2—8—7
V_8(DP8)	2—8；2—5—8

设计次序调整后的系统行为-设计参数矩阵如表 2-7 所示，其为下三角形矩阵，满足设计独立公理要求。

表 2-7　设计次序调整后的系统行为-设计参数矩阵

行为	DP2	DP5	DP8	DP3	DP4	DP1	DP7	DP6
BE2	×							
BE5	×	×						
BE8	×	×	×					
BE3	×	×	×	×				
BE4	×	×	×	×	×			
BE1	×	×	×	×	×	×		
BE7	×	×	×	×	×	×	×	
BE6	×	×	×	×	×	×	×	×

4. 设计结果与传统设计结果的对比

一体化飞行器公理化设计方法得到的分系统层次物理域部件数量少于传统设计，其结果对比如表 2-8 所示。

表 2-8 分系统层次公理化设计结果与传统设计结果对比

一体化飞行器公理化设计结果	传统设计结果
光学系统	侦察系统
动力推进系统	通信中继系统
姿轨控系统	导航增强系统
综合电子系统	动力推进系统
测控系统	姿轨控系统
电源系统	综合电子系统
热控系统	测控系统
结构与机构系统	电源系统
—	热控系统
—	结构与机构系统

在分系统层次，相比传统设计，一体化飞行器公理化设计的主要特点如下。

(1)将光学侦察与激光通信行为中的相似功能、动作进行聚类，得到了一体化光学系统，可通过共用一套光路同时实现光学侦察、激光通信所需的数据收发功能，代替了传统飞行器设计中的侦察系统、通信中继系统。

(2)将导航增强行为与传统测控行为中的相似功能、动作进行聚类，得到了一体化测控系统，实现飞行器导航数据及基本运行指令的收发，取消了传统设计中独立的导航系统。

通过一体化设计，所得飞行器的分系统数量为 8 个，相比传统设计的分系统数量(10 个)减少 20%。

2.4.3 分系统至组件层次迭代设计

将设计得到的分系统架构与现有叶级部件库进行比对，得到的物理域部件均不是叶级部件。因此，需要进行第二层次迭代，以实现各分系统组件层次设计。下面以功能和行为较为复杂的光学系统、动力推进系统和综合电子系统为例，说明具体的设计过程。

1. 光学系统组件层次设计

1) 功能需求分析

将分系统层次系统动作转换为组件层次迭代过程中的系统功能需求。选取光学系统相关的功能需求进行进一步设计。

(1) FR19：系统能够获取探测信息。

(2) FR20：系统能够交互信息。

2) 行为-动作映射

组件层次的功能-行为-动作-设计参数映射过程如下。

(1) BE1：获取探测信息。

对获取探测信息进行详细分析可得行为模型，其详细动作如下。

① AC1-1：形成光学图像。

② AC1-2：调整支撑成像位置。

③ AC1-3：转换光学图像为数字信息。

④ AC1-4：维持成像运行温度。

在获取探测信息行为模型中，行为属性为：x_1(大气层外)、x_2(在轨段)、x_3(获取光学探测信息)、x_4(热控、配电、结构支撑)、x_5(适应用户对地观测成像需求，适应用户对目标探测区域的需求，适应用户对图像文件格式的需求，适应工作环境要求)；谓词为"获取"；对象属性为"目标的"；对象为"探测信息"；输入为"侦察位置指令"；输出为"光学探测信息"。

(2) BE2：交互信息。

对下传探测信息进行详细分析可得行为模型，其详细动作如下。

① AC2-1：产生信标光。

② AC2-2：传导发射信标光。

③ AC2-3：传导接收信标光。

④ AC2-4：转换信标光为位置信息。

⑤ AC2-5：转换数字信息为信号光。

⑥ AC2-6：传导发射信号光。

⑦ AC2-7：调整支撑通信位置。

⑧ AC2-8：维持通信运行温度。

在交互信息行为模型中，行为属性为：x_1(大气层外)、x_2(在轨段)、x_3(获取目标光学图像)、x_4(热控、配电、结构支撑)、x_5(适应通信数据传输速率需求)；谓词为"下传"；对象属性为"遥感的"；对象为"探测信息"；输入为"光学探测信息"；输出为"激光通信信号"。

3) 行为动作聚类

各行为分解得到生成指令相关行为的动作共 12 个, 如下所示。

(1) 形成光学图像;

(2) 转换光学图像为数字信息;

(3) 产生信标光;

(4) 传导接收信标光;

(5) 转换数字信息为信号光;

(6) 调整支撑通信位置;

(7) 调整支撑成像位置;

(8) 维持成像运行温度;

(9) 传导发射信标光;

(10) 转换信标光为位置信息;

(11) 传导发射信号光;

(12) 维持通信运行温度。

得到的各动作标签如下。

(1) {时间-在轨段,输入-信息,输入信息类型-光信号,输出-信息,输出信息类型-光学图像}。

(2) {时间-在轨段,输出-作用力,输出作用力类型-支撑力,输出作用力类型-偏移,作用目的-成像}。

(3) {时间-在轨段,输入-信息,输入信息类型-光信号,输出-信息,输出信息类型-图像的数字编码}。

(4) {时间-在轨段,输出-能量,输出能量类型-温度,作用目的-成像}。

(5) {时间-在轨段,输入-能量,输入能量类型-电能,输出-能量,输出能量类型-激光}。

(6) {时间-在轨段,输入-能量,输入能量类型-激光,输出-信息,输出信息类型-发射端位置}。

(7) {时间-在轨段,输入-能量,输入能量类型-入射光,输出-信息,输出信息类型-光斑}。

(8) {时间-在轨段,输入-信息,输入信息类型-光斑,输出-信息,输出信息类型-接收端位置}。

(9) {时间-在轨段,输入-信息,输入信息类型-数字信号,输出-信息,输出信息类型-光信号}。

(10) {时间-在轨段,输入-能量,输入能量类型-入射光,输出-能量,输出能量类型-激光}。

(11) {时间-在轨段,输出-作用力,输出作用力类型-支撑力,输出作用力类型-

第 2 章 一体化飞行器公理化设计理论

偏移，作用目的-通信}。

(12) {时间-在轨段，输出-能量，输出能量类型-温度，作用目的-通信}。

在各动作中出现的标签有 20 个，如下所示。

(1) 作用目的-成像；
(2) 作用目的-通信；
(3) 时间-在轨段；
(4) 输入-信息；
(5) 输入-能量；
(6) 输入信息类型-光信号；
(7) 输入信息类型-光斑；
(8) 输入信息类型-数字信号；
(9) 输入能量类型-入射光；
(10) 输入能量类型-激光；
(11) 输出-信息；
(12) 输出-能量；
(13) 输出作用力类型-偏移；
(14) 输出作用力类型-支撑力；
(15) 输出信息类型-光信号；
(16) 输出信息类型-光导图像；
(17) 输出信息类型-光斑；
(18) 输出信息类型-发射端位置；
(19) 输出信息类型-图像的数字编码；
(20) 输出信息类型-接收端位置。

根据聚类结果，形成的子动作集合如表 2-9 所示。

表 2-9 光学系统组件层次指令生成相关动作聚类结果

子动作集合	动作
集合 1	形成光学图像
	传导接收信标光
	传导发射信标光
	传导发射信号光
集合 2	调整支撑成像位置
	调整支撑通信位置
集合 3	转换光学图像为数字信息
	转换数字信息为信号光

续表

子动作集合	动作
集合 3	产生信标光
	转换信标光为位置信息
集合 4	维持成像运行温度
	维持通信运行温度

4)动作分支定界一体化设计

定义设计的性能指标函数为 $J = \alpha M + \beta C + \eta W$，其中 M、C、W 分别为对应的物理域设计参数总质量、成本代价及功耗，若设计过程中物理域设计参数不涉及某项指标，则该项指标置 0；α、β、η 为预先选取的系数。

针对动作集合 1，采用分支定界方法进行动作一体化设计，具体设计过程如图 2-28 所示。

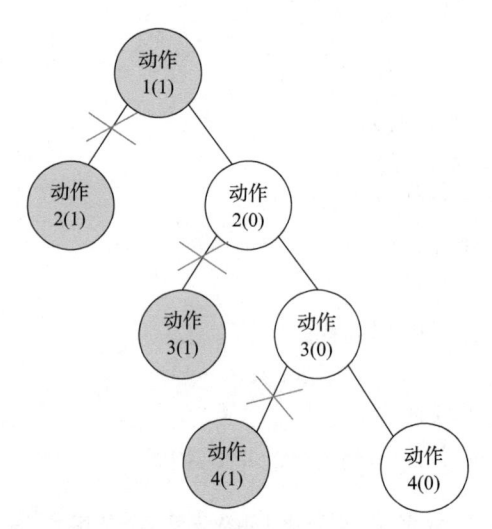

图 2-28 光学系统组件层次动作集合 1 分支定界过程

(1)考虑动作 1"形成光学图像"与动作 2"传导接收信标光"。初始设计考虑分别利用不同部件实现动作。考虑到动作 1"形成光学图像"接收的可见光与动作 2"传导接收信标光"接收的信标光的波段差异较大，若动作 1"形成光学图像"、动作 2"传导接收信标光"合并，则要求光学部件具有较大范围的适用波段，现有技术难以采用单个部件实现。因此，在设计过程中减去动作 1"形成光学图像"、动作 2"传导接收信标光"合并的分支，确定动作 1"形成光学图像"、动作 2"传导接收信标光"不合并。

(2)考虑动作 2"传导接收信标光"与动作 3"传导发射信标光"。初始设计考虑分别利用不同部件实现动作。考虑在激光通信过程中，传导接收信标光与传导发射信标光需要同时进行，若动作2"传导接收信标光"、动作3"传导发射信标光"合并，则对光路容量要求较高，使部件更复杂。因此，确定动作2"传导接收信标光"、动作3不合并。设计过程中减去动作2"传导接收信标光"、动作3"传导发射信标光"合并的分支。

(3) 考虑动作3"传导发射信标光"与动作4"传导发射信号光"。初始设计考虑分别利用不同部件实现动作。考虑到信标光与信号光的波段差异较大，若动作3"传导发射信标光"、动作4"传导发射信号光"合并，则要求光学部件具有较大范围的适用波段，现有技术难以采用单个部件实现。因此，确定动作3"传导发射信标光"、动作4"传导发射信号光"不合并。

综合以上考虑，动作集合1各动作分别利用不同部件实现，将在下一层次进一步考虑可能的一体化设计。

针对动作集合2，初始的设计对遥感光学部件和通信光学部件分别采用一套机械组件进行驱动，考虑到动作集合1已聚类为一套光学组件，故动作集合2可采用一套机械组件完成。相比传统设计，动作集合2的一体化设计可节省一套转台驱动系统，节约质量3kg。

针对动作集合3，采用分支定界方法进行动作一体化设计，具体设计过程如图2-29所示。

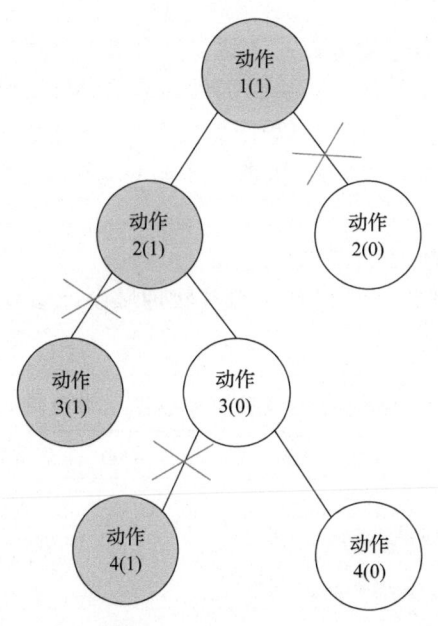

图2-29 光学系统组件层次动作集合3分支定界过程

(1) 考虑动作 1 "转换光学图像为数字信息" 与动作 2 "转换数字信息为信号光"。初始设计考虑分别利用不同部件实现动作。考虑到动作集合 3 中动作 1 与动作 2 在时间上是依次发生的，将两者进行一体化设计对部件功率和计算能力的需求不变，且现有光电转换部件技术已较为成熟。因此，在设计过程中减去动作集合 3 中动作 1、动作 2 不合并的分支，确定动作集合 3 中动作 1、动作 2 合并。

(2) 考虑动作 2 "转换数字信息为信号光" 与动作 3 "产生信标光"。初始设计考虑分别利用不同部件实现动作。考虑到信标光指向性较强以便于地面接收端确定飞行器位置，而信号光则传输信息量较大，两种光的波段差异较大。若动作 2 "转化数字信息为信号光"、动作 3 "产生信标光" 合并，可节约一个激光器(质量约 1kg)，但需要增加一套激光变频器(质量为 1.5kg 以上)，合并代价大于收益。因此，在设计过程中减去动作 2 "转化数字信息为信号光"、动作 3 "产生信标光" 合并的分支。确定动作 2 "转化数字信息为信号光"、动作 3 "产生信标光" 不合并。

(3) 考虑动作 3 "产生信标光" 与动作 4 "转换信标光为位置信息"。初始设计考虑分别利用不同部件实现动作。考虑到信标光的接收和发射同时进行，若动作 3 "产生信标光"、动作 4 "转换信标光为位置信息" 合并，则对光电转换能力要求较高，现有技术难以采用单个部件实现。因此，确定动作 3 "产生信标光"、动作 4 "转换信标光为位置信息" 不合并。

综合以上考虑，动作集合 3 的动作 1、动作 2 采用一体化的光电转换部件实现，相比传统设计，动作集合 3 的一体化设计可节省一套电箱，节约质量约 5kg。

针对动作集合 4，初始设计对遥感部件和通信部件分别采用一套热控系统，而经过对动作集合 1、动作集合 2、动作集合 3 的动作进行一体化设计，遥感部件和通信部件已经完成一体化设计，因此只需要一套热控系统即可。故动作集合 4 采用一套热控系统完成。

5) 系统行为及物理域设计参数

行为动作聚类得到的 4 个动作集合与物理域设计参数的对应关系如表 2-10 所示。

表 2-10　光学系统组件层次聚类优化后的系统行为与物理域设计参数的对应关系

行为	物理域设计参数
BE1：传导光线	DP1：光学组件
BE2：调整支撑光学系统位置	DP2：机械组件
BE3：转换光信号与电信号	DP3：机电组件
BE4：维持光学系统运行温度	DP4：热控组件

6) 系统设计综合

完成功能-行为-动作-设计参数映射后，分析不同行为间的交互关系，得到了系统活动图，如图 2-30 所示。

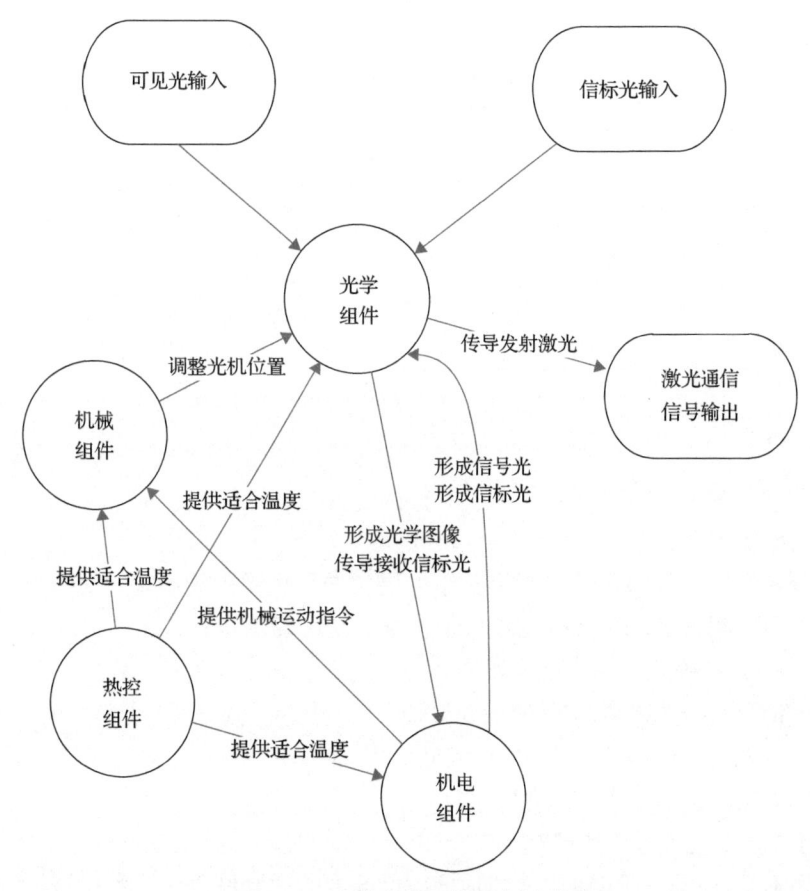

图 2-30　光学系统组件层次活动图

根据系统活动图中不同行为间的交互关系可得到行为-设计参数矩阵，如表 2-11 所示。

表 2-11　光学系统组件层次行为-设计参数矩阵

行为	设计参数			
	DP1	DP2	DP3	DP4
BE1	×			
BE2	×	×		
BE3	×	×	×	
BE4	×	×	×	×

该设计矩阵为方阵,通过其对应的有向图判断当前设计是否满足设计独立公理要求。组件层次光学系统设计矩阵有向图如图 2-31 所示。可知设计矩阵中无循环回路,且按 DP1—DP2—DP3—DP4 的设计次序时,设计矩阵为下三角形矩阵,满足设计独立公理要求。

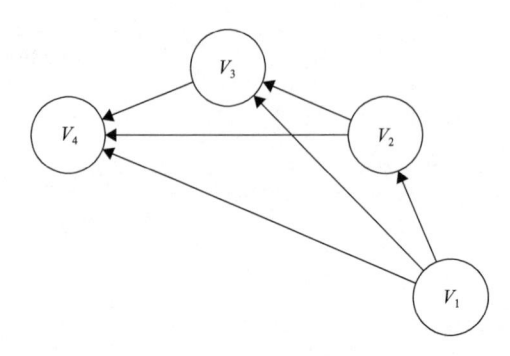

图 2-31　组件层次光学系统设计矩阵有向图

2. 动力推进系统组件层次设计

1) 功能需求分析

将分系统层次的系统动作转换为组件层次迭代过程中的系统功能需求。选取"提供动力"相关的动作转换为组件层次系统功能需求进一步设计。

(1) FR4:系统能够提供上升段姿轨控。
(2) FR6:系统能够提供入轨段姿轨控。
(3) FR11:系统能够提供在轨段变轨/调姿动力。

非功能需求中的定性指标如下。

CL1:物理域设计参数最简。

动作聚类优化后即可对应得到物理域设计参数,系统行为与物理域设计参数的对应关系如表 2-12 所示。

表 2-12　动力推进系统组件层次聚类优化后的系统行为与物理域设计参数的对应关系

行为	物理域设计参数
BE1:输出上升段轨迹控制推力	DP1:上升段主推力系统(固体发动机)
BE2:输出变轨过程轨迹控制推力、输出入轨段轨迹控制推力	DP2:入轨段主推力系统(轨道发动机)
BE3:输出上升段俯仰通道控制力矩、输出上升段偏航通道控制力矩	DP3:上升段俯仰、偏航大力矩反作用控制系统(reaction control system,RCS)(摆动喷管)
BE4:输出上升段滚转通道较大的控制力矩	DP4:上升段滚转通道大力矩 RCS(固体燃气发生器)

续表

行为	物理域设计参数
BE5：输出入轨段偏航通道控制力矩、输出调姿过程偏航通道控制力矩	DP5：入轨段俯仰、偏航通道小力矩 RCS
BE6：输出上升段滚转通道力矩、输出入轨段滚转通道力矩、输出调姿滚转控制力矩	DP6：滚转通道小力矩 RCS

2) 系统设计综合

功能-行为-动作-设计参数映射完成后，根据系统活动图中不同行为间的交互关系可得系统行为-设计参数矩阵，设计次序调整后的系统行为-设计参数矩阵变为表 2-13 所示的下三角形矩阵，满足设计独立公理要求。

表 2-13 次序调整后的动力推进系统组件系统行为-设计参数矩阵

行为	设计参数					
	DP3	DP1	DP2	DP4	DP5	DP6
BE3	×					
BE1	×	×				
BE2			×			
BE4				×		
BE5					×	
BE6						×

3. 综合电子系统组件层次设计

1) 功能需求分析

将分系统层次的系统动作转换为组件层次迭代过程中的系统功能需求。选取"提供指令"相关的功能需求进行进一步设计。

(1) FR8：系统能够提供上升段姿轨控指令。
(2) FR9：系统能够提供入轨段姿轨控指令。
(3) FR10：系统能够提供星务管理、数据采集控制。
(4) FR13：系统能够控制侦察监视载荷。
(5) FR18：系统能够控制导航中继载荷。
(6) FR21：系统能够控制通信中继载荷。

非功能需求中的定性指标如下。

CL：物理域设计参数最简。

根据聚类结果，形成了 4 个子动作集合，如表 2-14 所示。

表 2-14　综合电子系统组件层次指令生成相关动作聚类结果

子动作集合	动作	
集合 1	计算上升段姿轨控指令	计算侦察监视载荷控制指令
	计算入轨段姿轨控指令	计算导航中继载荷控制指令
	计算在轨段星务管理、数据采集控制指令	计算通信中继载荷控制指令
集合 2	输出上升段姿轨控指令	输出侦察监视载荷控制指令
	输出入轨段姿轨控指令	输出导航中继载荷控制指令
	输出在轨段星务管理、数据采集控制指令	输出通信中继载荷控制指令
集合 3	输入电源到上升段姿态控制计算	输入电源到在轨段星务管理、数据采集控制指令计算
	输入电源到入轨段姿态控制计算	输入电源到侦察监视计算
	输入电源到导航中继计算	输入电源到通信中继计算
集合 4	传输遥控指令到上升段姿态控制计算	传输遥控指令到侦察监视计算
	传输遥测信息到上升段姿态控制计算	传输遥测信息到侦察监视计算
	传输遥控指令到在轨段星务管理、数据采集控制指令计算	传输遥控指令到入轨段姿态控制计算
	传输遥测信息到在轨段星务管理、数据采集控制指令计算	传输遥测信息到入轨段姿态控制计算
	传输遥控指令到导航中继计算	传输遥控指令到通信中继计算
	传输遥测信息到导航中继计算	传输遥测信息到通信中继计算

动作聚类优化后即可对应得到物理域设计参数，系统行为与物理域设计参数的对应关系如表 2-15 所示。

表 2-15　综合电子系统组件层次聚类优化后的系统行为与物理域设计参数的对应关系

行为	物理域设计参数
BE1：计算控制指令	DP1：指令计算组件(计算重构板 1)
BE2：星务管理与载荷数据处理	DP2：数据处理组件(计算重构板 2)
BE3：提供电源	DP3：电压转换组件(电源板)
BE4：组件集成与信息能量传输	DP4：背板
BE5：传输遥测信息、遥控指令	DP5：信号传输组件(射频板)

2) 系统设计综合

设计次序调整后的系统行为-设计参数矩阵变为如表 2-16 所示的下三角形矩阵，满足设计独立公理要求。

表 2-16 综合电子系统组件系统行为-设计参数矩阵

行为	设计参数				
	DP1	DP2	DP4	DP5	DP3
BE1	×				
BE2		×			
BE4	×	×	×		
BE5	×	×		×	
BE3	×	×	×	×	×

3) 设计结果与传统设计结果的对比

对这一层次设计结果进行设计终止条件判断,考虑综合电子系统、姿轨控系统、电源系统、热控系统设计得到的组件均为叶级部件,即认为设计已完成。将设计得到的物理域部件与传统飞行器对应功能的部件进行对比,如表 2-17 所示。

表 2-17 组件层次物理域部件设计结果与传统设计结果的对比

公理化设计结果	传统设计结果
电源板	电源机箱
背板	电压转换装置
射频板	电源传输装置
指令计算用计算重构板	星务管理、数据采集计算机箱
数据处理用计算重构板	侦察监视载荷计算机箱
光纤陀螺	入轨段姿态控制计算机箱
星敏感器	导航中继载荷计算机箱
太阳敏感器	上升段姿态控制计算机箱
动量轮	通信中继载荷计算机箱
磁力矩器	光纤陀螺(箭上)
太阳翼驱动机构	星敏感器(箭上)
火工品电池	太阳敏感器(箭上)
仪器电池	光纤陀螺(星上)
配电器	星敏感器(星上)
电缆网	太阳敏感器(星上)
隔热组件	动量轮
温度传感器	磁强计

续表

公理化设计结果	传统设计结果
电加热器	磁力矩器
导热填料	太阳翼驱动机构
垫块	火工品电池
热控涂层	仪器电池
热管	配电器
光学组件	电缆网
机械组件	隔热组件
机电组件	温度传感器
热控组件	电加热器
—	导热填料
—	垫块
—	热控涂层
—	热管
—	光学组件
—	机械组件
—	光学信息转换为数字信息组件
—	数字信息转换为信号光组件
—	遥感热控组件
—	通信热控组件

对于以上4个系统，相比传统设计，一体化公理化设计的主要特点如下。

(1)将星务管理与数据采集、入轨段姿态控制、上升段姿态控制用一块计算重构板完成，将侦察监视载荷计算、导航中继载荷计算、通信中继载荷计算用一块计算重构板完成。2块计算重构板通过一块背板统一供电并进行数据传输。相比传统设计通过多个专用机箱实现，该设计大幅降低了部件复杂度，提高了空间利用率。

(2)姿态测量由位于一体化飞行器上的一套光纤陀螺、姿态敏感器完成，实现了相同功能部件的一体化共用，总质量减少15kg。

(3)光学信息、数字信息间的转换由一套一体化的光电转换装置实现，节省一套电箱，质量约5kg。

(4)遥感、通信部件共用一套热控系统。

2.4.4 组件至部件层次迭代设计

将设计得到的组件与现有叶级部件库进行比对，考虑综合电子系统、姿轨控系统、电源系统、热控系统设计得到的组件均为叶级部件，不需要进行下一层次设计。而光学系统、动力推进系统得到的组件不是叶级部件。因此，需继续进行组件至部件层次迭代设计，即第三层次迭代，以实现各分系统组件层次设计。

1. 光学系统部件层次设计

1) 光学组件

将组件层次中光学系统集合 1 的动作转换为本层次迭代过程中的系统功能需求。

(1) FR1：系统能够形成光学图像。
(2) FR2：系统能够传导接收信标光。
(3) FR3：系统能够传导发射信标光。
(4) FR4：系统能够传导发射信号光。

非功能需求中的定性指标如下。

CL：物理域设计参数最简。

完成功能-行为-动作-设计参数映射后，分析不同行为间的交互关系，得到了系统行为与物理域设计参数的对应关系，如表 2-18 所示，其中，BE2 可采用现有部件光纤准直器实现；BE3 可采用现有部件快速反射镜实现，即两者已达到叶节点，其他行为则需进行下一层次设计。光学系统光学组件的系统活动图如图 2-32 所示。设计次序调整后，系统行为-设计参数矩阵为表 2-19 所示的下三角形矩阵，满足设计独立公理要求。

表 2-18 光学系统光学组件的系统行为与物理域设计参数的对应关系

行为	物理域设计参数
BE1：反射会聚入射光线	DP1：共用光学终端
BE2：准直发射信号光	DP2：光纤准直器
BE3：调整光路	DP3：快速反射镜
BE4：分离成像光	DP4：成像支路
BE5：分离发射信标光	DP5：信标光发射支路
BE6：分离接收信标光	DP6：信标光接收支路

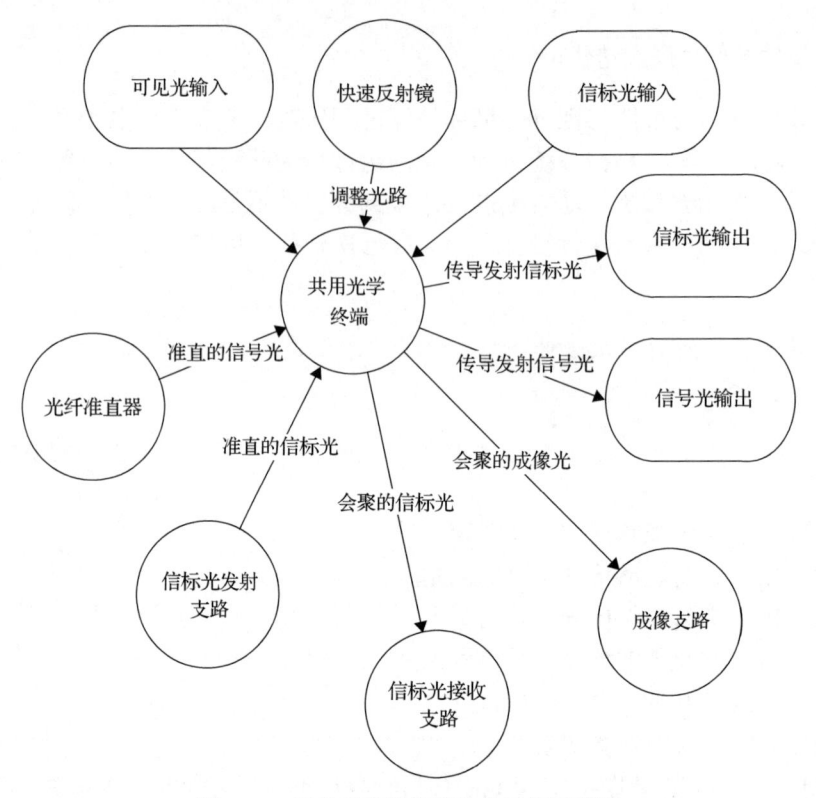

图 2-32　光学系统光学组件的系统活动图

表 2-19　光学系统光学组件的系统行为-设计参数矩阵

行为	设计参数					
	DP1	DP6	DP2	DP3	DP4	DP5
BE1	×					
BE6	×	×				
BE2	×	×	×			
BE3	×	×	×			
BE4	×	×	×	×		
BE5	×	×	×	×	×	×

2)机械组件

完成功能-行为-动作-设计参数映射后，分析不同行为间的交互关系，得到了系统行为与物理域设计参数的对应关系，如表 2-20 所示。该层次得到的物理域部件均属于叶级部件。

第 2 章　一体化飞行器公理化设计理论

表 2-20　光学系统机械组件的系统行为与物理域设计参数的对应关系

行为	物理域设计参数
BE1：支撑主镜	DP1：主镜基板
BE2：支撑次镜	DP2：桁架结构
BE3：支撑装夹透镜组	DP3：镜座组
BE4：抑制杂散光	DP4：遮光罩
BE5：调整光学组件焦面	DP5：调焦机构

光学系统机械组件的系统活动图如图 2-33 所示。根据系统活动图中不同行为间的交互关系可得系统行为-设计参数矩阵，如表 2-21 所示。

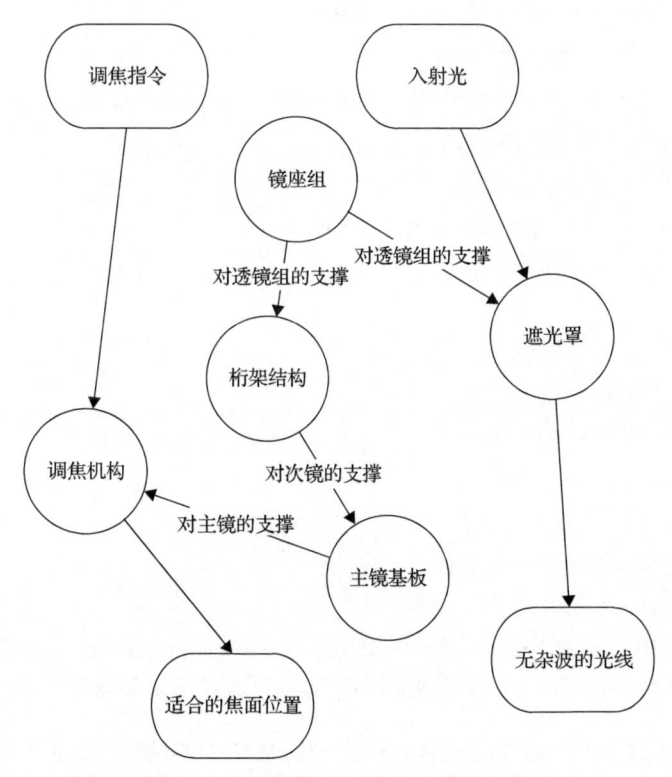

图 2-33　光学系统机械组件的系统活动图

该设计矩阵为方阵，设计矩阵中无循环回路，且当按 DP1—DP2—DP3—DP4—DP5 的设计次序时，设计矩阵为下三角形矩阵，满足设计独立公理要求。

3) 机电组件

将组件层次中动作集合 3 的系统动作转换为本层次迭代过程中的系统功能需求。

表 2-21 光学系统机械组件系统行为-设计参数矩阵

行为	设计参数				
	DP1	DP2	DP3	DP4	DP5
BE1	×				
BE2	×	×			
BE3		×	×		
BE4			×	×	
BE5				×	×

(1) FR1：系统能够转换光学图像为数字信息。
(2) FR2：系统能够转换数字信息为信号光。
(3) FR3：系统能够产生信标光。
(4) FR4：系统能够转换信标光为位置信息。
非功能需求中的定性指标如下。
CL：物理域设计参数最简。
各行为分解得到的动作共 9 个，如下所示。
(1) 支撑供电光电转换部件；
(2) 转换电信号为光信号；
(3) 将电能转换为信标光；
(4) 转换信标光光斑为数字信号；
(5) 推算地面接收端位置；
(6) 转换成像光为电信号；
(7) 放大光信号功率为信号光；
(8) 支撑供电信标光接收部件；
(9) 存储信标光光斑为数字信号。

BE2 可采用现有部件激光器实现，即已达到叶节点，其他动作则需进行下一层次设计。聚类后的系统行为与物理域设计参数的对应关系如表 2-22 所示。

表 2-22 光学系统机电组件的系统行为与物理域设计参数的对应关系

行为	物理域设计参数
BE1：对部件支撑供电	DP1：焦面电箱
BE2：产生信标光	DP2：信标光激光器
BE3：转换成像光为表征图像信息的信号光	DP3：光电转换设备
BE4：根据信标光光斑计算位置信息	DP4：信标光接收设备

完成功能-行为-动作-设计参数映射后，分析不同行为间的交互关系，得到了系统活动图，如图 2-34 所示，根据系统活动图中不同行为间的交互关系可得行为-设计参数矩阵，如表 2-23 所示。

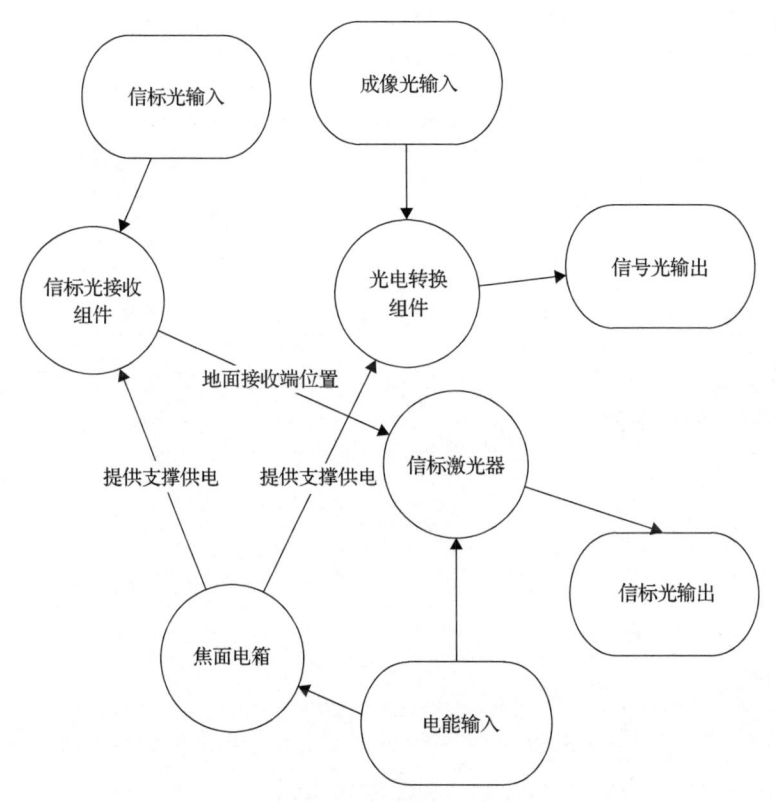

图 2-34　光学系统机电组件的系统活动图

表 2-23　光学系统机电组件系统行为-设计参数矩阵

行为	设计参数			
	DP1	DP2	DP3	DP4
BE1	×			
BE2	×	×		
BE3	×	×	×	
BE4	×	×	×	×

由表可知，该设计矩阵为方阵，当前设计满足设计独立公理要求。

4) 热控组件

将组件层次中动作集合 4 中的系统动作转换为本层次迭代过程中的系统功能

需求。

(1) FR1：系统能够维持成像运行温度。
(2) FR2：系统能够维持通信运行温度。

光学系统热控组件的系统行为与物理域设计参数的对应关系如表 2-24 所示。该层次得到的物理域部件均属于叶级部件。

表 2-24　光学系统热控组件的系统行为与物理域设计参数的对应关系

行为	物理域设计参数
BE1：测量光学组件温度	DP1：温度传感器
BE2：产生温度调节指令	DP2：热控控制器
BE3：加热光学组件温度	DP3：加热带

完成功能-行为-动作-设计参数映射后，分析不同行为间的交互关系，得到了系统活动图，如图 2-35 所示。

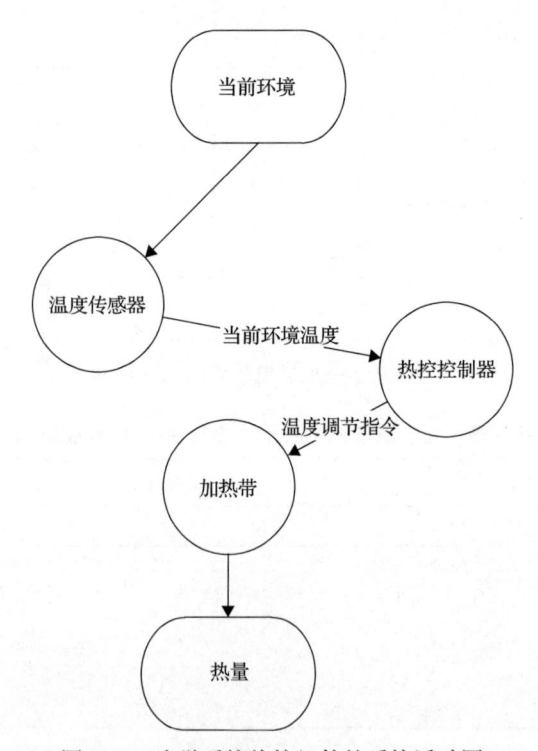

图 2-35　光学系统热控组件的系统活动图

根据光学系统热控组件系统活动图中不同行为间的交互关系可得系统行为-设计参数矩阵，如表 2-25 所示。

表 2-25　光学系统热控组件系统行为-设计参数矩阵

行为	设计参数		
	DP1	DP2	DP3
BE1	×		
BE2	×	×	
BE3	×	×	×

可知设计矩阵中无循环回路，且当按 DP1—DP2—DP3 的设计次序时，设计矩阵为下三角形矩阵，满足设计独立公理要求。

2. 动力推进系统部件层次设计

1) 功能需求分析

将动力推进系统组件层次系统动作转换为迭代过程中的系统功能需求，进行进一步设计。

(1) FR1：系统能够提供上升段主推力。
(2) FR2：系统能够提供入轨段主推力。
(3) FR3：系统能够提供上升段俯仰、偏航通道大力矩作用。
(4) FR4：系统能够提供入轨段俯仰通道小力矩作用。
(5) FR5：系统能够提供入轨段偏航通道小力矩作用。
(6) FR6：系统能够提供滚转通道小力矩作用。

非功能需求中的定性指标如下。

CL：物理域设计参数最简。

各行为分解得到的动作共 13 个，如下所示。

(1) 提供上升段推力；
(2) 储存入轨段所需燃料；
(3) 过滤入轨段所需燃料；
(4) 控制入轨段所需燃料；
(5) 检测入轨段燃料量；
(6) 注入入轨段气体；
(7) 注入入轨段燃料；
(8) 传递入轨段所需燃料；
(9) 提供上升俯仰、偏航通道力矩；
(10) 转换燃料到入轨段主推力；
(11) 提供上升段滚转通道力矩；

(12) 转换燃料到入轨段俯仰、偏航通道力矩；

(13) 转换燃料到入轨段滚转通道力矩。

动作聚类优化后即可对应得到物理域设计参数，系统行为与物理域设计参数的对应关系如表 2-26 所示。

表 2-26　动力推进系统部件层次聚类优化后的系统行为与物理域设计参数的对应关系

行为	物理域设计参数
BE1：提供上升段推力	DP1：(火箭)固体发动机
BE2：储存入轨段所需燃料	DP2：(一体化飞行器)贮箱
BE3：过滤入轨段所需燃料	DP3：(一体化飞行器)过滤器
BE4：控制入轨段所需燃料	DP4：(一体化飞行器)自锁阀
BE5：检测入轨段燃料量	DP5：(一体化飞行器)压力传感器
BE6：注入入轨段气体	DP6：(一体化飞行器)气加排阀
BE7：注入入轨段燃料	DP7：(一体化飞行器)液加排阀
BE8：传递入轨段所需燃料	DP8：(一体化飞行器)管路
BE9：提供上升段俯仰、偏航通道力矩	DP9：(火箭)固体动力燃气发生器
BE10：转换燃料到入轨段主推力	DP10：(一体化飞行器)主推力器
BE11：提供上升段滚转通道力矩	DP11：(火箭)滚转通道推力器
BE12：转换燃料到入轨段俯仰、偏航通道力矩	DP12：(一体化飞行器)俯仰、偏航通道推力器
BE13：转换燃料到入轨段滚转通道力矩	DP13：(一体化飞行器)滚转通道推力器

2) 系统设计综合

设计次序调整后的系统行为-设计参数矩阵变为如表 2-27 所示的下三角形矩阵，满足设计独立公理要求。

表 2-27　动力推进系统部件层次次序调整后的系统行为-设计参数矩阵

行为	设计参数												
	DP1	DP9	DP10	DP11	DP12	DP13	DP2	DP3	DP4	DP5	DP6	DP7	DP8
BE1	×												
BE9	×	×											
BE10			×										
BE11	×			×									
BE12					×								
BE13						×							

续表

行为	设计参数											
	DP1	DP9	DP10	DP11	DP12	DP13	DP2	DP3	DP4	DP5	DP6	DP7	DP8
BE2			×		×	×	×						
BE3			×		×	×		×					
BE4			×		×	×			×				
BE5			×		×	×				×			
BE6			×		×	×					×		
BE7			×		×	×						×	
BE8			×		×	×							×

3. 设计结果与传统设计结果的对比

对部件层次设计结果进行设计终止条件判断，一体化飞行器所有物理域设计结果均为叶级部件，即一体化飞行器设计已完成。将部件层次公理化设计得到的光学系统、动力推进系统、测控系统部件与传统设计对应功能的部件进行对比，如表 2-28 所示。

表 2-28 部件层次公理化设计完成的部件设计结果与传统设计结果的对比

公理化设计结果	传统设计结果
共用光学终端	成像光入射光线光学汇聚镜组
光纤准直器	信标光入射光线光学汇聚镜组
快速反射镜	光纤准直器
成像支路	调整成像光入射光路
信标光发射支路	调整信标光入射光路
信标光接收支路	成像支路
主镜基板	信标光发射支路
桁架结构	信标光接收支路
镜座组	主镜基板
遮光罩	桁架结构
调焦机构	镜座组
焦面电箱	遮光罩
信标光激光器	调焦机构
光电转换设备	支撑供电信标光接收电箱

续表

公理化设计结果	传统设计结果
信标光接收设备	支撑供电光电转换电箱
温度传感器	信标光激光器
热控控制器	光电转换设备
加热带	信标光接收设备
测控高频线缆	温度传感器
GPS 射频线缆	热控控制器
扩频测控一体机	加热带
微波网络盒	激光通信用主镜
GPS 接收机	侦察用次镜
测控天线	激光通信用次镜
GPS 天线	焦面电子学单元
隔振器	激光放大准直器
中心承力筒	测控高频线缆
顶部固定基板	GPS 射频线缆
伸展臂压紧释放装置	扩频测控一体机
太阳能电池板压紧释放装置	微波网络盒
机构用电池电路	GPS 接收机
绳索驱动机构	测控天线
拉索展开机构	GPS 天线
柔性基板	隔振器
贮箱	中心承力筒
过滤器	顶部固定基板
自锁阀	伸展臂压紧释放装置
压力传感器	太阳能电池板压紧释放装置
气加排阀	机构用电池电路
液加排阀	绳索驱动机构
管路	拉索展开机构
主推力器	柔性基板
俯仰、偏航通道推力器	(火箭末级)贮箱
滚转通道推力器	(火箭末级)过滤器

续表

公理化设计结果	传统设计结果
—	(火箭末级)自锁阀
—	(火箭末级)压力传感器
—	(火箭末级)气加排阀
—	(火箭末级)液加排阀
—	(火箭末级)管路
—	(火箭末级)主推力器
—	(火箭末级)俯仰、偏航通道推力器
—	(火箭末级)滚转通道推力器
—	(卫星)贮箱
—	(卫星)过滤器
—	(卫星)自锁阀
—	(卫星)压力传感器
—	(卫星)气加排阀
—	(卫星)液加排阀
—	(卫星)管路
—	(卫星)主推力器
—	(卫星)俯仰、偏航通道推力器
—	(卫星)滚转通道推力器

对于以上设计结果，相比传统设计，本节一体化公理化设计的主要特点如下。

(1)采用一套共用终端同时实现成像光入射光线、信标光入射光线的反射会聚。相比传统设计，节省了一套光学会聚镜组，可节省质量约 3.5kg。

(2)针对调整成像光入射光路和调整信标光入射光路，传统设计分别采用 1 个光学部件实现。由于成像与接收信标光(下传图像信息时需要)在时间上是依次发生的，将两者进行一体化公理化设计对部件调整速率的需求不变，共用一套快速反射镜即可实现。一体化公理化设计后相比传统设计可减少一个快速反射镜，节省质量 1.5kg。

(3)针对支撑供电信标光接收与支撑供电光电转换需求，传统设计考虑分别用不同部件实现动作。将两者进行一体化公理化设计可节省一套支撑电箱机构，节省质量约 5kg。

(4)火箭末级与入轨卫星平台共同组成一体化飞行器，在入轨段及在轨段均使用同一套姿轨控发动机，代替了传统火箭末级一套动力装置、卫星平台一套动力装置的设计。

2.4.5 底层叶级部件迭代设计

1. 光学系统成像、通信组件设计

1)光学组件

将上一层次中的系统动作转换为本层次迭代过程中的系统功能需求。

(1)FR1：系统能够反射会聚入射光线。
(2)FR2：系统能够分离成像光。
(3)FR3：系统能够分离发射信标光。
(4)FR4：系统能够分离接收信标光。

非功能需求中的定性指标如下。

CL：物理域设计参数最简。

根据聚类结果，形成的子动作集合如表 2-29 所示。系统行为与物理域设计参数的对应关系如表 2-30 所示。完成映射后，分析行为间的交互关系，得到了系统活动图，如图 2-36 所示。

表 2-29 光学系统组件层次光学组件指令生成相关动作聚类结果

子动作集合	动作
集合 1	反射会聚入射光线
	二次会聚入射光线
集合 2	校正入射光线
集合 3	从入射光中分离得到成像光
集合 4	分离出射光线得到信标光
集合 5	准直发射信标光
集合 6	分离入射光线得到信标光
集合 7	会聚信标光得到光斑

表 2-30 光学系统组件层次光学组件的系统行为与物理域设计参数的对应关系

行为	物理域设计参数
BE1：反射会聚入射光线	DP1：主镜
BE2：二次会聚入射光线	DP2：次镜
BE3：校正入射光线	DP3：准直镜
BE4：从入射光中分离得到成像光	DP4：成像分光镜
BE5：分离出射光线得到信标光	DP5：信标光发射分光镜

第 2 章　一体化飞行器公理化设计理论　　·91·

续表

行为	物理域设计参数
BE6：准直发射信标光	DP6：信标光准直镜
BE7：分离入射光线得到信标光	DP7：信标光接收分光镜
BE8：会聚信标光得到光斑	DP8：信标光会聚镜

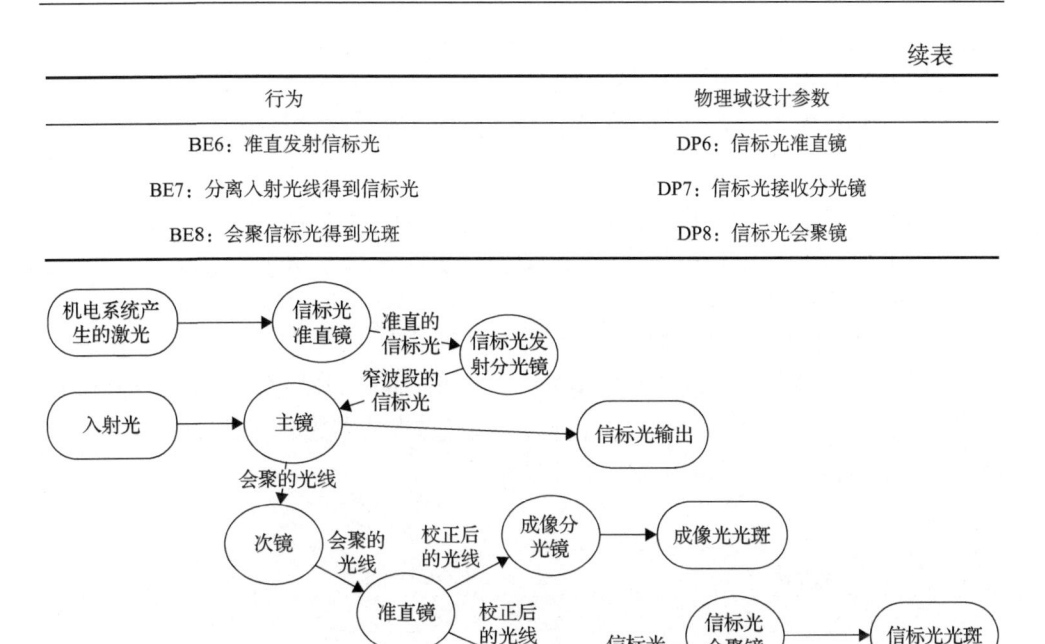

图 2-36　光学系统组件层次光学组件的系统活动图

根据系统活动图中不同行为间的交互关系可得系统行为-设计参数矩阵，如表 2-31 所示。

表 2-31　光学系统组件层次光学组件系统行为-设计参数矩阵

行为	设计参数							
	DP1	DP2	DP3	DP4	DP5	DP6	DP7	DP8
BE1	×							
BE2		×						
BE3	×	×	×					
BE4			×	×				
BE5	×	×	×		×			
BE6	×	×			×	×		
BE7	×	×					×	
BE8	×	×					×	×

可知设计矩阵中无循环回路，且当按 DP1—DP2—DP3—DP4—DP5—DP6—

DP7—DP8 的设计次序时，设计矩阵为下三角形矩阵，满足设计独立公理要求。

2）机电组件

将上一层次中的系统动作转换为本层次迭代过程中的系统功能需求。

（1）FR1：系统能够对部件支撑供电。

（2）FR2：系统能够转换成像光为表征图像信息的信号光。

（3）FR3：系统能够根据信标光光斑计算位置信息。

非功能需求中的定性指标如下。

CL：物理域设计参数最简。

完成功能-行为-动作-设计参数映射后，分析不同行为间的交互关系，得到了系统活动图，如图 2-37 所示。系统行为与物理域设计参数的对应关系如表 2-32 所示。该层次得到的物理域部件均属于叶级部件。

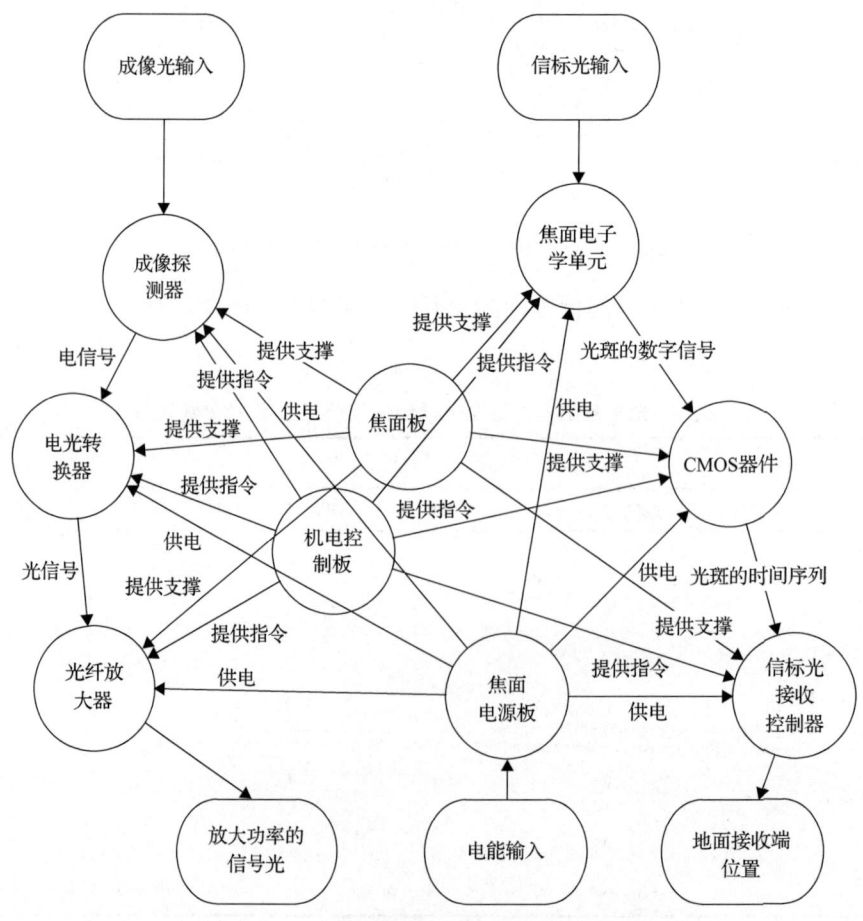

图 2-37 光学系统组件层次机电组件的系统活动图

表 2-32　光学系统组件层次机电组件的行为与物理域设计参数的对应关系

行为	物理域设计参数
BE1：驱动供电电路	DP1：焦面电源板
BE2：控制机电部件	DP2：机电控制板
BE3：支撑机电部件	DP3：焦面板
BE4：转换成像光为电信号	DP4：成像探测器
BE5：转换电信号为光信号	DP5：电光转换器
BE6：放大光信号功率为信号光	DP6：光纤放大器
BE7：转换信标光光斑为数字信号	DP7：焦面电子学单元
BE8：存储信标光光斑为数字信号	DP8：互补金属氧化物半导体（complementary metal-oxide-semiconductor，CMOS）器件
BE9：推算地面接收端位置	DP9：信标光接收控制器

设计次序调整后，系统行为-设计参数矩阵变为如表 2-33 所示的下三角形矩阵，满足设计独立公理要求。

表 2-33　光学系统组件层次机电组件系统行为-设计参数矩阵

行为	设计参数									
	DP1	DP2	DP3	DP4	DP5	DP6	DP7	DP8	BE9
BE1	×								
BE2	×	×							
BE3	×		×						
BE4				×					
BE5				×	×				
BE6				×					
BE7	×	×	×	×	×	×	×		
BE8	×	×	×	×	×	×	×	×	
BE9	×	×	×	×	×	×	×	×	×

2. 光学系统成像、通信叶级部件设计

1) 功能需求分析

将上一层次中的系统动作转换为本层次迭代过程中的系统功能需求。

(1) FR1：系统能够反射会聚入射光线。

(2) FR2：系统能够二次会聚入射光线。

(3) FR3：系统能够校正入射光线。

(4) FR4：系统能够从入射光线中分离得到成像光。

(5) FR5：系统能够分离出射光线得到信标光。
(6) FR6：系统能够准直发射信标光。
(7) FR7：系统能够分离入射光线得到信标光。
(8) FR8：系统能够会聚信标光得到光斑。

非功能需求中的定性指标如下。

CL：物理域设计参数最简。

光学系统叶级部件层次的系统行为与物理域设计参数的对应关系如表 2-34 所示。

表 2-34 光学系统叶级部件层次的系统行为与物理域设计参数的对应关系

行为	物理域设计参数
BE1：反射会聚主镜入射光线	DP1：主镜镜体
BE2：补偿主镜镜面形变	DP2：主镜柔性基板
BE3：固定主镜镜面中心	DP3：主镜轴套
BE4：支撑主镜镜面结构	DP4：主镜基板
BE5：反射会聚次镜入射光线	DP5：次镜镜体
BE6：支撑次镜镜面结构	DP6：次镜镜座
BE7：校正准直镜入射光线	DP7：准直透镜
BE8：固定准直镜镜面中心	DP8：准直镜镜筒
BE9：支撑准直镜镜面结构	DP9：准直镜镜座
BE10：分离光线为成像光	DP10：成像二向色镜
BE11：支撑成像分光镜镜面结构	DP11：成像分光镜镜座
BE12：分离出射光线为信标光	DP12：信标光发射二向色镜
BE13：支撑信标光发射分光镜镜面结构	DP13：信标光发射分光镜镜座
BE14：准直信标光发射镜入射光线	DP14：信标光发射透镜
BE15：固定信标光发射镜镜面中心	DP15：信标光发射镜镜筒
BE16：支撑信标光发射镜镜面结构	DP16：信标光发射镜镜座
BE17：分离信标光分离镜入射光线	DP17：信标光接收二向色镜
BE18：支撑信标光分离镜镜面结构	DP18：信标光接收分光镜镜座
BE19：会聚信标光为光斑	DP19：信标光会聚透镜
BE20：固定信标光会聚镜镜面中心	DP20：信标光会聚镜镜筒
BE21：支撑信标光会聚镜镜面结构	DP21：信标光会聚镜镜座

2) 系统设计综合

完成功能-行为-动作-设计参数映射后，分析不同行为间的交互关系，可得系统行为-设计参数矩阵，如表 2-35 所示。

表 2-35　光学系统叶级部件层次系统行为-设计参数矩阵

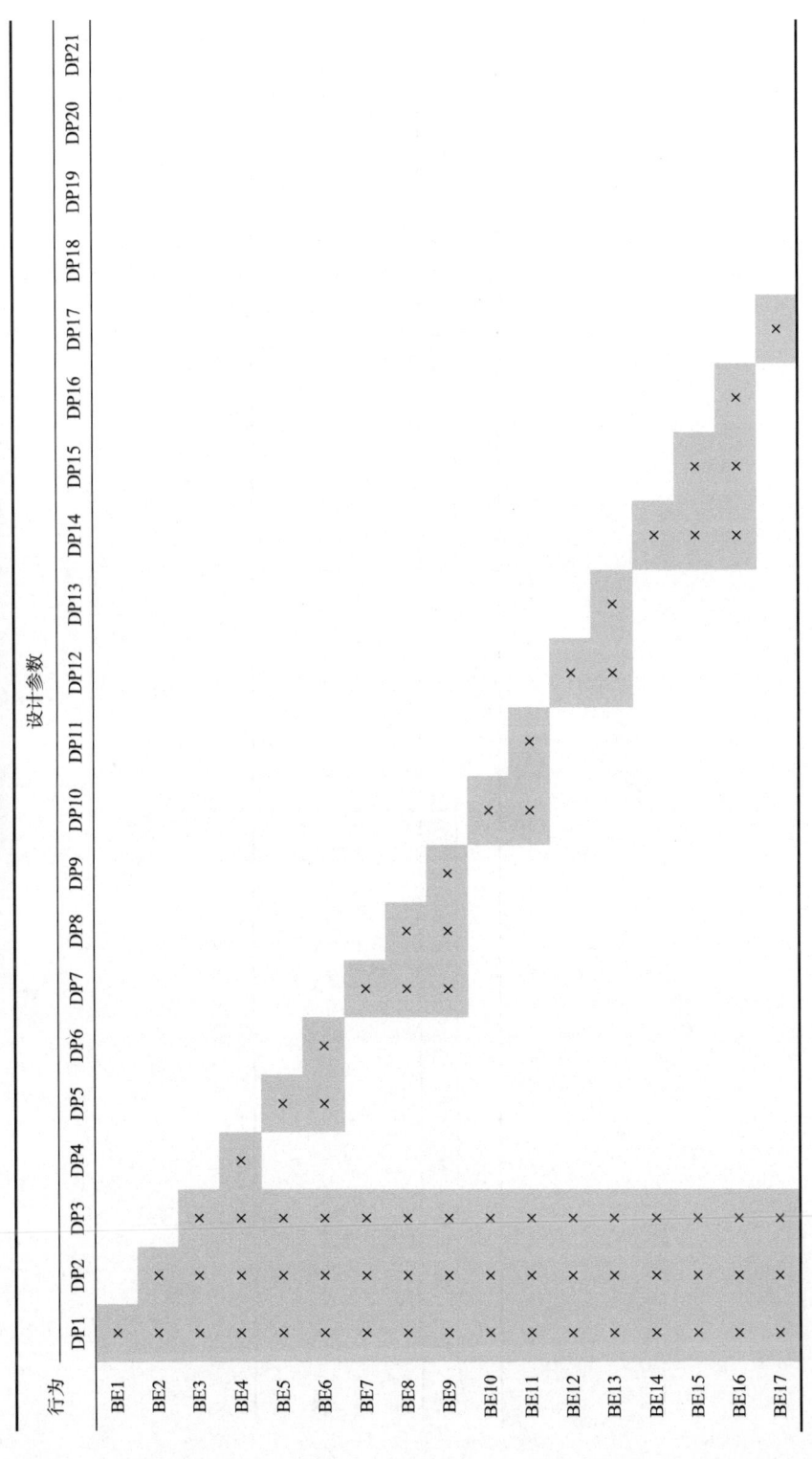

行为	DP1	DP2	DP3	DP4	DP5	DP6	DP7	DP8	DP9	DP10	DP11	DP12	DP13	DP14	DP15	DP16	DP17	DP18	DP19	DP20	DP21
BE1	×																				
BE2	×	×																			
BE3	×	×	×																		
BE4	×	×	×	×																	
BE5	×	×	×	×	×																
BE6	×	×	×	×	×	×															
BE7	×	×	×				×														
BE8	×	×	×				×	×													
BE9	×	×	×				×	×	×												
BE10	×	×	×							×											
BE11	×	×	×							×	×										
BE12	×	×	×									×									
BE13	×	×	×									×	×								
BE14	×	×	×											×							
BE15	×	×	×											×	×						
BE16	×	×	×											×	×	×					
BE17	×	×	×														×				

设计参数

续表

行为	设计参数																				
	DP1	DP2	DP3	DP4	DP5	DP6	DP7	DP8	DP9	DP10	DP11	DP12	DP13	DP14	DP15	DP16	DP17	DP18	DP19	DP20	DP21
BE18	×	×	×														×	×			
BE19	×	×	×																×		
BE20	×	×	×																×	×	
BE21	×	×	×																	×	×

第 2 章　一体化飞行器公理化设计理论

可知设计矩阵中无循环回路，且设计矩阵为下三角形矩阵，满足设计独立公理要求，可按当前编号顺序设计。

3. 设计结果与传统设计结果的对比

传统设计的遥感分系统部件图如图 2-38 所示，传统设计的激光通信发射端部件图如图 2-39 所示，而一体化公理化设计的光学系统部件图如图 2-40 所示。相比传统设计，一体化公理化设计有以下特点。

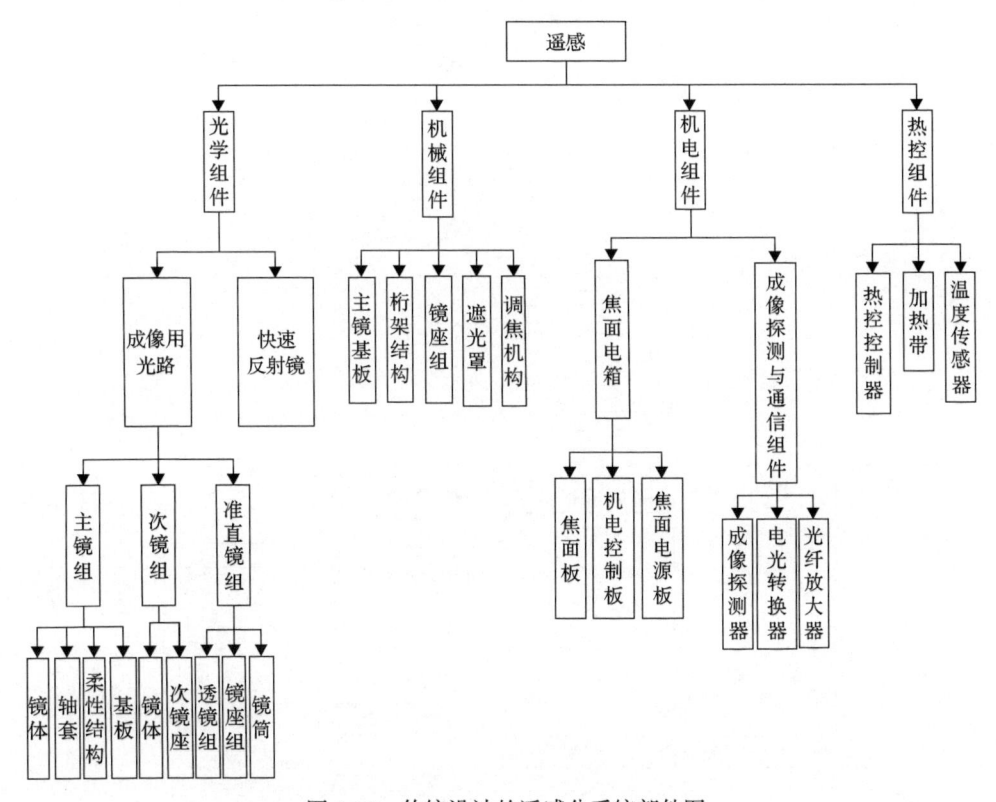

图 2-38　传统设计的遥感分系统部件图

(1) 遥感过程与通信过程的动作"反射会聚成像光入射光线"采用一套共用终端实现，代替了传统遥感分系统的成像光路、通信分系统的信标光接收发射光路。动作"调整成像光入射光路"与通信过程的动作"调整信标光入射光路"采用 1 个快速反射镜实现，代替了传统遥感分系统的快速反射镜、通信分系统的快速反射镜。但一体化后，需要增加一个分光镜组，共节省质量约 5kg。

(2) 只使用一个焦面电箱，代替了传统遥感分系统的焦面电箱、通信分系统的焦面电箱，共节省质量约 5kg。

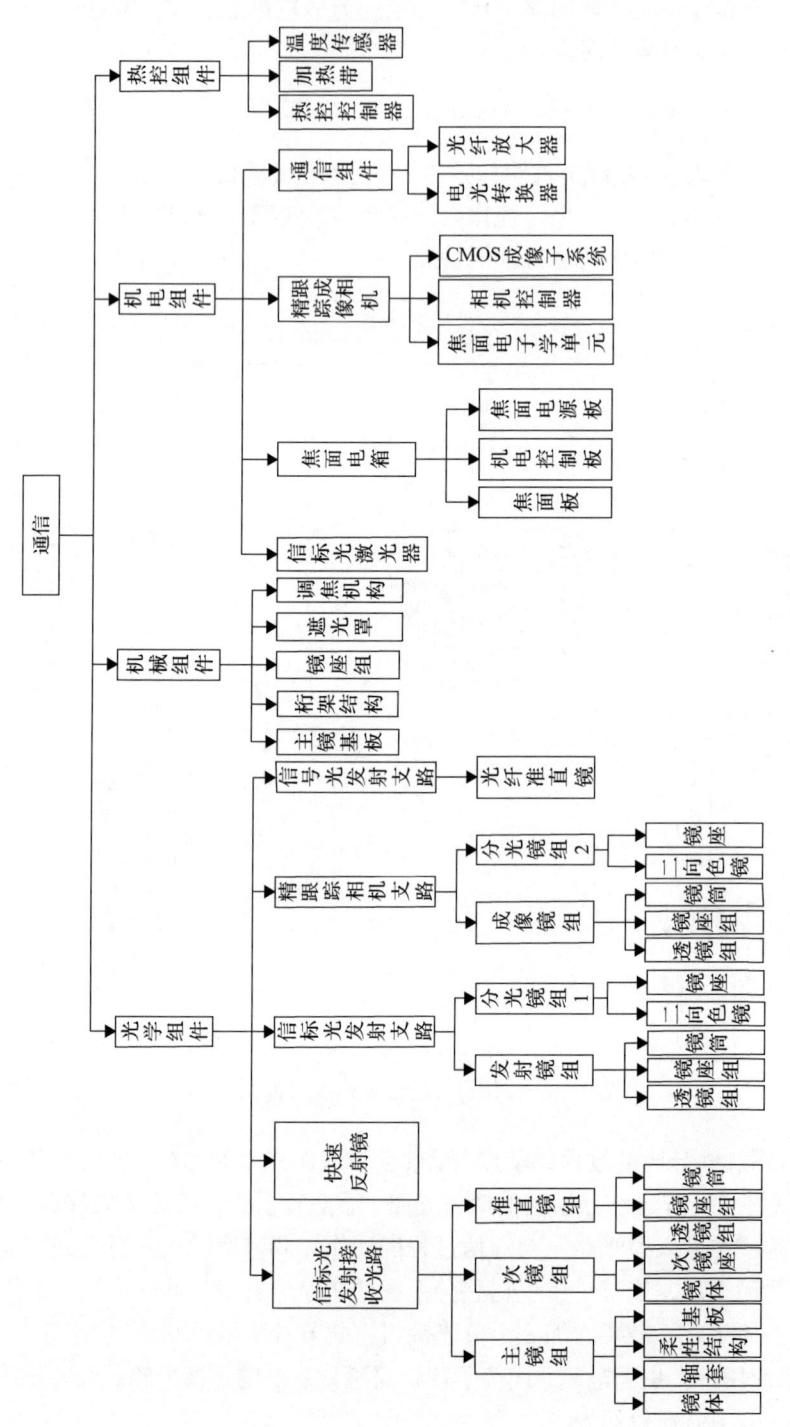

图 2-39 传统设计的激光通信发射端部件图

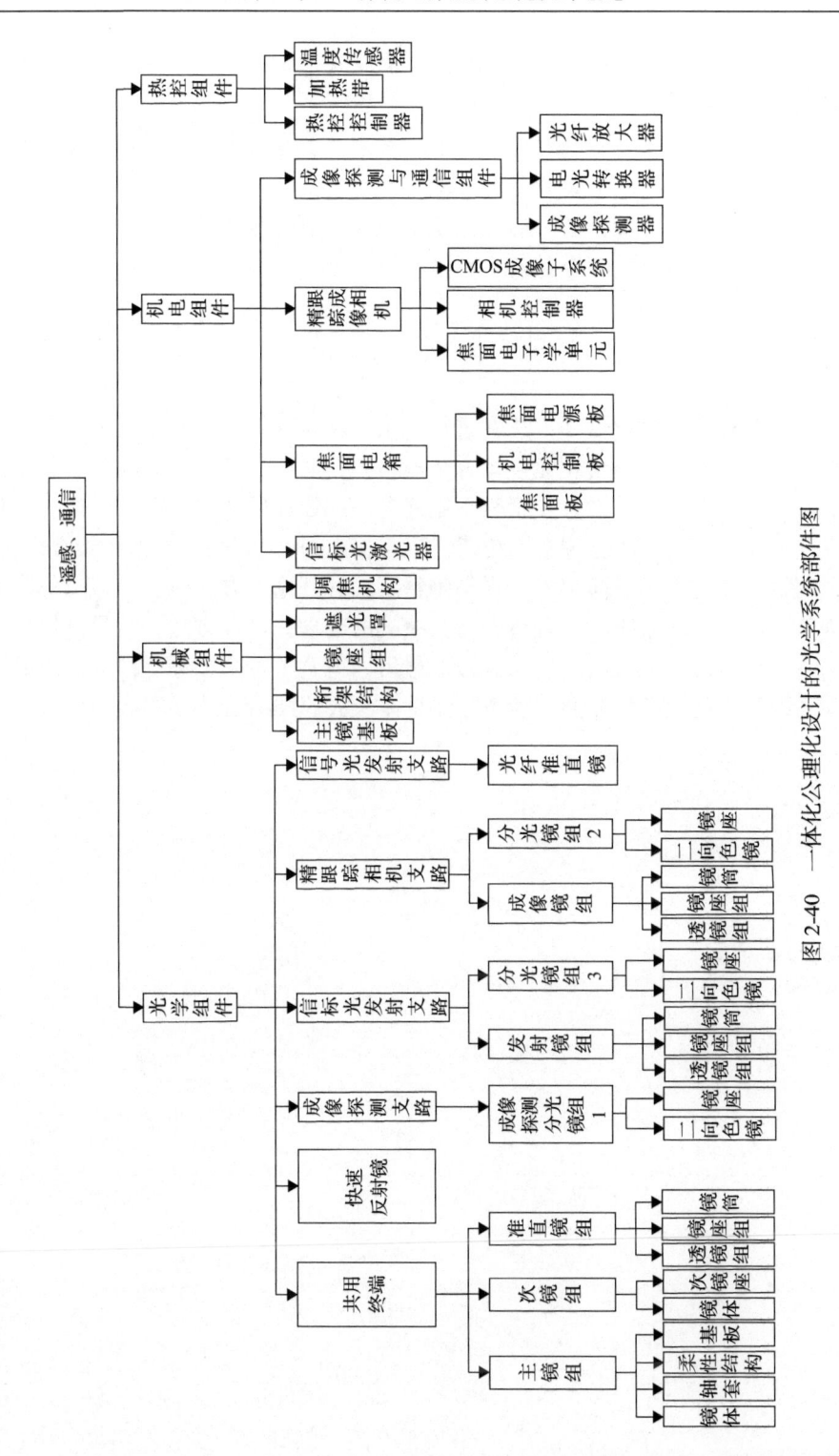

第 2 章　一体化飞行器公理化设计理论

图 2-40　一体化公理化设计的光学系统部件图

(3) 采用一套机械组件驱动光学组件，代替了传统遥感分系统的机械组件和通信分系统的机械组件，共节省质量约 3kg。

(4) 采用一套热控组件控制环境温度，代替了传统遥感分系统的热控组件和通信分系统的热控组件，共节省质量约 3kg。

通过以上一体化设计，通导遥一体化系统部件数由传统设计的 60 个（遥感分系统 22 个，通信分系统 38 个）减少为 41 个。

2.5 本章小结

本章针对现有公理化设计方法在进行复杂系统设计时存在的不足，提出了复杂系统功能分析行为聚类公理化设计方法。首先，明确了传统公理化设计框架内的核心概念，如设计域与设计要素等，阐述了不同设计域间的映射关系以及两项基本设计公理。然后，从复杂系统功能-行为-动作分析、复杂系统动作聚类优化、复杂系统设计综合三个方面出发，详细阐释了设计理论及方法流程。以一体化飞行器为例，基于复杂系统功能分析和行为聚类的公理化设计方法，从最顶层任务需求出发，逐层推进飞行器的迭代设计。最后，得到了符合公理化设计要求的一体化子系统和物理域部件类型，为飞行器总体参数的详细设计提供参考。

第 3 章 基于 MBSE 的一体化飞行器设计方法

3.1 引　　言

在现代航空航天工程中，一体化飞行器设计是一个复杂且多学科交叉的领域，要求设计者不仅要有深厚的专业知识，还要能够应对系统设计中的各种挑战。MBSE 提供了一种系统化的方法论，通过构建详细的模型来指导整个设计过程，从而提高设计的效率和可靠性。将基于模型的系统架构流程（model-based system architecture process，MBSAP）方法中的部分内容和 ISO/IEC/IEEE 24641 进行结合[25,26]，形成一体化飞行器多视角设计方法论。本章将详细探讨基于 MBSE 的一体化飞行器设计方法，包括多视角设计方法论的应用、模型元素的预定义、运行和任务分析、功能-逻辑设计以及概念阶段的详细设计，并将讨论面向系统分析的方法，以实现一体化飞行器的总体设计与验证。

3.2　面向一体化飞行器系统的多视角设计方法论

3.2.1　一体化飞行器模型元素预定义

1. 术语表定义

术语表在系统工程中扮演着至关重要的角色，是确保项目团队在整个系统设计过程中拥有共同语言的关键文档。通过明确定义所有技术术语和概念，术语表有助于减少误解和沟通障碍，从而避免术语混淆导致的设计错误。在多学科团队合作的环境中，统一的理解尤为重要，因为它确保了不同背景的设计人员能够有效协作。

SysML 建模工具的引入，进一步增强了术语表的功能。SysML 不仅支持基于模型的术语表，还允许与外部数据源（如电子表格）进行同步，确保术语的一致性和最新性。此外，SysML 建模工具的自动检查功能可以验证术语的正确使用，减小人为错误的可能性。更进一步，SysML 建模工具支持创建具有数学意义的条件术语，这是其强大功能的体现。该条件术语可以将系统需求转换为可计算的数学约束，从而在设计过程中实现自动化验证和优化。例如，可以定义性能参数的数学关系，以确保系统设计满足特定的性能标准。该方法不仅提高了设计的精确性，还加快了设计的验证过程，显著提升了系统工程的效率。

2. 元模型定义

SysML 的灵活性在于其能够通过外廓包中的衍型定义来自定义元模型。该衍型不仅扩展了 SysML 的语言能力，还能作为类型声明使用，极大地便利了模块筛选和管理过程。在公理化设计流程中，该能力尤为重要，因为它允许设计者根据特定的设计需求和约束来创建和使用定制的衍型。

图 3-1 显示了用于公理化设计的衍型。在公理化设计流程中，需求类型的衍型可以帮助明确和组织系统需求，而设计参数的衍型<<DP>>则是定义系统设计中的关键变量。此外，软件与硬件的分类衍型有助于区分和管理系统中的不同组件，而描述非运行概念（concept of operations，ConOps）用例的功能需求衍型<<FR>>则用于捕捉和定义系统应该实现的具体功能。

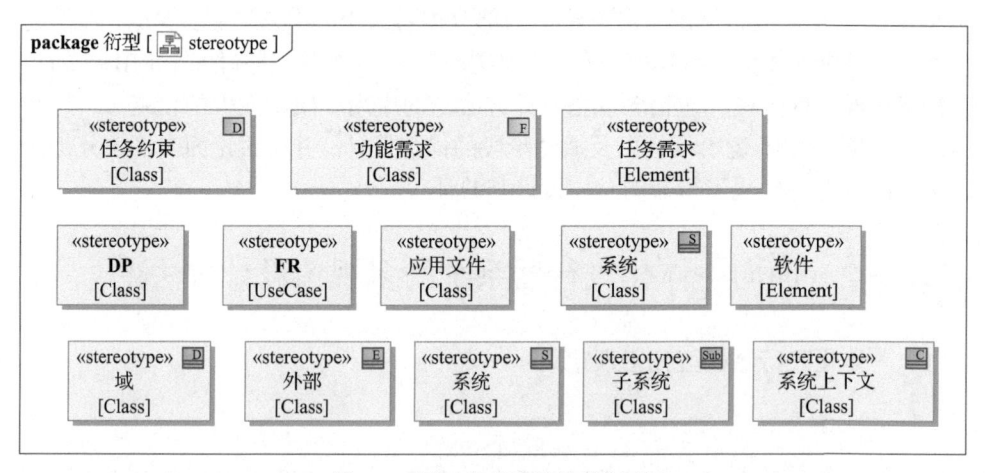

图 3-1　用于公理化设计的衍型

通过自定义的衍型，SysML 支持设计者在模型中实现更高级别的抽象和精确控制。这不仅提高了设计的灵活性和可适应性，还有助于确保设计满足特定的功能需求和设计约束。此外，SysML 的自动化能力，如模型验证和仿真，可以进一步利用该衍型来检验设计的有效性，从而提高整个设计流程的效率和可靠性。

在实践中，这意味着设计者可以利用 SysML 来创建一个包含所有必要衍型的外廓包，然后在设计过程中应用这些衍型来构建和细化模型。该方法不仅使设计过程更加系统化和可管理，而且通过确保所有设计决策和更改都符合预定义的衍型，还有助于维护设计的一致性和完整性。最后，该衍型成为连接设计理念和实际实现之间的桥梁，确保设计输出能够准确反映设计输入的意图。

3. 面向公理化设计的结构化需求模板定义

管理一个系统规则的核心是需求，通常是由各种利益攸关者提出的，该需求有助于指导一个复杂系统的开发过程。需求是一个翻译或表达需求及其相关约束和条件的声明，而需求工程涉及发现、验证和管理需求的所有方面。需求文件建立的目的是陈述对正在建立的系统的要求。需求通常是用不受约束的自然语言写成的，本身具有不精确性，因此构建的需求规范文件不可避免地容易包含潜在的错误，作者可能在同一个文件的两个不同地方写下一个错误的事实，甚至两个相反的、矛盾的事实或要求。而在自上而下的系统设计过程中，上层需求中存在的问题将会传播到更低的层次，这就造成了不必要的波动和风险，影响了计划进度和成本。而且，需求并没有规定系统将如何满足这些需求，而是由项目团队来决定如何满足需求，工程师将耗费巨大的精力来理解需求并确保需求被完全满足。

为了解决上述问题，一些研究主张使用其他符号来提高精确性，尽量减少模糊性等问题。然而，使用非文本符号需要对源需求进行翻译，这可能会带来更多的错误。许多面向实践的需求工程都建议将需求结构化以减少模糊性并使自然语言需求更容易分析。利用现有的结构化需求和 SysML 的概念，针对公理化设计产生的功能需求与设计约束，采用一套结构化规则以及一套术语表来解决常见的需求问题，提出一个支持严格的基于模型的需求的方法，形成基于模型的结构化需求。这种结构定义了一个有指定属性占位符的有序结构，以帮助捕捉精确的含义和沟通所需的信息，从而定义一个完整的需求。基于自然语言的结构化模板，并引入一些 NASA 提出的需求工程知识，同时将结构化需求从功能类需求扩展至设计约束。此外，将半结构化需求进行初步的自动分析与自动建模。需要指出的是，系统工程完整的需求集将是复杂的，且来源广泛不受控制，很多其他方面的需求在早期也是不完整的。因此，结构化需求仅涉及公理化设计阶段的需求，这些由系统设计人员创建，并由设计人员遵守。

定义的结构化需求模板如图 3-2 所示。公理化设计阶段的需求文本应当按照此格式书写。

需求语句包括几个槽位：开头的可选条件、需求主语、需求模态、需求响应或带有值的条件项以及末尾的可选需求原因。

普适需求没有预设条件，用于总是满足的需求。事件驱动的需求以"WHEN"开头，用于由触发事件启动的需求。状态驱动的需求以"WHILE"开头，用于表达在一个确定的状态下活动的需求。不期望的需求以"IF"开头，通常用于表达不受欢迎的情况。可选特征需求以"WHERE"开始，用于当某些可选特征出现时需要满足的需求[27]。

需求主语定义了一个指定的主语，以提供一种能力或执行一种功能，或是一

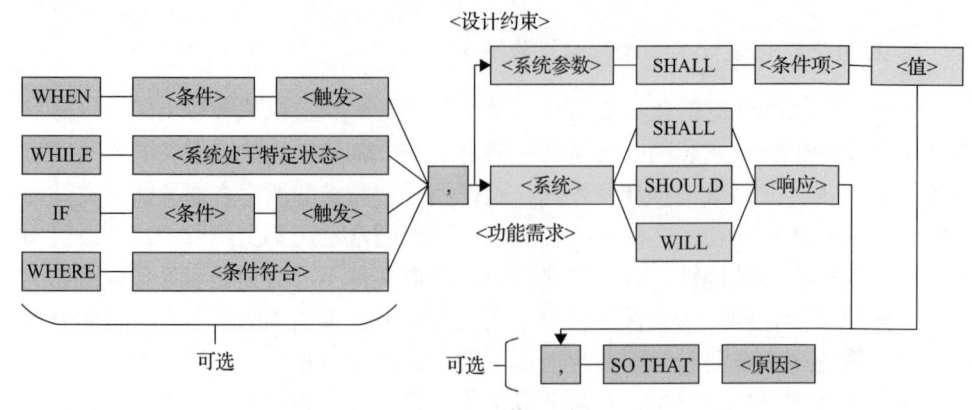

图 3-2 结构化需求模板

个系统属性以满足设计约束。

功能需求具有三种模态:"SHALL"、"SHOULD"以及"WILL",表示需求的重要程度。设计约束的模态仅有"SHALL",其语句为某个参数达到的条件。条件项为设计约束的条件术语,如"不大于",说明系统的某个参数应具有的指标,通常是可验证的。

需求响应指的是一个由所需功能或特征指定的行动动词,而带有值的条件项对应了设计约束的约束项。

可选的需求原因以"SO THAT"尾句开头,记录需求原因以避免丢失,这个原因可能指向一个约束或运行概念。

在 SysML 中,利用需求图及需求表格/矩阵进行需求建模。顶层的系统需求及约束从运行概念中被提出,利用结构化需求来构建公理化设计的系统需求。需求通常包括标题、衍型、编号和文本,其余可选扩展内容还包括各种抽象关系、风险程度、所属者、验证方式等。衍型将需求分为功能需求、性能需求、设计约束、设计边界等。需求关系同样是需求建模重要的内容,使得需求与需求之间、需求与系统元素之间存在追溯性。需求关系包括派生、继承、细化、追溯等,以及需求与其他(行为、组件、测试用例等)的验证、分配关系。

对于自上而下的系统公理化设计,在每一层次的分解中都会提出新的设计需求。该需求文本被结构化,且将被执行部分进行自动分析。自动分析内容包括区分需求为功能需求或约束,并将功能需求的主语和功能创建为具有衍型的模块与用例,同时生成需求、用例、模块的分配关系。通过在 SysML 中调用分析脚本,将需求表格进行分析得到用例表格和模块表格,再通过 MBSE 工具进行元素与表格同步实现自动建模。将外部需求表格进行自动推理并导入 SysML 工具中,需求分析流程如图 3-3 所示。

图 3-3 需求分析流程

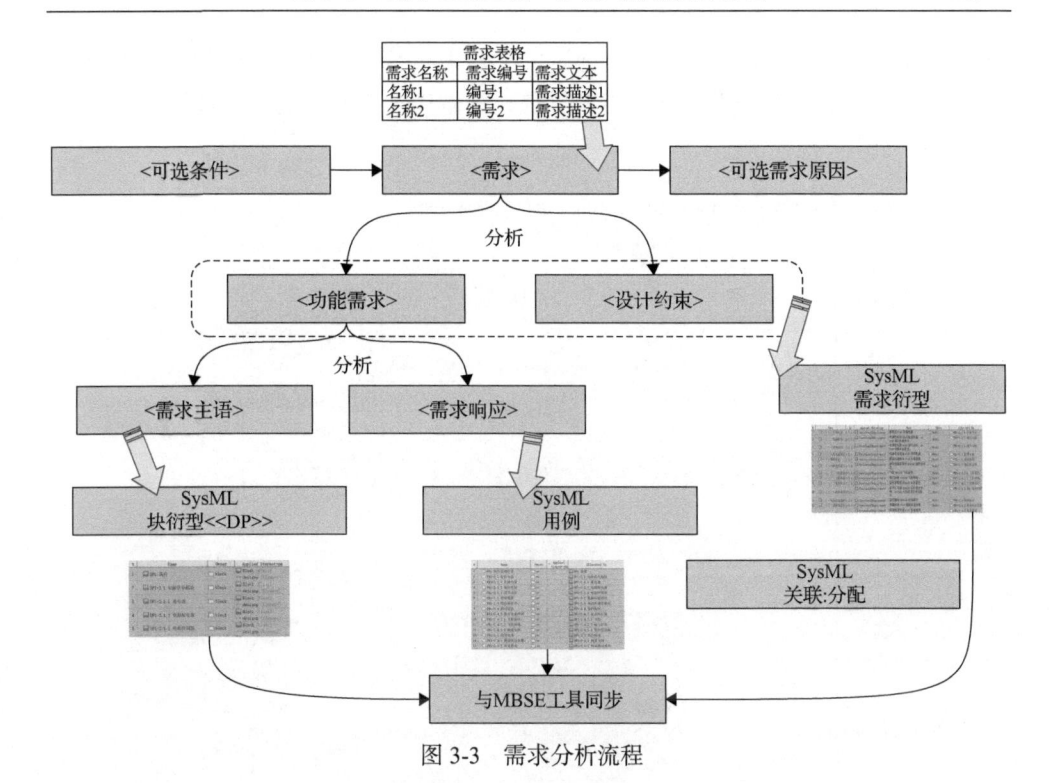

结构化需求在一定程度上确保了需求语言的准确性，自动分析的能力减少了系统建模的工作量，提高了设计的追溯性，同时减少了手动设计的错误和工作量。当公理化设计中的功能需求进行修改时，表格同步可以快速定位不同元素的增删修改情况，避免出现建模错误与遗漏。

3.2.2 一体化飞行器的运行和任务分析

1. 概述

对于一体化飞行器任务的建模，首要任务是将用户或任务规划者的需求转换为运行概念。这一转换过程不仅涉及需求的直接翻译，还包括对需求背后意图和目标的深入理解。ConOps 不仅是系统生命周期中概念阶段和开发阶段的支撑文档，还是一个动态的参考资料，需要在项目全生命周期内不断更新和维护，以确保它能够有效指导设计、制造、操作、维护和最终退役等各个阶段。

在应用 MBSE 进行实践时，ConOps 的形式化是通过将其转换为详尽的模型来实现的。该模型以图形和数据的形式清晰展现了任务的流程、阶段和约束条件，为利益攸关者提供了一个共同的理解基础，从而减少了项目早期阶段对任务理解的偏差。ConOps 模型详细定义了任务的全生命周期，包括系统的运行环境、用例场景、利益攸关者的需求和适用标准等关键要素。其核心目的是确保任务能够从用户需求平滑过渡到设计阶段和实施阶段。一体化飞行器的运行和任务分析流程如图3-4所示。

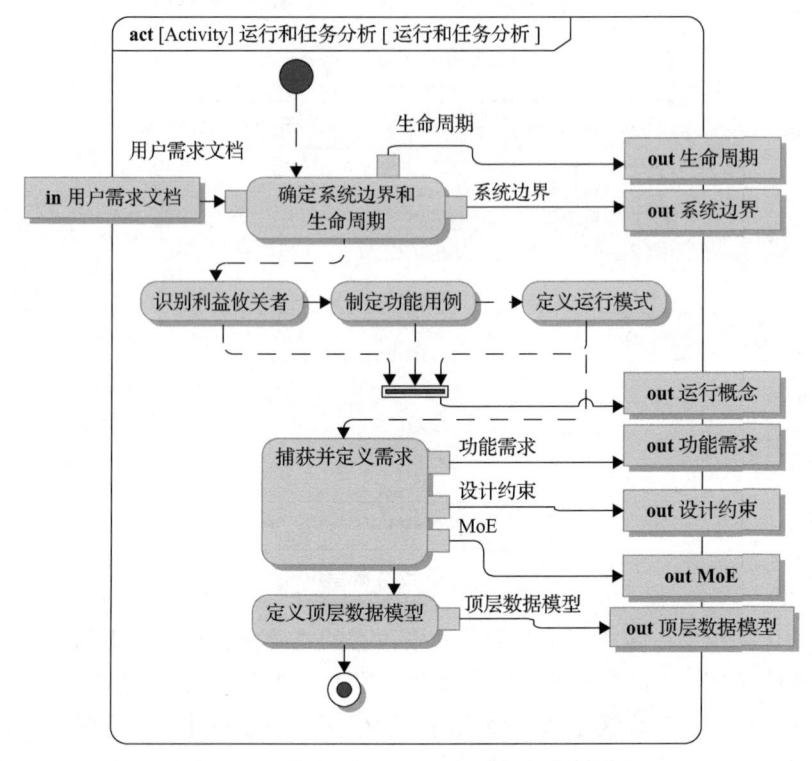

图 3-4 一体化飞行器的运行和任务分析流程

运行和任务分析的输入(in)包括来自用户或任务提供方的用户需求文档。然后，进行正式的运行和任务分析，确定系统边界和生命周期，通过识别利益攸关者、制定功能用例和定义运行模式捕获并定义系统需求，之后定义顶层数据模型。每一个步骤都能得到一系列成果，代表了输出(out)。这个流程的输出包括系统的生命周期、系统边界、运行概念、功能需求、设计约束、有效性度量(measure of effectiveness，MoE)和顶层数据模型。

2. 一体化飞行器应用场景

一体化飞行器是一种面向应急响应的新型航天器，能够储存并快速发射，以应对各种紧急情况，例如，在突发自然灾害时，能够快速发射并执行遥感与通信任务，将灾区的情况快速发射至地面站，并且能够提供通信。一体化飞行器能够安装多种载荷以胜任不同类型的任务，同时载荷具备多种功能。典型任务为通信、遥感和导航增强一体化载荷，能够执行多种应急任务，并且具备更高的荷载比，因此在相同的载荷下，保证整星质量尽可能小；同时火箭运载段进行了优化设计，具备更高的载质比。因此，一体化飞行器具有更低的成本。此外，为了增强快速响应能力，将火箭末级取代卫星的轨控发动机，既能够增加载质比，又具备更高的快速机动能力。因此，一体化飞行器卫星与传统概念的卫星不完全一致，将其称为入轨航天器。

在典型任务中，要求入轨航天器在500km高的太阳同步轨道下执行通导遥任务。遥感要求至少0.5m的光学分辨率，幅宽不低于12km，通信采用和光学相机共口径的激光通信方式，具有至少1Gbit/s的通信速率。其他功能需求包括快速发射、快速入轨和快速部署能力，并且针对其他类型载荷和任务模式，入轨航天器能够快速重构为不同的工作模式。

以上内容对应了用户端需要，也是开展一体化飞行器设计的起点。但在第2章中，已经利用公理化设计理论得到了一体化飞行器的功能层次。在本章将主要构建一体化飞行器的系统结构模型，完善系统结构、功能、参数和需求部分的设计与分析。

3. 确定一体化飞行器系统边界和生命周期

在系统工程的范畴内，确定一体化飞行器系统边界和生命周期是构建ConOps的基础。该步骤涉及对系统环境、背景和预期生命周期的全面分析。系统工程师和利益攸关者通过共同努力，评估集成飞行器系统的特性，并将其划分为功能和资源的相关域。在该过程中，模块定义图(block definition diagram, BDD)用于建模系统的结构特征视图，而内部模块图(internal block diagram, IBD)则描述系统与外部环境的交互，以模拟系统环境。这些模型化活动不仅明确了系统边界，还描绘了系统内部各个功能区域之间以及系统与外部环境之间的信息流动。

图3-5中将一体化飞行器的域定义为块，使得每个域都包括相关的或密切交互的功能。结构的组织方式还考虑在何处生成、转换、存储和使用信息，以及如何在功能区域之间或与外部环境进行信息交换。该建模确定了系统边界，明确了所关注的系统与外部环境的交互。同时，这种域模型事实上也帮助理解客户需求并转换为系统需求。图3-5描述了快速响应任务域，域分为三类：外部系统、环境、关注的系统(一体化飞行器)。利用不同颜色和衍型进行区分，快速响应为系统的任务域，也是系统的背景，因此利用衍型<<system context>>进行区分。其他非一体化飞行器的模块利用<<external>>进行分类，表示外部系统，但与一体化飞行器系统相关的其他系统。

图3-6描述了快速响应任务的交互模型，主要描述了外部环境、外部其他设施和关注的一体化飞行器系统之间的交互和流。系统模型支持图例的复用，因此

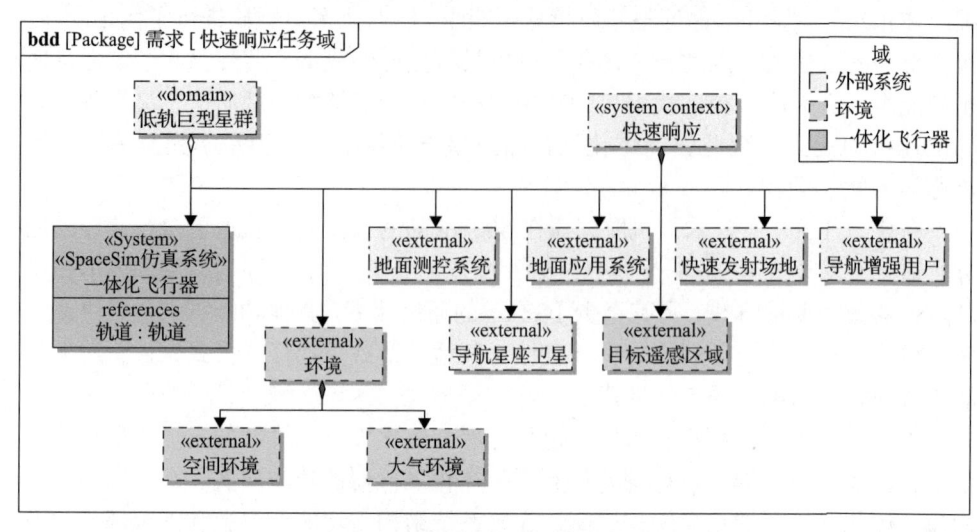

图 3-6 与图 3-5 的 BDD 利用相同的颜色区分系统类型，确保了一致性。

图 3-5　一体化飞行器系统初始分解

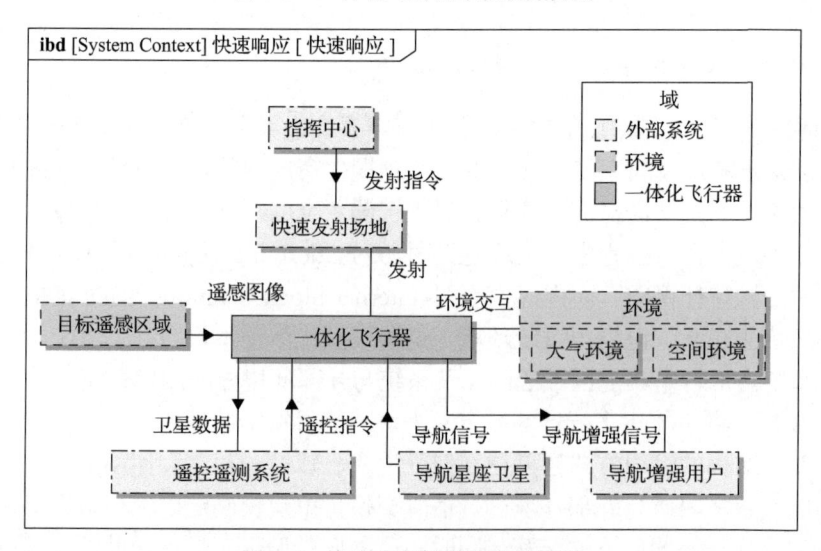

图 3-6　快速响应任务的交互模型

4. 识别利益攸关者

在 MBSE 中，利益攸关者的识别和参与对于确保系统设计满足所有用户和参与方的需求至关重要。在此阶段，系统工程师将识别与系统相关的所有利益攸关者，并根据他们的利益和需求进行分类。该过程有助于构建企业架构，并在项目管理和需求管理中发挥作用。

5. 制定功能用例

系统边界和利益攸关者模型视图分别描述了系统的边界结构和用户，用例则从功能角度对运行视角进行了重要补充。该项任务的目标是建立用例模型，与利益攸关者分享对系统使用方式的共同理解。

用例分析是来自软件工程的术语，现已被系统工程师广泛采用，以指定运行分析。运行分析的目的在于描述系统能够提供哪些功能，通常不关注解决方案。

制定用例的建模行为起点是开发一组用例（use case，UC）图，每个用例都是对一个行为或一组相关行为的抽象，之前工作中建模的系统、其他实体或利益攸关者可执行该行为。合理的用例对系统功能与活动的逻辑行为进行建模。系统工程师应与利益攸关者进行沟通，以考虑需求数据库或模型的所有功能。用例也将需求基线与系统结构建立关联。

用例与运行边界一样都是分层的。系统层次的用例往往会被分解。较低层次的用例可能有助于识别重要的特定行为。若能够容易地在逻辑上完成分解以及在系统结构上的映射，则域和用例就选择到位且彼此一致。用例还支持扩展点建模，帮助构建了系统在出现故障时的应对方式。完整的用例可以提升系统的可靠性与安全性，使其适应更多场景。在这项工作中，系统工程师还应构建测试用例，使其能够用于早期确认并支持确认的方案。

根据飞行器的快速响应任务要求，如图 3-7 所示的用例图定义了一体化飞行

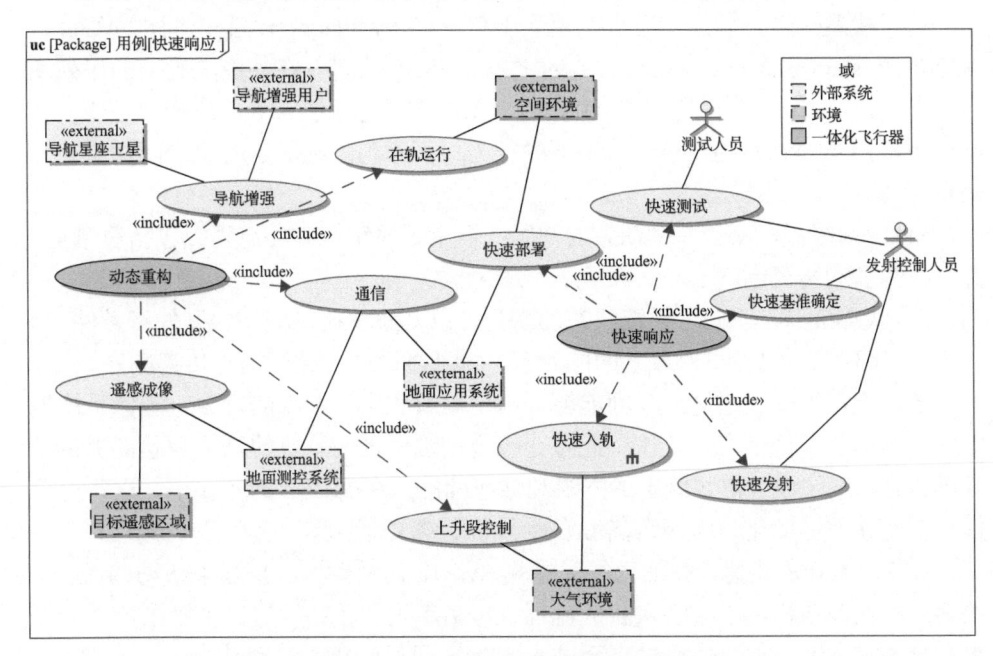

图 3-7 快速响应任务运行概念用例图

器快速响应任务运行的 ConOps，显示了快速响应以及相关的用例。快速响应任务包括快速发射相关用例、快速入轨以及快速部署，并且描述了这些用例对应的利益攸关者或外部系统，使得设计人员可以确定任务边界。

系统的顶层功能需求定义如下。

FR1：系统应该能够满足发射入轨并在轨运行的基本需求。

FR1 对应的设计参数为飞行器系统，也是执行公理化设计的起点。

以上内容的丰富化旨在提供一个详尽的框架，以指导系统工程师在 MBSE 实践中的工作。细节的增加有助于确保文档的完整性和实用性，为系统工程师提供一个清晰的指导框架。

6. 定义一体化飞行器运行模式和流程

在 MBSE 中，定义一体化飞行器系统的运行模式是一个关键任务，根据之前确定的系统边界和用例来设定。这些运行模式不仅包括系统的不同状态或行为模式，还包括模式之间的转换机制。系统在不同模式下的行为定义了其在特定条件下的流程和响应。

运行模式的定义通常涉及系统用例的进一步细化，并与之建立关联，能够形成一系列行为视图，该视图以形式化的方式表达了系统及其各个域所展现的可观察行为。在 MBSE 中，行为、结构和功能的模型是互补的，它们的不断演进有助于系统的整体细化和优化。

为了模型化运行模式，通常使用活动图（activity diagram，业内简称 ACT）、状态机图（state machine diagram，业内简称 STM），以及在某些情况下的序列图（sequence diagram，业内简称 SEQ）。活动图用于描述系统行为的流程和逻辑，状态机图则用于表示系统在不同状态下的行为，而序列图则展示对象之间的交互和消息传递。

(1) 活动图：提供了一个动态的视图，展示了系统行为的流程，包括决策点、并行行为和同步机制。

(2) 状态机图：明确了系统状态的变化，以及触发这些变化的事件和条件。

(3) 序列图：描述了对象之间的交互，以及随时间变化的消息传递顺序。

通过模型视图，系统工程师能够详细地理解和设计系统的行为，确保系统能够在各种运行条件下有效工作。此外，该模型视图也为系统的测试和验证提供了基础，确保系统设计满足既定的需求和性能标准。在 MBSE 的实践中，这些运行模式的定义和模型化是确保系统可靠性和效率的关键步骤。

图 3-8 展开了快速入轨活动图。这是 SysML 的活动图，描述了活动的流程。快速入轨活动图描述了整个入轨的流程，包括起飞、程序转弯、多级固体动力点火和分离、末级点火等流程，直至进入 500km 目标轨道，活动结束。

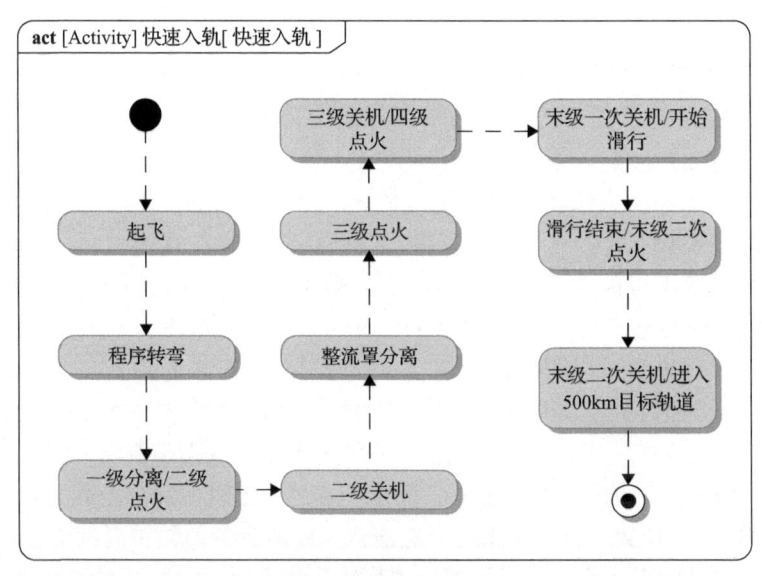

图 3-8 快速入轨活动图

图 3-9 描述了星务软件执行流程活动图。通常在系统早期定义到这种程度的图是很困难的，但由于航天技术中存在技术复用，星务软件执行流程活动图实际上来源于其他项目的先验知识且准备复用。系统模型捕获了先验知识，并将在详细设计中细化该过程，由领域设计人员判断复用的可行性。

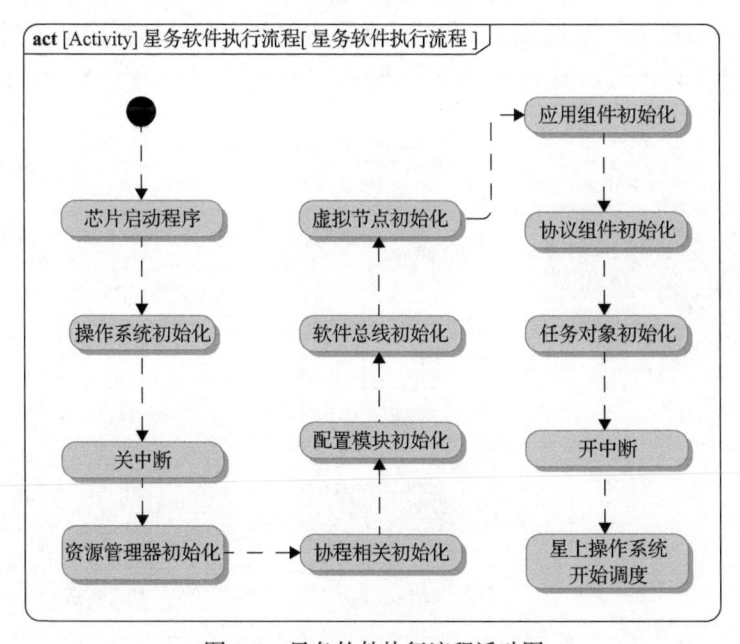

图 3-9 星务软件执行流程活动图

7. 捕获并定义需求

捕获并定义需求任务的目标是将利益攸关者的需求和约束形式化为系统需求，并确定有效性度量。系统工程师通过 ConOps 模型分析利益攸关者的需求和约束，利用需求建模方法将其形式化为系统设计可采用的需求和约束，进而确定系统的有效性度量。

需求是系统工程的主要基线，需求的追溯与验证是系统工程的重要内容。系统需求通常包括性能需求、功能需求、设计约束和设计边界。从完整的运行概念出发，系统设计人员可以明确设计内容及其应具备的需求和条件，并将该需求转换为具体的系统需求项，开展系统设计。顶层系统需求视图描述了任务需求和外部运行概念。顶层系统需求被分析、细化，并派生出系统的初步概念，使系统设计人员了解系统应满足的顶层功能和指标。需求图描述了系统的需求及其关联，需求模块包括名称、ID 和文本，文本采用自然语言，使所有利益攸关者都能理解这些需求。结构化需求应用于系统内部需求，尤其是公理化设计阶段开发的功能需求。

有效性度量是在特定情况下衡量系统在预期运行环境中实现运行目标成功程度的指标，通常对应任务指标需求。在一体化飞行器任务中，主要评估的性能包括成本、运载能力、快速响应能力等。其中一些容易定义，而其他则需要具体定义，例如，如何评估系统的快速响应能力，需要与利益攸关者共同界定相关评估指标，并提炼出定量的有效性度量，以便进行验证。

图 3-10 描述了一体化飞行器顶层任务需求分解过程，即得顶层系统需求图。

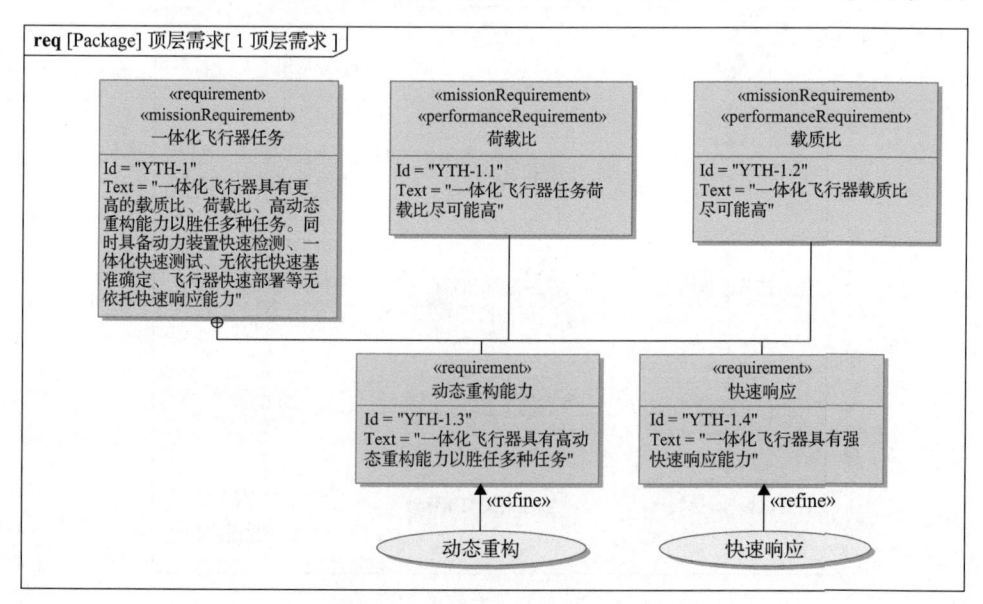

图 3-10　一体化飞行器顶层系统需求图

一体化飞行器具有更高的载质比、荷载比、高动态重构能力以胜任多种任务。同时具备动力装置快速检测、一体化快速测试、无依托快速基准确定、飞行器快速部署等无依托快速响应能力。该需求是任务需求，因此具有衍型<<missionRequirement>>。它包括四个顶层系统需求，分别是性能需求（荷载比与载质比）、动态重构能力和快速响应能力。载质比与荷载比需求利用两个约束块进行细化，因此是可以验证的。

动态重构需求的细化如图 3-11 所示。动态重构需求如下。

(1)需求 1.3.1(一体化载荷)定义了一体化载荷需求以支持多种任务。

(2)需求 1.3.2(软件定义和功能重构)描述了信息综合管理平台支持快速功能切换的需求。

(3)需求 1.3.3(可重构柔性化综合管理平台)用于处理星上信息。

(4)需求 1.3.4(软件定义柔性系统软件)用于执行上述功能的软件需求。

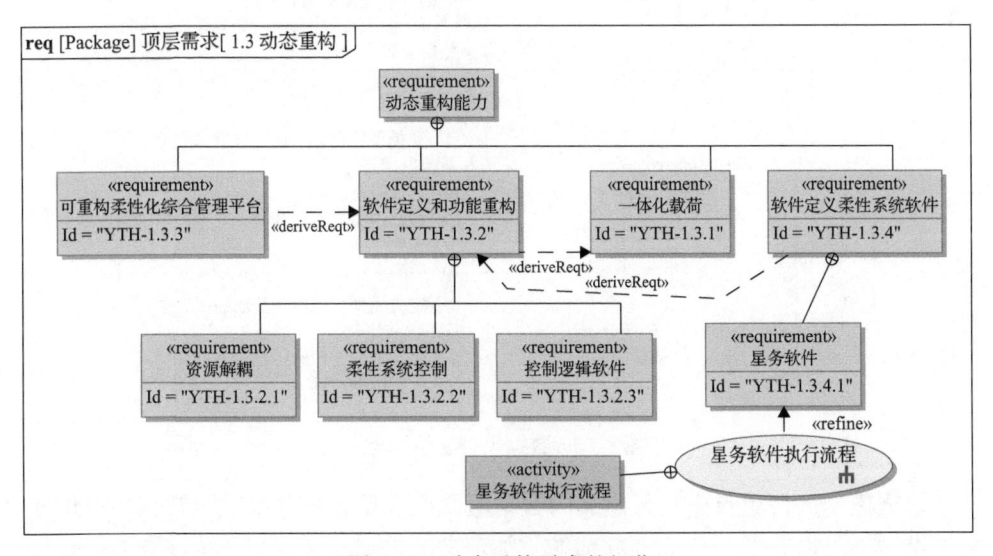

图 3-11　动态重构需求的细化

其中，需求 1.3.2 还被细分为三个子需求：资源解耦需求、柔性系统控制需求、控制逻辑软件需求。需求 1.3.4 还包含一个星务软件需求，并由具有活动的用例"星务软件执行流程"用例细化(refine)。这些需求顶层地描述了动态重构所需的软硬件需求。

8. 定义顶层数据模型

在 MBSE 中，定义顶层数据模型是确保有效性度量能够被准确量化和验证的关键步骤，例如，在一体化飞行器设计中，有效性度量可能包括载质比、荷载比、响应时间等关键性能参数。有效性度量通常涉及复杂的参数和计算，需要通过验证来确认系统是否能够满足这些性能指标。

在运行和任务分析的早期阶段，虽然数据可能尚未完全明确，但构建一个概念数据模型（conceptual data model，CDM）是至关重要的。CDM 为系统的数据元素提供了一个初步框架，它将随着系统建模的进展而逐步细化成更详细的数据模型。逐步细化的过程是数据驱动建模的核心部分，确保了数据的一致性和准确性。在 MBSE 中，数据模型的层级结构通常从 CDM 开始，然后发展到逻辑数据模型和物理数据模型。数据模型层级结构如图 3-12 所示，指导了数据模型的逐步细化过程。

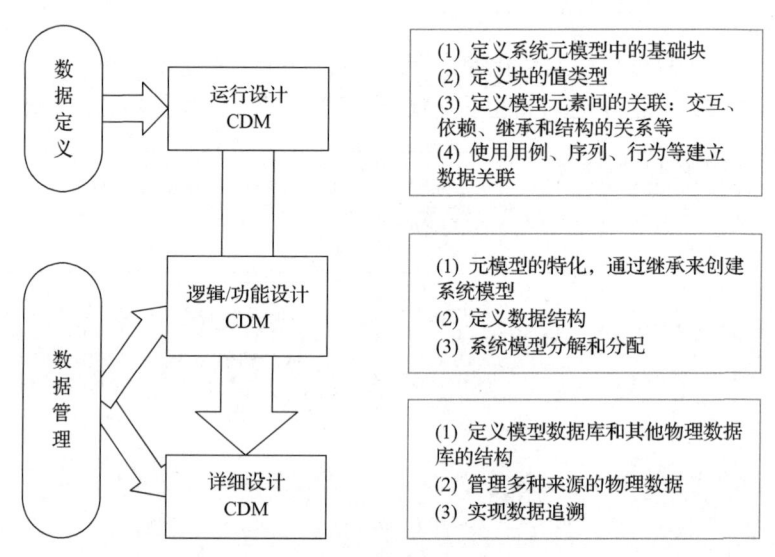

图 3-12 数据模型层级结构

数据模型的构建首先从预定义的数据值属性开始，这些属性通常包括单位和数据类型，可以参考 ISO 80000 标准。预定义的数据值属性为系统参数的一致性提供了模型基础。数据实体与系统块的值属性紧密关联，并且可以通过活动图中的系统行为展示数据实体（值属性）的交互。

面向对象（object-oriented，OO）方法在数据模型中的应用提供了将数据模型与功能模型分离的优势，避免了两者之间的混乱耦合。良好的数据模型从运行阶段和逻辑阶段开始，减轻了开发物理数据模型以及对数据库进行规范化和再规范化的工作负担。

在 SysML 中，元数据的概念允许系统工程师定义抽象的数据类型。通过定义衍型并加入自定义属性，SysML 支持自定义元数据的创建。该衍型不仅扩展了 SysML 的能力，而且可以作为模块筛选的类型声明。

值属性库的定义是数据模型的另一个重要组成部分。系统建模所需的值属性通过<<valueType>>指定，统一了系统建模中所需物理量的含义和单位，从而避免了沟通和传递过程中单位不一致导致的错误。如图 3-13 所示的值属性还包括单位和数据类型的属性，例如，长度的单位为 m，时间的单位为 s，这些属性的指定进一步增强了数据的一致性。值属性被包含在模型库的包内，支持模型的复用和导出至其他 MBSE 项目。该方法确保了数据模型的一致性和可维护性，为系统工程师提供了一个有效的工具，以支持复杂系统的设计和验证。通过该方法，MBSE 能够有效地支持系统工程师在设计过程中处理和管理大量的数据和信息。这些数据和信息是系统设计和验证的基础，确保系统能够满足其性能指标和用户需求。

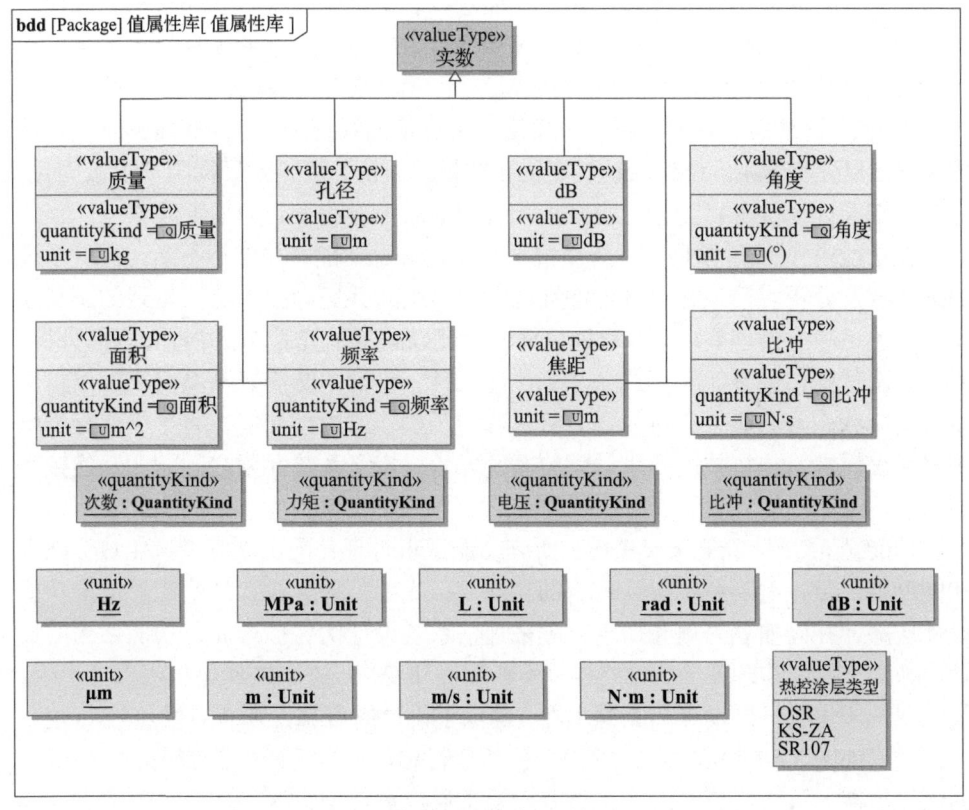

图 3-13 值属性模型

3.2.3 一体化飞行器系统功能-逻辑设计

在深入研究一体化飞行器设计过程中，MBSE 提供了结构化和系统化的设计框架，尤其是公理化设计模式在功能-逻辑设计阶段的应用，是实现这一目标的关键。本节将详细阐述如何通过公理化设计模式，将系统工程理论与实践相结合，以优化飞行器的设计。

在 MBSE 范畴内，功能-逻辑设计阶段是一个转折点，从用户需求的传递转向对系统本身的深入分析和理解。此阶段的核心任务是识别和定义系统的顶层功能用例，并将其转换为具体的系统运行和任务分析。系统工程师不仅需要具备与用户沟通的能力，还需要深入探索系统运行的背景，以确保设计方案在实际环境中有效运行。

在功能-逻辑视角下，设计团队需要对顶层功能进行细致的分析和分解，以确保设计方案能够满足顶层系统需求。此过程涉及系统结构、行为和高层需求的分解，形成独立的模块或模块组合，将在后续的详细设计和实现阶段发挥关键作用。虽然逻辑设计阶段不涉及具体技术和产品选择，但必须考虑现实系统的局限性。设计团队需要在保持创新性的同时，确保设计方案的可行性和实用性。逻辑结构设计应以功能性和与技术无关的方式进行，以确保设计的灵活性和适应性。

功能-逻辑结构设计的目标是开发出一个可信的系统结构，使其能够响应项目的需求、目标和约束。设计活动转变为正式设计阶段，意味着目标与需求被固化，也为早期验证提供了可能性，以减少无法满足需求或约束时的返工成本。

在功能-逻辑设计阶段，系统组成部分将被分配功能，并进行不断迭代的系统验证和权衡分析。公理化设计方法在此阶段被引入并完全模型化，构建的逻辑模型首先满足独立公理要求，随后进行早期验证以满足系统需求，并进行权衡分析。对于全新任务，系统元素不能一步到位地设计。设计团队需要从系统需求出发，定义系统状态与功能，进行操作分析，确定子操作或内部功能，将子操作分配给逻辑系统元素，并将技术要求分配给系统元素，定义系统元素之间的相互连接和项目流。

功能-逻辑设计既复杂又关键，所有功能需求合理分配至系统逻辑组成，减少功能反馈回路，需要系统设计理论的支撑。引入的公理化设计理论能够提出功能设计次序，并以独立公理和信息公理来评估系统设计优劣。因此，功能架构的抽象层独立于实际物理实现，即使技术不断发展和变化，这个抽象层也将保持不变，是实现一体化飞行器设计的关键步骤，确保了设计的可靠性和有效性。功能-逻辑设计流程如图 3-14 所示。涉及的输入包括运行和任务分析的功能需求、定义得到的生命周期、系统边界和运行概念，以及顶层数据模型。这些被用来确定设计模式，进行功能分析和分解得到系统的逻辑结构，包括逻辑结构视图、功能行为视图和需求分解视图，进行参数设计，并实现和管理追溯性。输出包括系统需求和性能衡量(measure of performance，MoP)标准、逻辑方案、逻辑数据和需求追溯性。

1. 基于公理化设计理论的设计模式

基于公理化设计理论的设计模式在逻辑阶段发挥了重要作用，其核心目标是

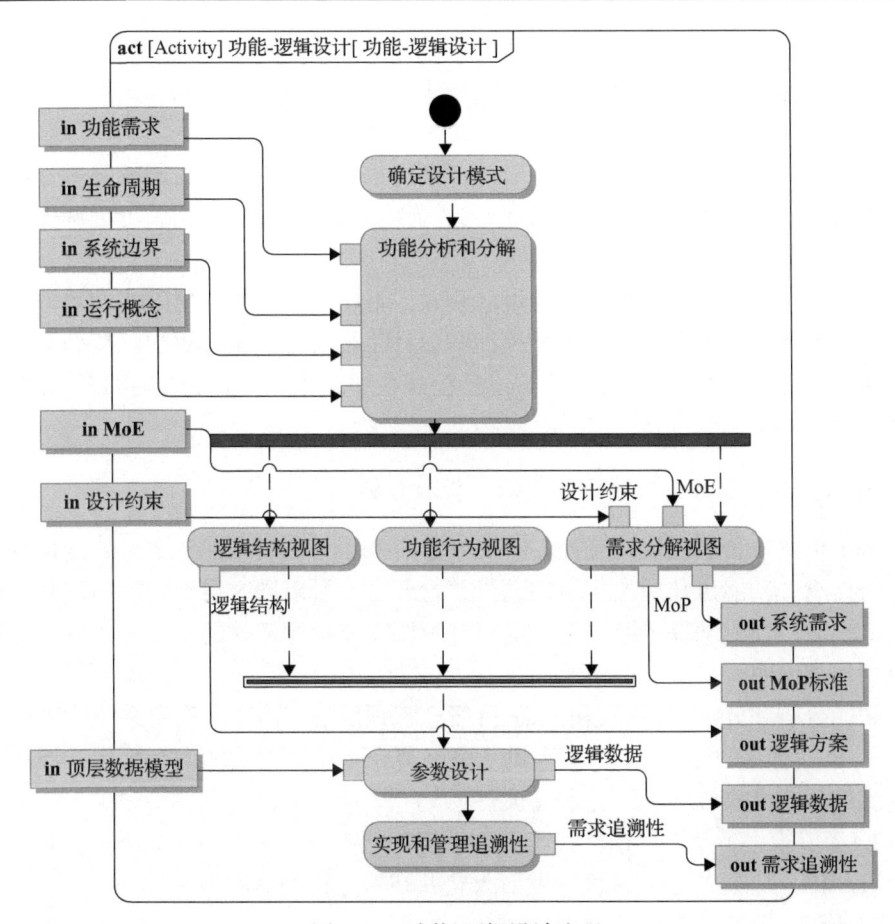

图 3-14　功能-逻辑设计流程

通过模式的确定促进方法论的重用，从而提高设计效率和质量。本方法是将公理化设计理论与功能-逻辑设计模式相结合，通过融合定义并整合与元模型相协调的新设计模式。该模式的通用性使其能够在不同项目的 MBSE 各阶段中应用。

设计模式在一体化飞行器的功能与逻辑开发中起到了至关重要的作用，为常见设计问题提供了成熟的解决方案，这些方案已经在多个项目中得到验证和应用。设计模式的优势包括以下几个方面。

(1) 术语的普遍性。设计模式建立了一个基于普遍理解的术语集，为系统工程师提供了共享的词汇表。该共享语言有助于不同背景的团队成员之间进行沟通，使设计的意图和结构更加清晰。

(2) 经验的积累与传承。设计模式使系统工程师能够在较短时间内达到良好的设计效果。系统工程师可以利用先前的工作经验，包括用于开发新模式和细化现有模式的经验，避免重复劳动，提高设计效率。

(3)需求的符合性。设计模式有助于确保系统设计与项目需求一致，提供了一种机制，使系统工程师能够清晰展示系统设计如何满足特定需求和约束，从而提高设计的可信度和可靠性。

设计模式的应用不仅限于设计阶段，还可以在系统的全生命周期发挥作用，包括系统的验证和维护阶段。通过在设计初期就考虑模式的应用，可以确保系统在后续阶段的可维护性和可扩展性。

采用并发展基于公理化设计的设计模式，能够进一步提高 MBSE 的效率和效果。重点在于将这些模式与现有元模型和设计工具集成，实现更加流畅和更加协调的设计过程。系统工程师可以确保设计模式在一体化飞行器设计中的有效应用，从而为项目的成功奠定坚实基础。

2. 基于公理化设计理论进行功能分析和分解

基于形式化公理化设计流程，开展功能-逻辑设计的 Z 字形映射。公理化设计理论将需求、功能流和层次化结构进行并行开发，可以同时得到功能用例和运行模式的视图，同时确保了追溯性。但每个视图需要进行额外的工作，将在对应章节进行详细说明。

功能分析和分解的目标是依据运行概念和顶层功能需求，确定系统所需的子功能并建立分层视图。分层视图有助于降低复杂性，并对功能进行管理，还能得到系统的功能流并有助于确定系统状态。

2.4.2 节给出了第一次迭代过程中的系统功能需求，再次整理如下。

(1) FR1：系统能够满足机动发射入轨并在轨运行的基本需求。
(2) FR2：系统能够侦察监视。
(3) FR3：系统能够导航增强。
(4) FR4：系统能够通信中继。

为了区分公理化设计需求，这些需求被衍型<<functionalRequirement>>指定。顶层系统需求包括四个：基本需求在轨运行、侦察监视、导航增强和通信中继。通过将结构化定义的顶层系统需求进行分析并导入 SysML，得到功能用例，即 UC1：在轨运行；UC2：侦察监视；UC3：导航增强；UC4：通信中继，以及对应的设计参数，用模块表示。图 3-15 显示了顶层公理化设计元素分配。

1) 顶层任务需求至分系统结构迭代层次公理化设计结果

通常逻辑设计所关注的行为涉及单个块或块之间的组合。该行为一般是状态性或非状态性的。状态是系统或系统元素的一个独特状况，在此情况下，系统或系统元素的参数具有某些值，以满足某些约束，执行特定动作并以某种方式对事件做出响应。状态性行为是由当前操作的数据和输入及之前活动的历史对这两者同时驱动的，其反映在块、协同、域或系统的当前状态中。依赖该状态，可能触

第 3 章 基于 MBSE 的一体化飞行器设计方法

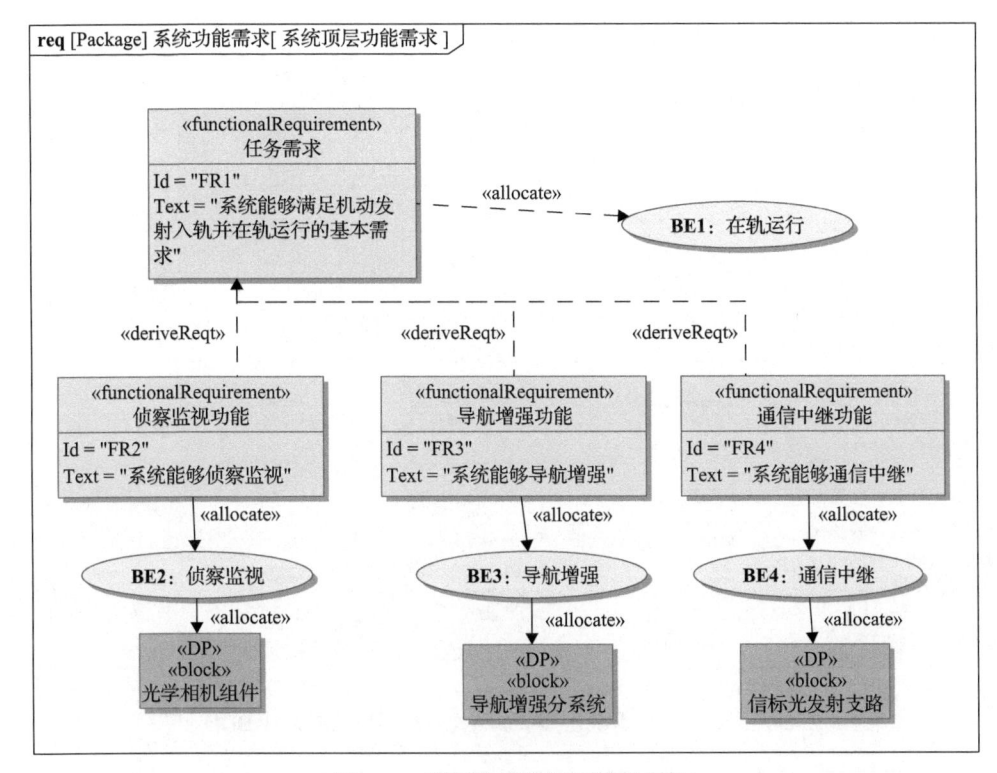

图 3-15 顶层公理化设计元素分配

发完全不同的行为来响应该事件，如消息的到达、系统或其环境中其他地方的事件通知。相反，非状态性行为很少依赖或根本不依赖历史，且无论如何，往往遵循给定的流，可能带有某些中间的判断点。

顶层功能需求事实上可以概括为入轨航天器在轨运行和执行任务。一体化设计将后三个载荷的功能集成至系统的一部分来实现。确定的顶层任务需求至分系统结构迭代层次功能需求由八个子功能需求实现，并且由图 3-16 的 BDD 表示。在该阶段，需求文本遵守需求模板并执行需求分析。因此，需求、用例、模块元素依据分析结果自动生成，并且自动添加了三者之间的分配关联作为公理化设计中不同域之间的横向映射。

为了分析功能耦合，为每个功能需求定义其功能流程，并由活动图指定。功能耦合主要来自交互耦合，SysML 的活动图提供了对象流以支持活动中的流交互建模，控制流则描述了活动的顺序，这使得分析功能耦合和活动顺序实现了解耦。泳道则将行为指定了执行对象并构建了分配关联。系统模型可以捕获该关联，为后续生成公理化设计矩阵提供了自动条件。

图 3-17 描述了信息处理系统功能活动图。以图 3-17 为例介绍公理化设计中

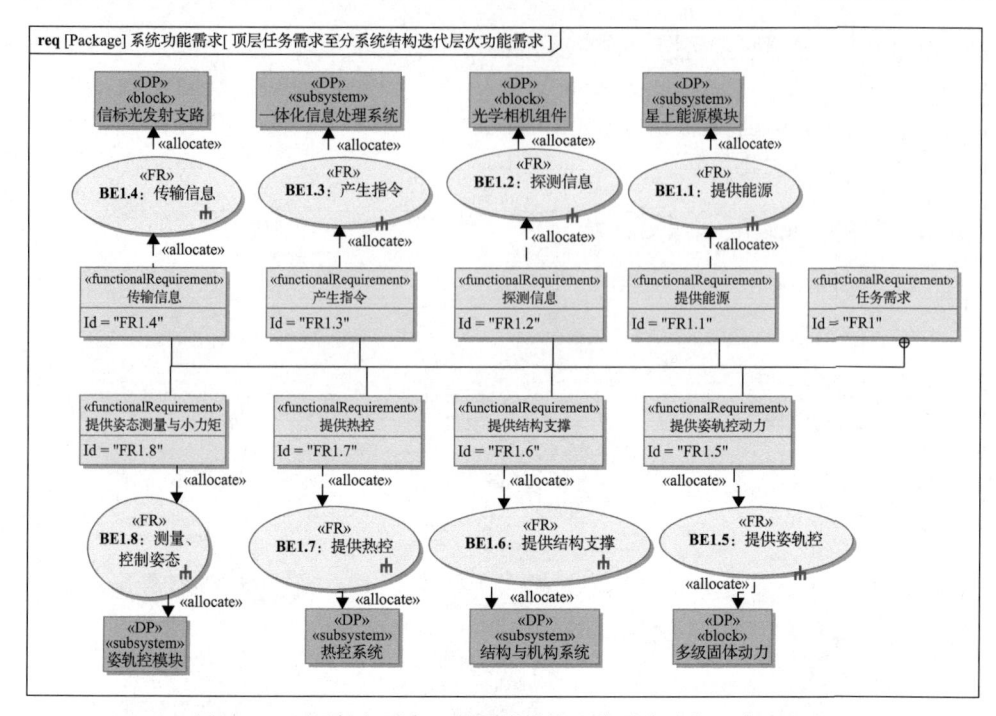

图 3-16　顶层任务需求至分系统结构迭代层次功能设计 BDD

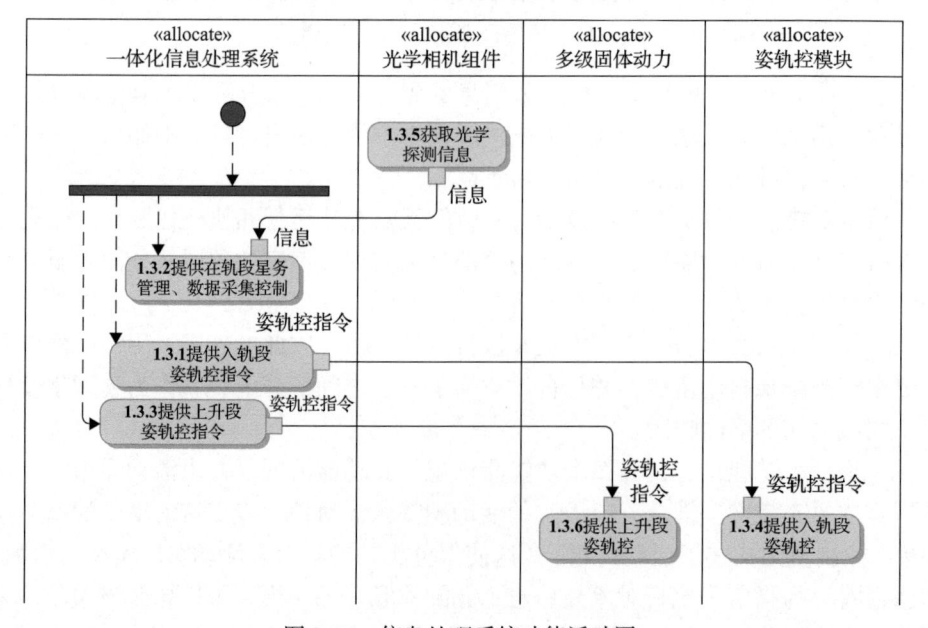

图 3-17　信息处理系统功能活动图

活动图的应用。一体化信息处理系统为活动直接分配对象，因此一体化信息处理系统代表的泳道放于最左侧，其子行为包括提供计算机电源、处理数据、计算控制指令和传输遥测信息。虚线表示活动流程序列。遥测信息来源于光学相机，因此光学相机产生遥感信息并传输信息至载荷数据处理行为。带有方块的实线表示对象流，对象流跨越了多个泳道，因此两个模块之间存在耦合。此外，计算控制指令产生的分离指令和控制指令也被传递给对应的物理组成。

若所有的功能用例都被活动图定义，则本层次的功能设计完成。耦合矩阵是通过 SysML 中的分配(Allocate)矩阵得到的。顶层任务需求至分系统架构层次设计矩阵如图 3-18 所示。设计矩阵是一个下三角形矩阵，因此是解耦设计。按照行列顺序便可以开展下一层的功能设计。分配矩阵是通过活动图中隐含的分配关联得到的，因此减少了手动的工作量，确保了一致性。

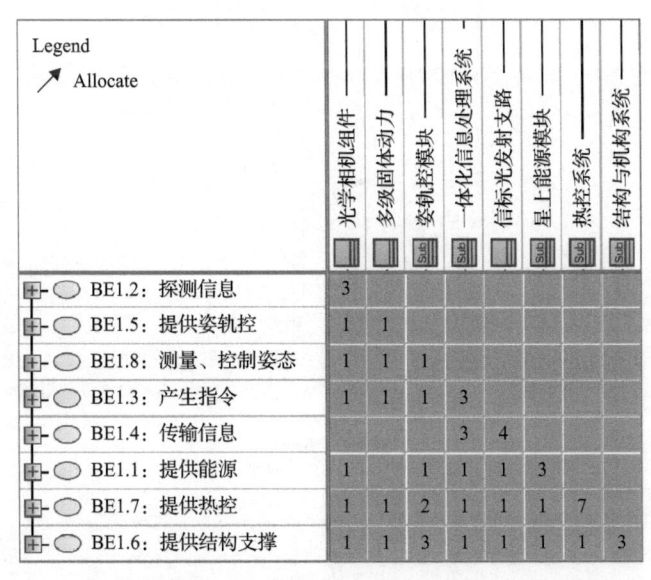

Legend ↗ Allocate	光学相机组件	多级固体动力	姿轨控模块	一体化信息处理系统	信标光发射支路	星上能源模块	热控系统	结构与机构系统
BE1.2：探测信息	3							
BE1.5：提供姿轨控	1	1						
BE1.8：测量、控制姿态	1	1	1					
BE1.3：产生指令	1	1	1	3				
BE1.4：传输信息				3	4			
BE1.1：提供能源	1		1	1	1	3		
BE1.7：提供热控	1	1	2	1	1	1	7	
BE1.6：提供结构支撑	1	1	3	1	1	1	1	3

图 3-18 顶层任务需求至分系统架构层次设计矩阵

2) 组件层次公理化设计结果

组件层次设计人员将一体化飞行器分为八个功能需求，且每一个功能需求都将被继续分解。因此，组件层次公理化设计将依据设计矩阵给出的次序逐步分解这八个功能需求。组件层次公理化设计功能需求、功能用例和设计参数如图 3-19 所示。

对每一个功能用例按照顺序设计功能活动的行为序列，随后得到本层的设计矩阵。组件层次公理化设计矩阵如图 3-20 所示。

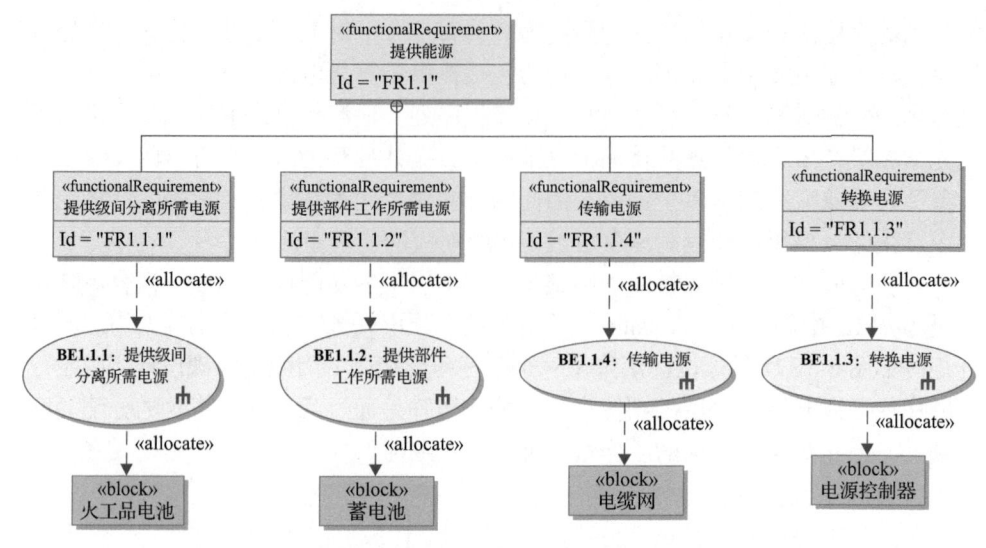

图 3-19 组件层次公理化设计功能需求、功能用例和设计参数

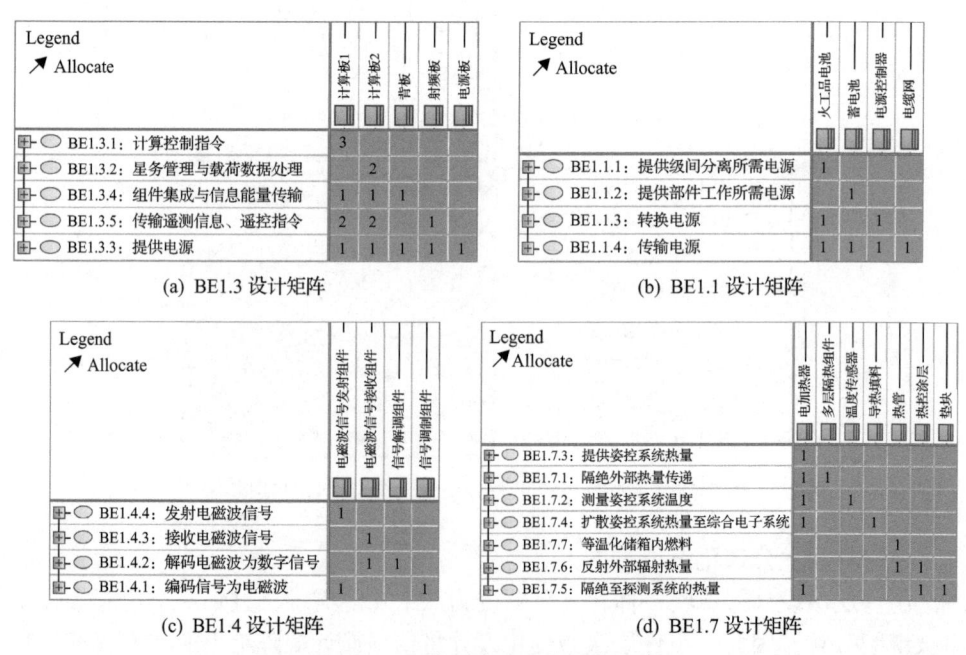

图 3-20 组件层次公理化设计矩阵

3) 部件层次公理化设计结果

组件层次部分设计结果已经达到所需的分解层级，而部分分系统将被分解至部件层次，以继续分析功能耦合。部件层次功能分析集中于载荷分系统和结构与机构系统的设计中。部件层次公理化设计功能需求、功能用例和设计参数如

图 3-21 所示。

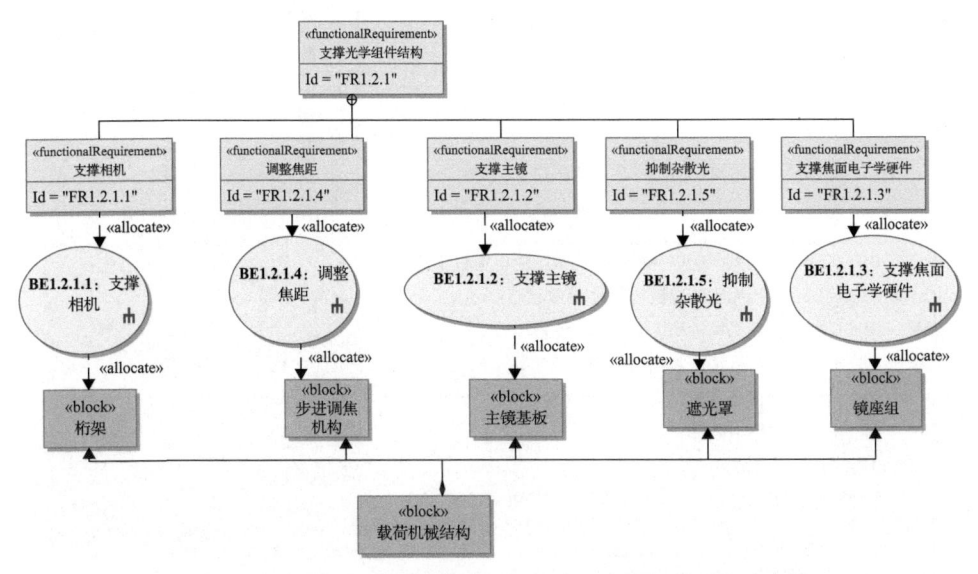

图 3-21 部件层次公理化设计功能需求、功能用例和设计参数

继续对每一个功能用例设计其功能行为序列。最终，部分分系统的设计矩阵如图 3-22 和图 3-23 所示。

Legend ↗ Allocate	主镜组	主镜基板	次镜组	桁架	步进调焦机构	遮光罩	焦面电箱	镜座组	信标光激光器
⊞ ○ BE1.2.2.1：反射会聚成像光线	1								
⊞ ○ BE1.2.1.2：支撑主镜	1	1							
⊞ ○ BE1.2.2.2：反射会聚主镜光线	1		1						
⊞ ○ BE1.2.1.1：支撑相机				1	1				
⊞ ○ BE1.2.1.4：调整焦距	1	1		1					
⊞ ○ BE1.2.1.5.：抑制杂散光	1					1			
⊞ ○ BE1.2.3.1：转换光信号为数字信号形式的图像数据		1		1			1		
⊞ ○ BE1.2.1.3：支撑焦面电子学硬件							1	1	
⊞ ○ BE1.2.3.2：放大准直数字信号为激光信号							1		1

图 3-22 BE1.2 部件层次公理化设计分配矩阵

	柔性基板	太阳能电池板压紧释放装置	拉索展开机构	伸展臂压紧释放装置	绳索驱动机构	顶部固定基板	中心承力筒	隔振器	机构用电池电路
⊞○ BE1.6.2.6: 转换太阳能电池板运动为太阳能电池板柔性变形	1								
⊞○ BE1.6.2.2: 切换太阳能电池板压紧/释放状态	1	1							
⊞○ BE1.6.2.5: 转换机构运动为太阳能电池板运动	1		1						
⊞○ BE1.6.2.1: 切换机构压紧/释放状态			1	1					
⊞○ BE1.6.2.4: 转换能量为机构运动					1				
⊞○ BE1.6.1.3: 支撑太阳翼	1					1	1		
⊞○ BE1.6.1.2: 支撑载荷	1					1	1	1	
⊞○ BE1.6.1.1: 隔离振动	1					1	1	1	
⊞○ BE1.6.2.3: 提供能量									1

Legend: ↗ Allocate

图 3-23　BE1.6 部件层次公理化设计分配矩阵

3. 一体化飞行器逻辑结构视图

在公理化设计框架下，功能分配至系统元素（如块、组成等）是一个符合面向对象原则的过程。该过程的核心在于识别和定义系统构成的实体，以及该实体之间的关联和特征，并通过明确定义的接口来管理实体的交互。在公理化设计过程中，层次化的设计参数得以形成，其映射了系统逻辑结构的层次化组织。通过构建 BDD 可以可视化所有模块，从而得到逻辑结构的组成视图。逻辑设计阶段通常不涉及具体的物理设计决策，但为了避免在概念阶段得到不切实际的方案，良好的逻辑视图（logical view，LV）仍需要考虑硬件设计和软件设计实现的现实问题。因此，在公理化设计过程中进行权衡以确定合理的功能流程和对应的设计参数是至关重要的。在自上而下的映射过程中，目标是找到复杂性与功能性均可行且可用的组件，并最终实现它们。

在逻辑结构视图中，除了描述层次化的 BDD 外，还需要利用 IBD 来描述结构之间的关联。该关联源于公理化设计构建的功能流之间的行为交互。跨活动分区（设计参数）的对象流通常代表从一个设计参数到另一个设计参数的流动，包括信息流、能量流、物质流等。因此，对每个活动图进行分析，将每个对象流及其两端的设计参数代表的结构在 IBD 中定义相应的接口。为了保证追溯性，将活动图中的对象流分配至 IBD 的交互中，并引出追溯视图的一部分。

在 SysML 中，接口需要被对应的块形式化。在确定两个模块之间具有交互后，定义其接口类型，包括接口传递的内容和方向。SysML 的增量建模能力确保了该逻辑接口可以在详细设计中进行细化，并补充具体的接口参数。

图 3-24 展示了一体化飞行器结构分解，将一体化飞行器的域分解为若干子域。该应用设计模式应对的是系统中一组相关行为，并依赖功能层级结构和用户需求。图 3-24 描述了结构视图的模型层次，系统是层次化的，被分解为多个系统组成部分，因此这一视角也首先由包图指定。

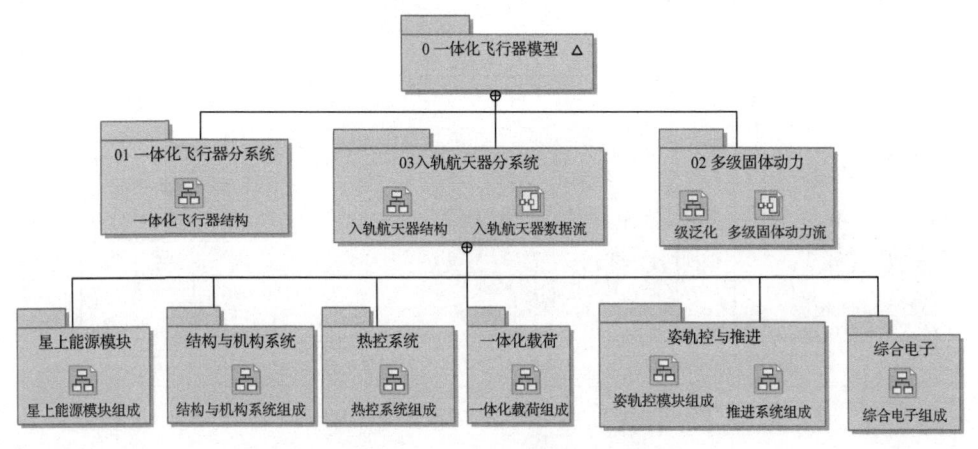

图 3-24　一体化飞行器结构分解

在每个包中，定义了所需的分系统结构特征视图，主要包括 BDD 和 IBD，利用它们进行域的分解和内部交互。在此分解流程中，通常最先创建 BDD 来定义低一层次的块。子域成为一体化飞行器域块中的构建特征，为整个系统的设计和实现提供了清晰的蓝图。该方法不仅提高了设计的精确性和效率，而且通过确保所有设计决策和变更都能够追溯到其源头，也增强了整个系统的可维护性和可扩展性。

构建的一体化飞行器顶层结构如图 3-25 所示。其中，载质比指标为顶层任务性能需求，并与图 3-10 中顶层系统需求图的载质比需求构建满足关联。

多级固体动力模块中的三级具有类似的属性，因此采用泛化关联从相同的级中定义三级，如图 3-26 所示。该模块由火箭结构、火箭推进剂、摆动喷管等组成，同时具有值属性：平均推力，单位 N；燃料质量，单位 kg；工作时间，单位 s。三级通过泛化关联构建了与"级"的关联，因此继承了所有级具有的属性。通过重新定义，三级的值属性可以定义为不同的数值，保证了建模的一致性，且允许一定程度地模型重用。

多级固体动力模块与入轨航天器之间的数据流如图 3-27 所示。入轨航天器的信息处理系统通过控制器局域网（controller area network，CAN）总线与火箭的组成之间进行数据交换。

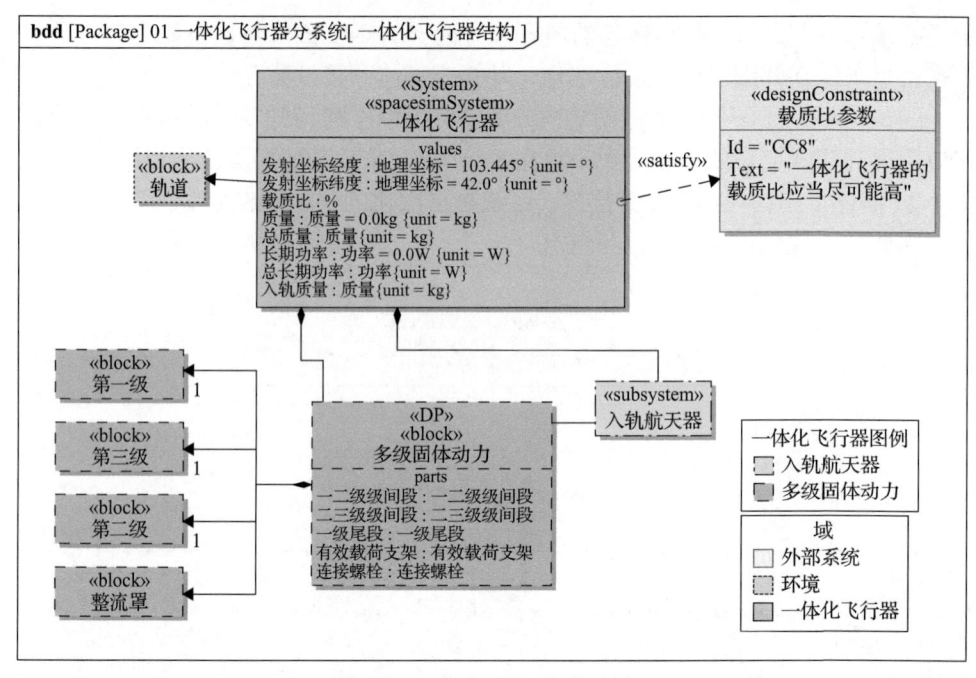

图 3-25　一体化飞行器顶层结构

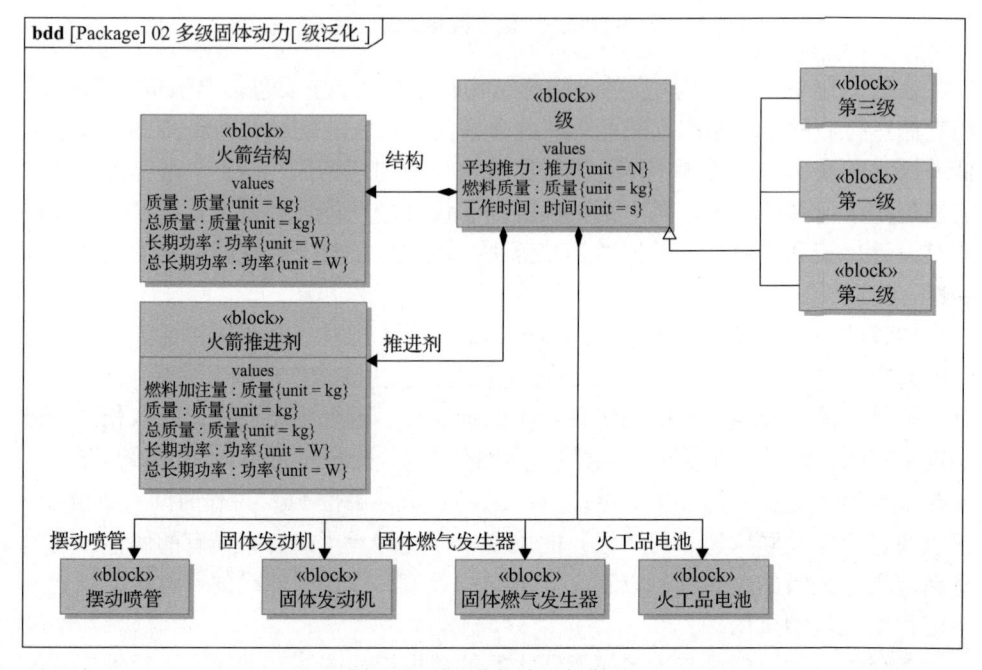

图 3-26　级泛化关联与定义

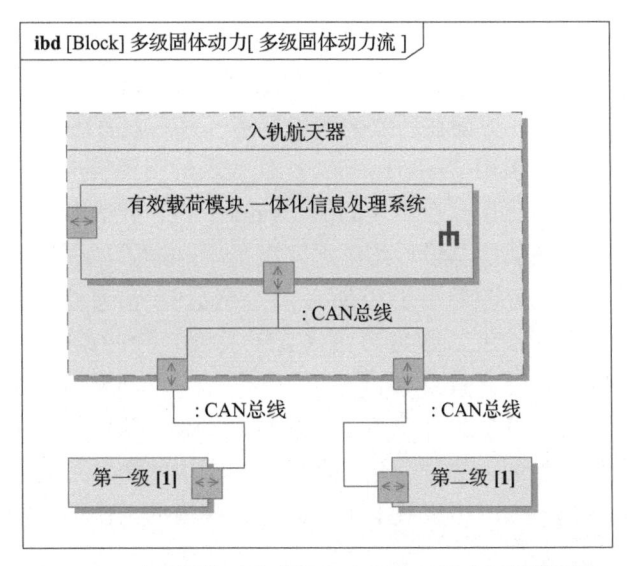

第 3 章　基于 MBSE 的一体化飞行器设计方法　　　　　　　　　　　　　　·127·

图 3-27　多级固体动力模块与入轨航天器之间的数据流

图 3-28 描述了入轨航天器的逻辑结构。入轨航天器由有效载荷模块、末级动

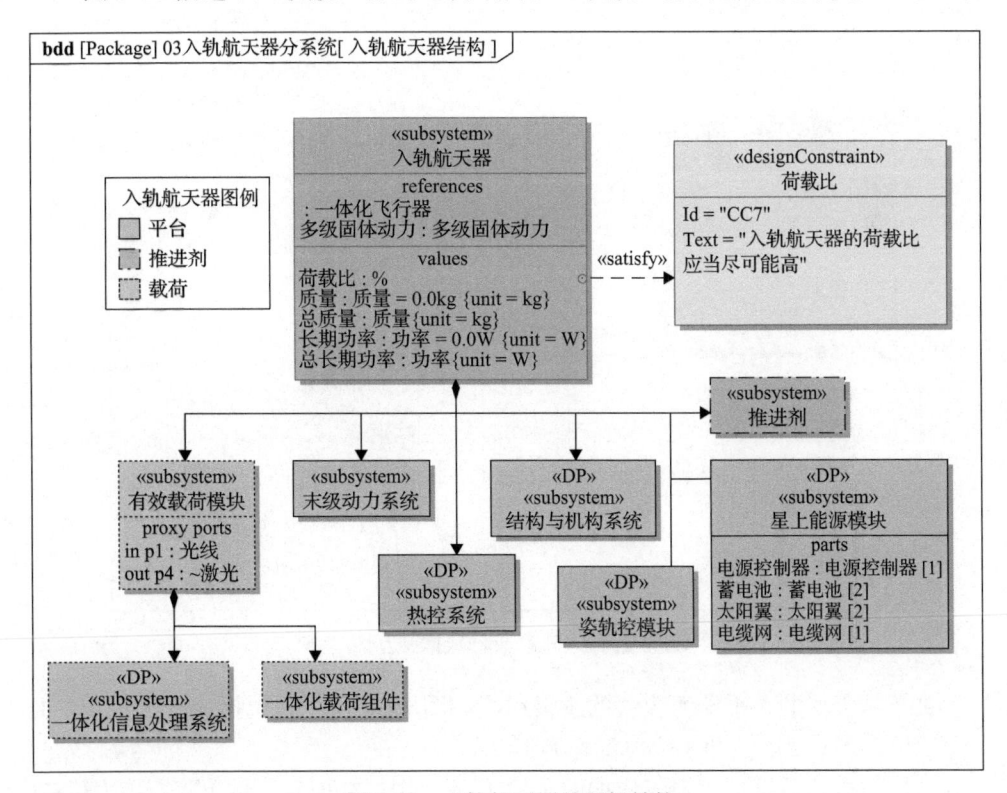

图 3-28　入轨航天器的逻辑结构

力系统、结构与机构系统、热控系统、姿轨控模块、星上能源模块和推进剂组成。有效载荷模块包括一体化载荷组件和一体化信息处理系统。每一个组成又由各自的组件组成，这些组成一方面在后续的图中展示，另一方面在每个模块的"parts"中展示。在每个块中，引用"references"栏代表块的引用属性，表示这个块与其他块存在某种关联。值属性储存于块的值"value"栏，代表参数。此外，构建了入轨航天器的荷载比值属性与设计约束之间满足"satisfy"关联。

入轨航天器数据交互图如图 3-29 所示，主要描述了信息处理系统的接口及其与推进相关模块之间的交互。该接口由 CAN 总线、脉冲宽度调制（pulse width modulation，PWM）接口、RS422 接口和频段等组成。不同类型的流由不同颜色的线区分并由图例分类。图 3-29 中具有 3 个不同的图例，这些图例在之前的图中出现过。图例同样是模型的一部分，允许在不同的图中使用，并且先前定义的模块的图例类型也会在其他图中再次被上色，减少了建模的工作量，增强了建模的一致性。

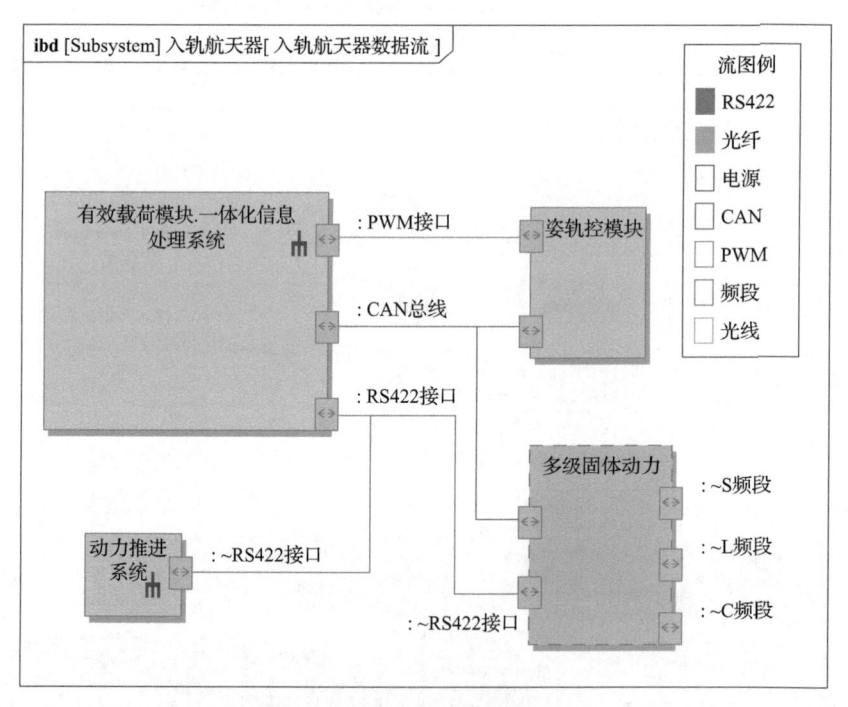

图 3-29 入轨航天器数据交互图

入轨航天器的星上能源模块的逻辑组成如图 3-30 所示，包括 2 个太阳翼、1 个电缆网、2 个蓄电池和 1 个电源控制器。

结构与机构系统的逻辑组成如图 3-31 所示，由机构驱动组件、贮箱传力机构和固定部件支撑组件组成。机构驱动组件又由柔性基板、伸展臂压紧/释放装置等组成。

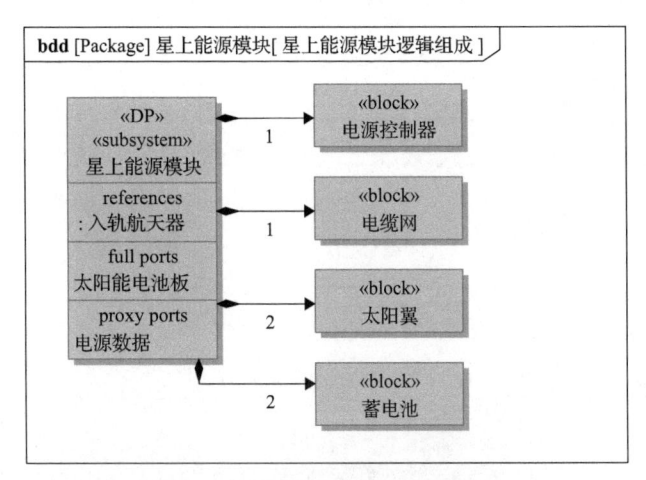

图 3-30　星上能源模块的逻辑组成

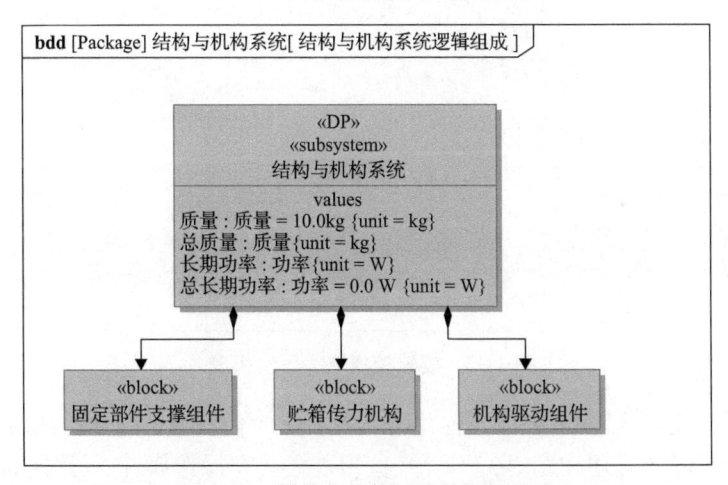

图 3-31　结构与机构系统的逻辑组成

热控系统的逻辑组成如图 3-32 所示,包括热控涂层、导热填料、垫块、热管、电加热器、温度传感器、多层隔热组件。

图 3-33 描述了姿轨控模块的逻辑组成,主要包括除推力器外的姿控敏感器与执行机构。

动力推进系统的逻辑组成如图 3-34 所示,包括末级推力器、轨控推力器、贮箱、气瓶、各种阀门、传感器等。

一体化载荷模块的逻辑组成如图 3-35 所示。一体化载荷模块由光学相机组件、导航增强系统和电子学子系统组成。其中,光学相机组件包括激光通信系统

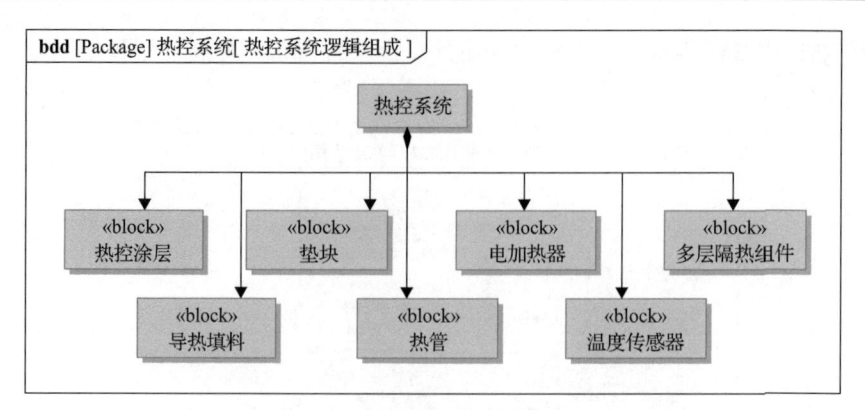

图 3-32 热控系统的逻辑组成

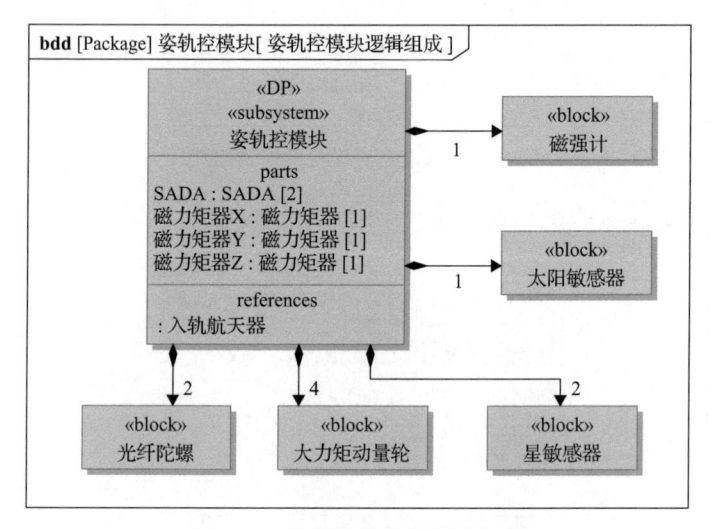

图 3-33 姿轨控模块的逻辑组成

所需的支路与光学相机光路，二者共用终端和一体化设计。每个分系统又包括各自的部组件，同样描述在图 3-35 中。一些组件还具有操作属性，利用 "operations" 栏定义。

4. 一体化飞行器功能行为视图

公理化设计过程中已经得到一系列由功能用例包含的功能。功能行为视图是由一系列行为视图定义的，详细描述了系统的行为特征和动态过程。与结构特征视图旨在定义系统的结构层级和接口不同，行为特征视图专注于将流程和行为定义至模块中。该模块不仅具有结构属性，还具有行为属性，使得模块能够执行定义的行为或功能，或者响应状态机的转换。该特点体现了面向对象设计的核心原则，即行为是对象的固有属性，而不是独立存在的。

第 3 章 基于 MBSE 的一体化飞行器设计方法

```
bdd [Package] 动力推进系统 [动力推进系统逻辑组成]
```

«subsystem»
末级动力系统

parts
压力传感器:压力传感器 [6]
电缆:电缆 [1]
燃料贮箱:贮箱 [1]
止回阀:止回阀 [4]
充气阀:充气阀 [1]
液路自锁阀_燃料:液路自锁阀 [2]
氧化剂贮箱:贮箱 [1]
液路自锁阀_氧化剂:液路自锁阀 [2]
低压气路自锁阀:低压气路自锁阀 [4]
减压阀:减压阀 [1]
膜片安全阀:膜片安全阀 [1]
燃料加注泄出阀:加注泄出阀 [1]
气体电爆阀:气体电爆阀 [1]
电爆管:电爆管 [6]
总装直属件:总装直属件 [1]
高压气路自锁阀:高压气路自锁阀 [2]
燃料电爆阀:推进剂电爆阀 [2]
氧化剂电爆阀:推进剂电爆阀 [2]
氧化剂加注泄出阀:加注泄出阀 [1]

入轨航天器图例:
- 平台
- 推进剂
- 载荷

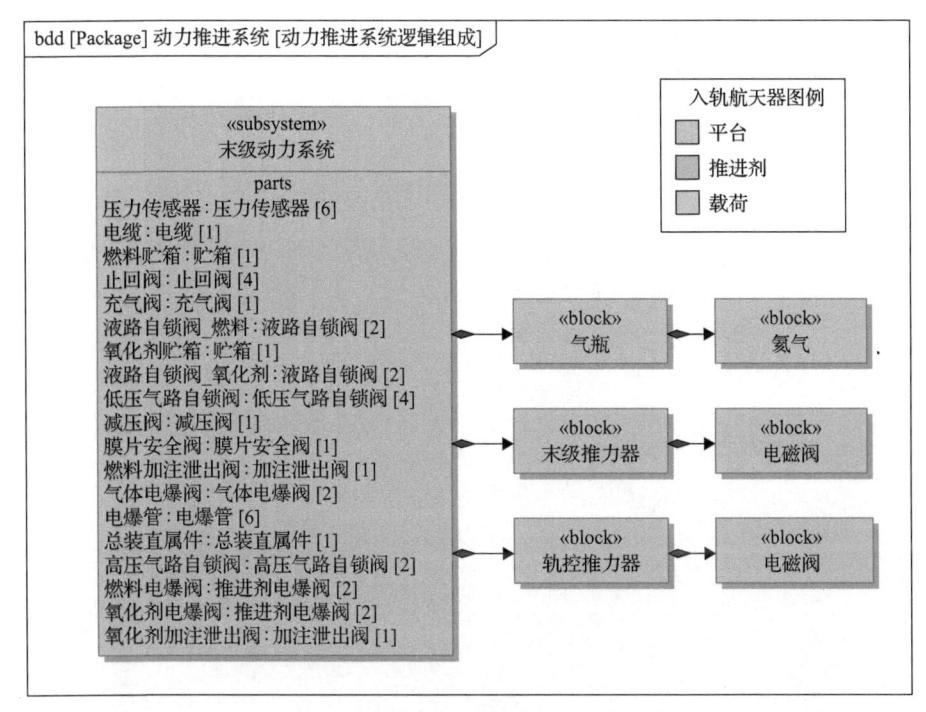

«block» 气瓶 — «block» 氦气
«block» 末级推力器 — «block» 电磁阀
«block» 轨控推力器 — «block» 电磁阀

图 3-34 动力推进系统的逻辑组成

在公理化设计框架下，首要任务是将行为定义为系统结构的行为属性，然后构建视图以展示功能和行为之间的关联。该视图不仅揭示了功能如何在不同的模块中实现，还展示了模块之间如何通过行为交互来协同工作。

图 3-36 展示了一体化飞行器工作模式状态机图。该状态机图详细描述了整个系统随时间变化的状态。在发射阶段，飞行器处于主动段模式，依次经历射前准备、一二级飞行、三级飞行和无动力滑行阶段。完成这些阶段后，飞行器经过时间 t_1 秒进入入轨状态，再经过时间 t_2 秒进入在轨状态。在轨状态中，入轨航天器处于任务轨道上，首先接收入轨软信号，然后执行在轨准备状态。在轨准备完成并通过测试后，入轨航天器正式进入任务段模式，开始执行既定任务。

主动段模式从飞行器发射准备开始，直至飞行器入轨并进入在轨段模式，这一连串的逻辑阶段描述了飞行器从地面到空间的过渡。该过渡不仅涉及物理状态的变化，还包括系统行为的转变，从而确保飞行器能够适应不同阶段的环境和任务要求。通过这种方式，功能行为视图为系统设计提供了一个动态的、行为驱动的分析框架，使系统工程师能够更好地理解和规划系统在其生命周期中的行为和状态变迁。此视图的应用加强了设计的完整性和一致性，确保了系统设计的每个方面都能够相互协调，共同实现系统的最终目标。这是公理化设计方法在复杂系统设计中的一个关键应用，强调了行为特征与结构特征之间的紧密联系，以及它

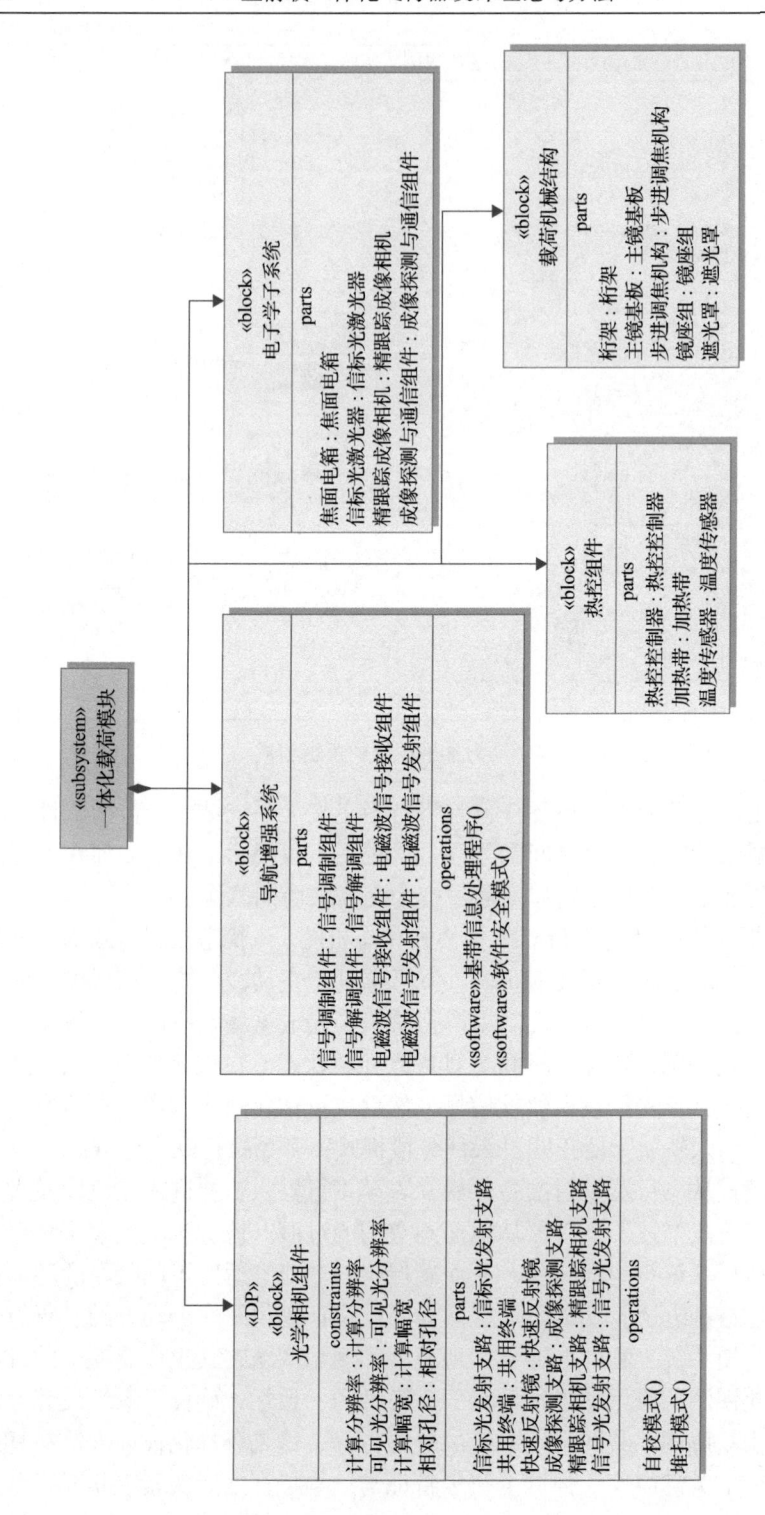

图 3-35 一体化载荷模块的逻辑组成

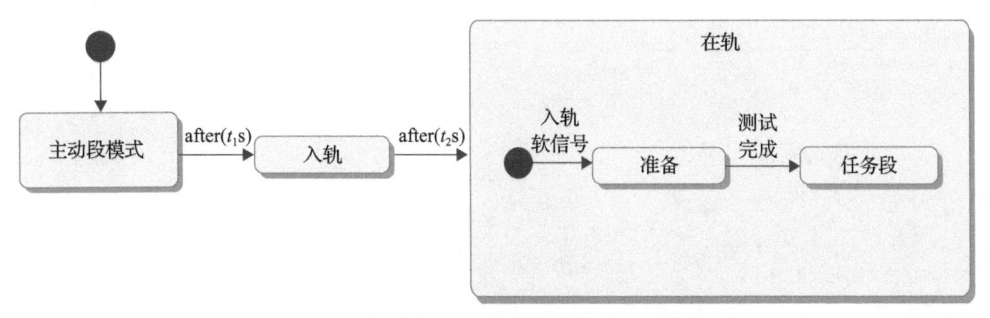

图 3-36 一体化飞行器工作模式状态机图

们在实现系统功能中的重要性。

5. 一体化飞行器系统需求分解视图

一体化飞行器系统需求分解视图的核心在于展示所有功能需求之间的层次关系，以及这些需求如何通过细化和派生关联相互联系。这一视图不仅揭示了需求之间的结构，还阐明了每个需求的子属性，如重要程度、验证方式等，从而为需求管理提供了一个全面的框架。在一体化飞行器系统需求分解视图中，定义测试用例至关重要，因为它们为需求的验证提供了具体的方法。在 SysML 中，需求通常以表格形式呈现，形式有助于在不同系统工程师之间传递和理解需求。

此外，一体化飞行器系统需求分解视图还展示了设计约束和 MoP。与利益攸关者的再次协商是必要的，以确定新系统层次下的设计约束，并将 MoE 分解为 MoP 或其他技术指标。同时，也需要确定需求验证的手段。图 3-37 显示了快速响应需求图。其中，«deriveReqt»表示需求派生。

快速响应需求主要包括以下几点。

(1) 无依托发射需求：被分解为基准快速确定、飞行器快速测试、动力装置快速检测和燃料预包装等需求。

(2) 快速部署需求：派生出火箭末级一体化设计的需求。

(3) 快速执行任务需求：描述了任务的顶层功能，通常是功能性的。

快速部署需求和快速执行任务需求通过物理视角的联合仿真进行了进一步的验证，特别是两个 SpaceSim 模块的应用。MBSE 的系统性支持迭代和增量建模为设计带来了灵活性，即使在设计的后期阶段也能够定义这些模块。

通过该方法，一体化飞行器系统需求分解视图不仅提供了一个清晰的需求层次结构，还确保了设计过程中需求的可追溯性和验证的可行性，是确保设计满足既定目标和性能标准的关键步骤，也是公理化设计方法在系统工程中的一个重要应用。

在细化快速部署功能的过程中，构建了如图 3-38 所示的快速部署需求图，将

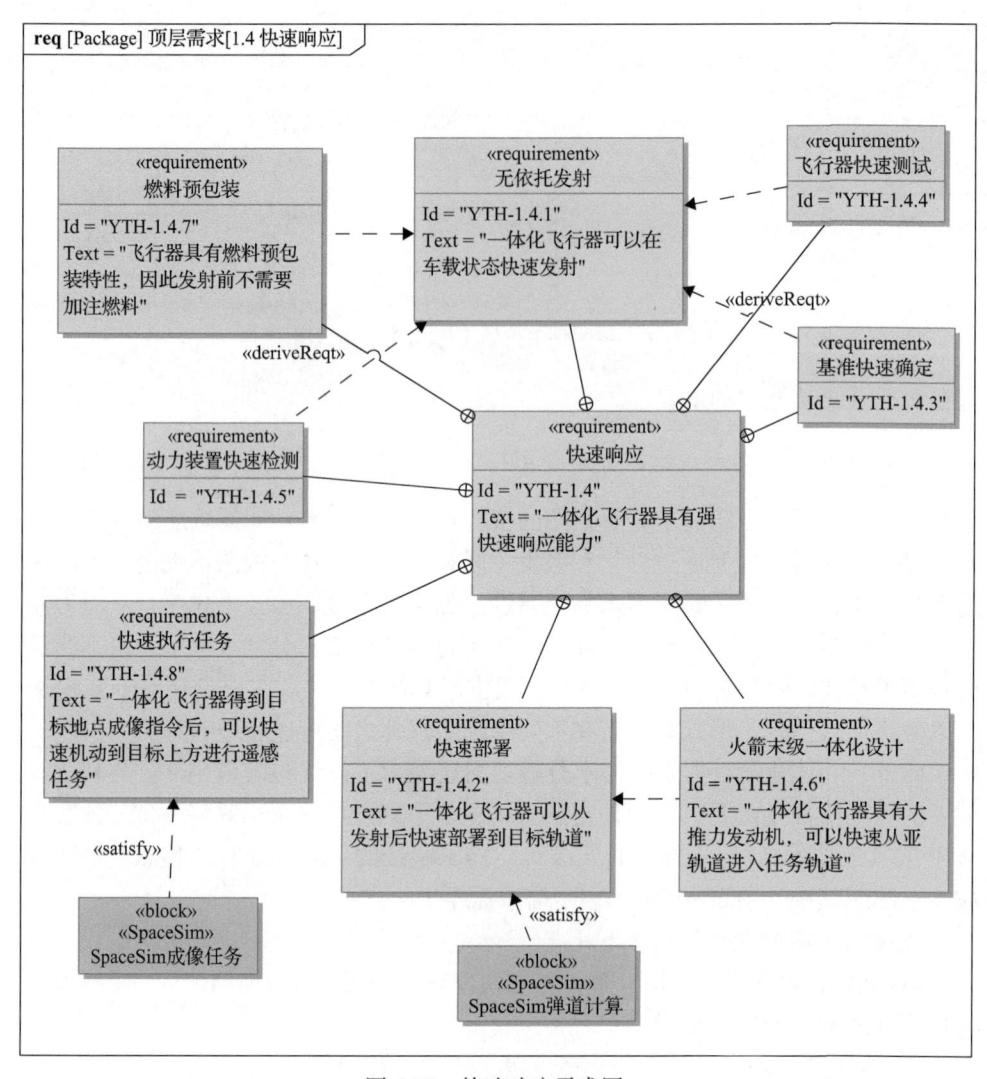

图 3-37　快速响应需求图

快速部署需求分解为更具体的子需求。这些子需求不仅定义了快速部署需求的具体内容，还揭示了它们之间的逻辑关系和层次结构。

快速部署需求主要包括以下几点。

(1) 快速进入亚轨道：这一需求进一步派生出两个关键的子需求。

(2) 固体动力构型：定义了实现快速进入亚轨道所需动力系统的配置。

(3) 亚轨道参数：指定了飞行器需要达到的亚轨道的具体高度参数。

(4) 快速入轨：这一需求派生出关于任务轨道的具体参数，如轨道倾角、高度、周期等，这些参数对于确保飞行器能够准确地进入预定轨道至关重要。

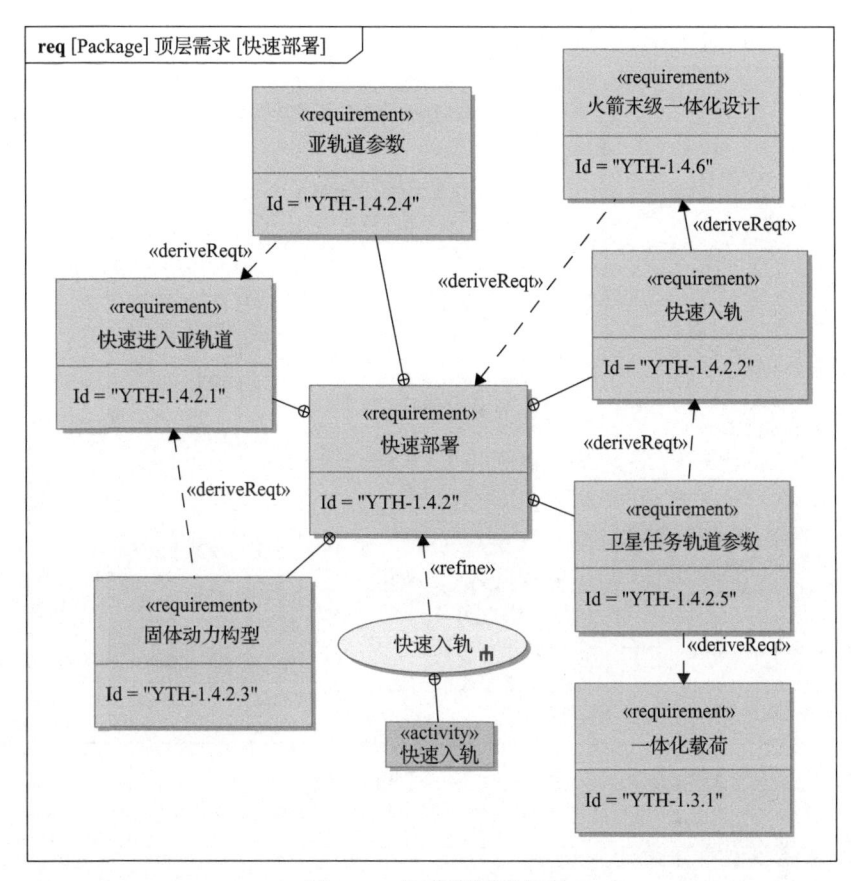

图 3-38 快速部署需求图

这些需求之间的关联不仅反映了从上一层次需求到当前层次需求的自然过渡，而且支持了需求工程的整个过程。通过该方式，需求之间的关联描述了需求开发的逻辑流程，并为需求的进一步细化奠定了基础。

快速入轨用例进一步细化了快速部署的行为，将抽象的需求转换为具体的行为模式和检验点。该细化不仅有助于理解需求的实际意图，而且为设计团队提供了明确的目标和验证标准。

图 3-39 描述了主要设计指标参数图。层次化和结构化的方法能够确保每个需求都被充分理解和考虑，同时也为需求之间的相互依赖和交互提供了清晰的视图。这是实现快速部署需求的关键，确保了设计的完整性和系统的最终性能。

图 3-40 描述了载荷设计约束参数图。这些约束应该在物理设计阶段被完全满足，构成了系统应该验证的目标。在物理视角中，重点关注这些参数的建模和设计约束满足情况。

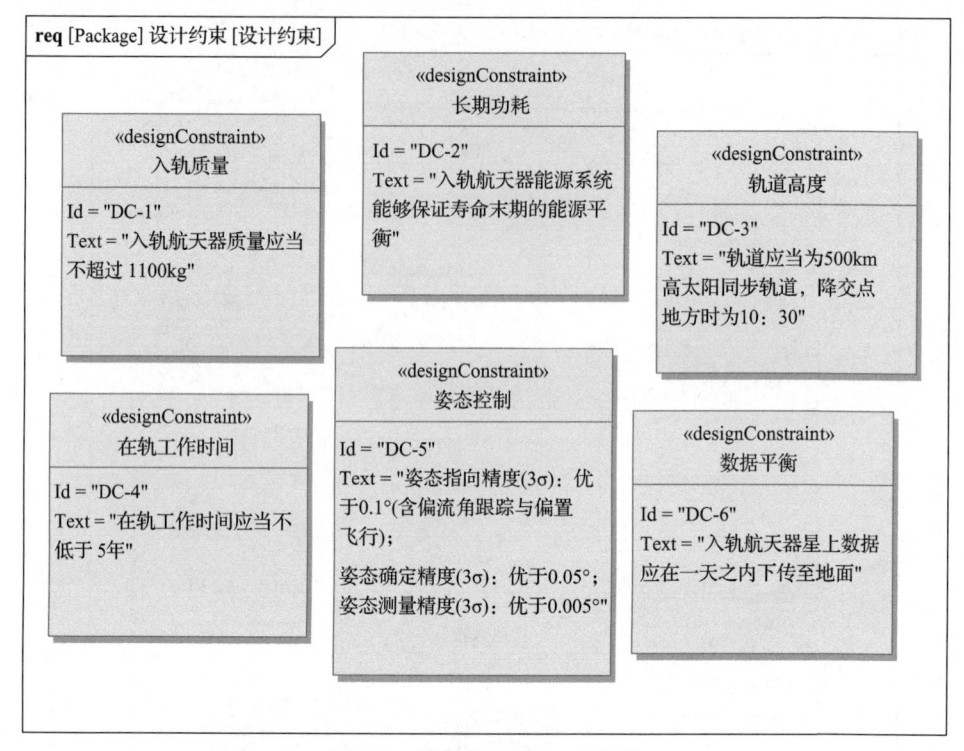

req [Package] 设计约束 [设计约束]

«designConstraint»
入轨质量
Id = "DC-1"
Text = "入轨航天器质量应当不超过 1100kg"

«designConstraint»
长期功耗
Id = "DC-2"
Text = "入轨航天器能源系统能够保证寿命末期的能源平衡"

«designConstraint»
轨道高度
Id = "DC-3"
Text = "轨道应当为500km高太阳同步轨道，降交点地方时为10：30"

«designConstraint»
在轨工作时间
Id = "DC-4"
Text = "在轨工作时间应当不低于5年"

«designConstraint»
姿态控制
Id = "DC-5"
Text = "姿态指向精度(3σ)：优于0.1°(含偏流角跟踪与偏置飞行)；
姿态确定精度(3σ)：优于0.05°；
姿态测量精度(3σ)：优于0.005°"

«designConstraint»
数据平衡
Id = "DC-6"
Text = "入轨航天器星上数据应在一天之内下传至地面"

图 3-39　主要设计指标参数图

6. 系统模型参数设计

公理化设计过程通过构建目标系统的功能架构和部分逻辑结构，为系统模型参数设计奠定了基础。接下来是将顶层数据模型的 CDM 转换为逻辑结构中的实际数据设计，特别是数据类型的转换。

在 BDD 中，首先为定义的模块指定值属性，并将值属性的类型设置为先前定义的数据类型。随着设计过程的发展，可以随时添加新的值属性类型。参数建模确保了整个系统模型中数据类型的一致性。参数图和约束块用于定义参数之间的关系，并捕获与数学方程相关的知识。

在逻辑设计阶段，使用参数图来描述所有参数之间的关联是合适的。通常不使用外部脚本，以避免增加逻辑结构的复杂性。此时，参数层次较高，通常基于一些基本参数来计算指标或性能衡量标准 MoP 的派生值。

图 3-41 展示了质量汇总模块及其参数图，该图存储在模块中。该模块的主要功能是将自身模块的质量与其组成部分的总质量相加，从最底层到最顶层，汇总得到系统的总质量。质量汇总模块具有一个求和的约束属性，在模块中以"constraints"栏分类，并具有质量和总质量两个值属性。总质量前的"/"表示

req [Package] 设计约束 [载荷需求]

«designConstraint» 相机尺寸	«designConstraint» 相机整机重量	«designConstraint» 导航灵敏度
Id = "DC-ZH-1" Text = "相机尺寸应不大于 1800mm*1000mm"	Id = "DC-ZH-2" Text = "相机整机质量应小于 250kg"	Id = "DC-ZH-4" Text = "捕获与跟踪灵敏度为 −130dBm"

«designConstraint» 导航抗干扰	«designConstraint» 光学幅宽	«designConstraint» 成像谱段
Id = "DC-ZH-5" Text = "带内存在带宽为4MHz 干扰信号致载噪比恶化5dB"	Id = "DC-ZH-1" Text = "幅宽应不低于12km"	Id = "DC-ZH-3" Text = "成像谱段应为450～850nm可见光"

«designConstraint» 地面像元分辨率	«designConstraint» 光学信噪比	«designConstraint» 整机调制传递函数
Id = "DC-ZH-5" Text = "地面像元分辨率应低于0.5m全色"	Id = "DC-ZH-7" Text = "光学信噪比优于40dB"	Id = "DC-ZH-9" Text = "整机MTF应优于0.06"

«designConstraint» 激光数传速率	«designConstraint» 激光误码率	«designConstraint» 数传光能量损耗
Id = "DC-ZH-1" Text = "数传速率应不低于1Gbit/s"	Id = "DC-ZH-2" Text = "误码率应低于$1×10^{-7}$"	Id = "DC-ZH-3" Text = "数传光能量损耗应优于−20dB"

图 3-40　载荷设计约束参数图

该值是派生值，通过计算得出。该模块还拥有向自身的组成关系，组成末端的"*"表示多重性，表示该模块可以由任意数量的自身组成。

参数图作为模块的一部分，执行模块自身的质量与所有自身组成的总质量之和的加和操作，得到自身的总质量。参数图通常由相关模块的值属性和约束属性表示，约束属性由约束块定义并可重用。例如，图 3-41 中的 sum: total 约束块，其类型为约束块"total"，在参数图中表示为"sum"。约束属性以圆角矩形表示，并带有<<constraint>>衍型，构造约束表达式如{total= parent + sum（child）}。SysML可以自动生成参数对应的端口，称为约束参数。约束参数通过绑定连接与模块的值属性进行连接，实现参数绑定关系。参数绑定确保两端参数类型兼容，由于质量是特化于"Real"的值属性，所以两端类型兼容。总质量所属的模块具有多重性[*]，"child"参数也具有该多重性，避免了数据不匹配的问题。

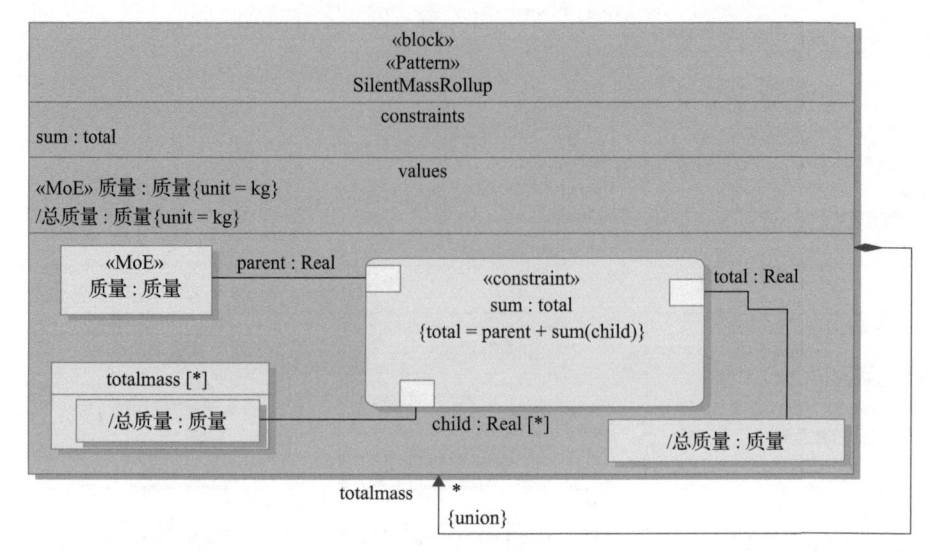

图 3-41　质量汇总模块及其参数图

7. 实现和管理追溯

服务视图利用矩阵或表格展示系统所提供的服务列表。公理化设计过程确保了从需求到功能，以及从功能到设计参数的追溯。该追溯使用了分配关联，并且公理化设计矩阵完整地显示了功能追溯的情况。另一个重要的追溯是将功能流程的输入输出分配给 IBD 中的接口，捕获了每个接口定义的原因。

这些分层需求已在功能开发中定义。图 3-42 描述了系统功能需求。需求表格和需求图中的所有元素是一致的，因此任何一方的变化都会被所有相关视角捕获，确保了设计的一致性。

3.2.4　一体化飞行器系统概念设计

本节将介绍一体化飞行器系统概念设计，这是将逻辑视角的功能设计转换为具体的物理实现的过程。概念设计涉及硬件、软件、数据、用户界面、通信和网络等所有实际系统元素的物理实现，包括适用的标准。功能规范作为逻辑视图的关键成果，为所有活动奠定了基础。物理视角（physical view，PV）对所选产品的特性及其集成方式进行建模并文档化记录，以满足项目需求。物理层是逻辑系统与构成产品物理结构的实际物理部件整合的地方。物理模型是一个白盒模型，侧重于物理部件及其详细属性，以及接口与交互的详细定义，以满足逻辑分配的功能。

在一体化飞行器系统概念设计阶段，将进行逻辑结构功能的详细设计，如序列图、活动图或状态机图，并定义系统元素的详细属性，如接口、信号、值属性

#	名称	项目
1	⊟F FR1 任务需求	系统能够满足机动发射入轨并在轨运行的基本需求
2	⊟F FR1.1 提供能源	星上能源模块 应当 提供能源
3	F FR1.1.1 提供级间分离所需电源	火工品电池 应当 提供级间分离所需电源
4	F FR1.1.2 提供部件工作所需电源	蓄电池 应当 提供部件工作所需电源
5	F FR1.1.3 转换电源	电源控制器 应当 转换电源
6	F FR1.1.4 传输电源	电缆网 应当 传输电源
7	⊟F FR1.2 探测信息	光学相机 应当 探测信息
8	⊞F FR1.2.1 支撑光学组件结构	相机光学结构分系统 应当 支撑光学组件结构
14	⊞F FR1.2.2 获得光学信息	光学分系统 应当 获得光学信息
17	⊞F FR1.2.3 处理光学信息	电子学子系统 应当 处理光学信息
20	⊟F FR1.3 产生指令	平台综合电子 应当 产生指令
21	F FR1.3.1 计算控制指令	指令计算板 应当 计算控制指令
22	F FR1.3.2 星务管理与载荷数据处理	数据处理计算板 应当 星务管理与载荷数据处理
23	F FR1.3.3 提供综合电子电源	电源板 应当 提供综合电子系统的电源
24	F FR1.3.4 组件集成与信息能量传输	背板 应当 组件集成与信息能量传输
25	F FR1.3.5 电子平台传输遥测信息、遥控指令	射频板 应当 传输遥测信息、遥控指令
26	⊟F FR1.4 传输信息	测控分系统 应当 传输信息
27	F FR1.4.1 调制星务信息	信号调制组件 应当 编码信号为电磁波
28	F FR1.4.2 调制实时位置信息	信号解调组件 应当 解码电磁波为数字信号
29	F FR1.4.3 解调地面指令信息	电磁波信号接收组件 应当 接收电磁波信号
30	F FR1.4.4 接收地面指令信号	电磁波信号发射组件 应当 发射电磁波信号
31	⊟F FR1.5 提供姿轨控动力	多级固体动力 应当 提供姿轨控动力
32	F FR1.5.1 输出上升轨迹控制推力	固体发动机 应当 输出上升轨迹控制推力
33	F FR1.5.2 输出变轨和入轨推力	末级推力器 应当 输出变轨过程轨迹控制推力、输出入轨段轨迹控制推力
34	F FR1.5.3 输出上升段俯仰和偏航通道控制力矩	上升段俯仰、偏航大力矩作用系统(摆动喷管) 应当 输出上升段俯仰通道控制力矩、输出上升段偏航通道控制力矩
35	F FR1.5.4 输出上升段滚转通道较大的控制力矩	上升段滚转通道大力矩作用系统(固体燃气发生器) 应当 输出上升段滚转通道较大的控制力矩
36	F FR1.5.5 输出滚转通道控制力矩	入轨段俯仰、偏航通道小力矩作用系统(RCS) 应当 输出入轨段偏航通道控制力矩、输出调姿过程偏航通道控制力矩
37	F FR1.5.6 输出入轨段偏航通道控制力矩	滚转通道小力矩作用系统(RCS) 应当 输出上升段滚转通道控制力矩、输出入轨段滚转通道控制力矩、输出调姿过程滚转通道控制力矩
38	⊟F FR1.6 提供结构支撑	结构与机构系统 应当 提供结构支撑
39	⊞F FR1.6.1 支撑固定部件	固定部件支撑组件 应当 支撑固定部件
43	⊞F FR1.6.2 驱动部件	机构驱动组件 应当 驱动部件
50	F FR1.6.3 传递推力	贮箱传力机构 应当 传递推力
51	⊞F FR1.7 提供热控	热控系统 应当 提供热控
59	⊟F FR1.8 提供姿态测量与小力矩	姿轨控模块 应当 提供姿态测量与小力矩
60	F FR1.8.1 测量上升段/入轨段/在轨段姿态角速度	光纤陀螺 应当 测量上升段/入轨段/在轨段姿态角速度
61	F FR1.8.2 测量在轨段相对太阳姿态角	星敏感器 应当 测量上升段/入轨段/在轨段姿态角
62	F FR1.8.3 测量上升段/入轨段/在轨段姿态角	太阳敏感器 应当 测量在轨段相对太阳姿态角
63	F FR1.8.4 提供在轨段姿态控制力矩	动量轮 应当 提供在轨段姿态控制力矩
64	F FR1.8.5 卸载姿态控制力矩	磁力矩器 应当 卸载姿态控制力矩
65	F FR1.8.6 提供太阳能电池板驱动力矩	太阳能电池板驱动装置 应当 提供太阳能电池板驱动力矩
66	F FR2 侦察监视功能	系统能够侦察监视
67	F FR3 导航增强功能	系统能够导航增强
68	F FR4 通信中继功能	系统能够通信中继

图 3-42 系统功能需求

等。每一阶段都将涉及验证确认、权衡分析甚至优化，这是基于模型的优点。同时，可以构建组件的实例库，例如，在敏感器这种一般模型的基础上，增加细节以构建星敏感器或太阳敏感器。物理模型的主要输出与逻辑模型几乎相同，只是在该层次上所有的建模元素都是技术性的，而不是逻辑性的。详细的物理结构设计没有在该层次进行，接口、行为的详细定义可能不在公理化设计的解决范围之内。最终得到的物理结构可以输出得到详细的产品配置清单及技术要求。

图 3-43 描述了一体化飞行器系统概念设计流程。首先，将逻辑方案进行细化以实现物理结构，并得到详细的系统模型。随后，继续定义学科模型，这些模型可以是 SysML 模型的细化，也可以是其他类型的模型。最后，管理新的追溯以保证系统工程的连续性。

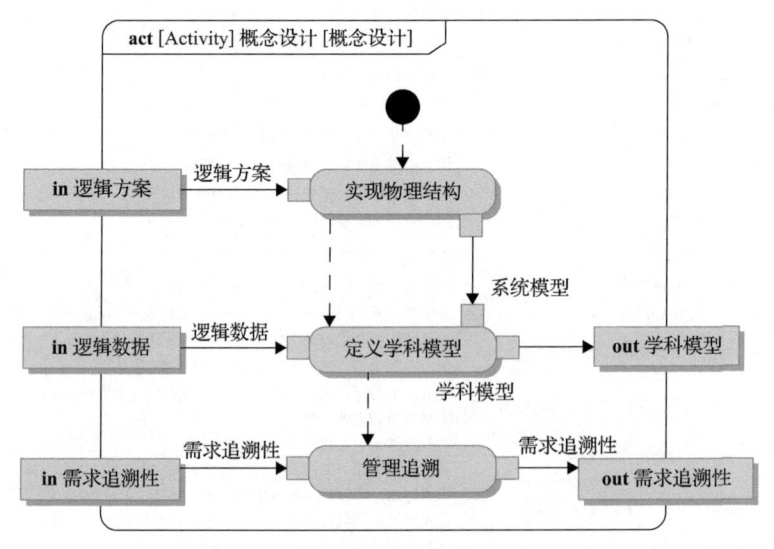

图 3-43　一体化飞行器系统概念设计流程

1. 实现物理结构

实现物理结构任务的目标是确定实现逻辑系统结构和功能的物理元素或技术元素。当出现几种备选方案时，需要进行权衡，以确定最佳的物理元素。这一步首先需要定义物理模型并细化功能流程，确定备选方案并进行权衡分析，以确定生产产品或物料清单。权衡分析和后面的系统分析与验证流程是密不可分的。

2. 一体化飞行器详细设计

一体化飞行器详细设计阶段主要根据学科工程师与系统工程师的不断协作及反馈，及时将最新的设计方案集成至系统模型中，包括细化的结构、接口、行为、状态、参数甚至学科模型,这些模型将作为最终的设计方案。本节一体化飞行器详细设计阶段的成果将由第 4 章的一体化飞行器系统设计方案详细展开。

3. 物理接口定义

物理视角的一个重要内容是对一体化飞行器涉及的接口进行全面、详细的描述,必须以文档记录系统组件之间的内部接口,以及其与其他系统或网络的外部接口。系统工程师可以使用与其他系统元素规范相同的机制,将这些细节添加到模型中。接口文档的最常见形式是接口控制文档(interface control documents, ICD)。接口控制文档的内容通常包括术语和描述、物理数据、电气数据、功能数据等,为系统组件之间的交互提供了详细的规范和指导。

(1) 术语和描述:唯一的标识符和概述。

(2) 物理数据:连接器安装硬件、隔振装置、安全设备、冷却交换器等的特定设计。

(3) 电气数据:电源(电压、电流、功率等)、联锁装置、过载保护装置的特定设计以及接口电力传输的其他细节。

(4) 功能数据:接口标准、数据/消息格式、协议、时序和数据速率及接口信息。

通过以上步骤,一体化飞行器详细设计阶段确保了从逻辑设计到物理实现的平滑过渡,同时为系统的最终实现提供了清晰的指导和文档化的记录。

图 3-44 显示了接口 BDD,其具有<<interfaceBlock>>的衍型。模块描述了接口的名称、内部的值属性以及流特性。6U VPX 接口是一个嵌套接口,具有几个其他接口,每一个接口由对应的接口模块定义类型。CAN 总线接口中包含了一个流属性,并且指定了方向。而 28V 一次电接口还具有一个值属性,以规定电压的大小。

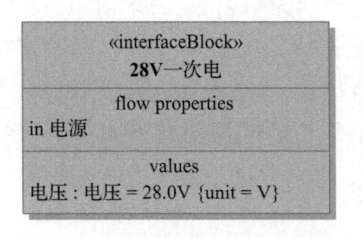

«interfaceBlock» CAN总线	«interfaceBlock» 28V一次电	«interfaceBlock» 6U VPX
flow properties inout 信号	flow properties in 电源 values 电压 : 电压 = 28.0V {unit = V}	proxy ports inout CAN总线 : CAN总线 inout PWM : PWM接口 inout 内高速总线 : 内高速总线 inout RS422 : RS422接口

图 3-44 接口 BDD

以图 3-29 表示的入轨航天器数据交互图为例介绍 IBD 中流和接口的定义。图 3-45 为显示完整端口的图 3-29 中的部分接口。IBD 中组成表示为矩形,如一体化信息处理系统和内部的射频板,其表示为实线矩形标识。引用属性表示为虚线矩形,如多级固体动力系统。组成的命名与 BDD 中关系末端的命名有关,其命名规则为<组成名称>:<类名称>[<多重性>],组成名称可以省略,缺省的多重性通常为1。

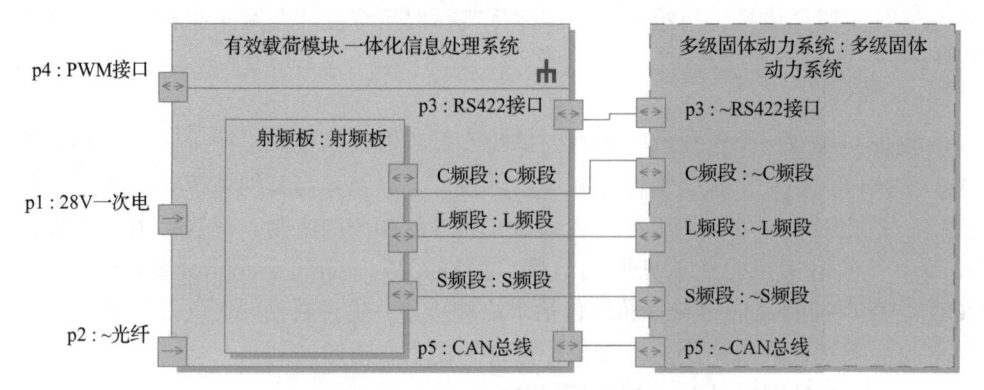

图 3-45 多级固体动力系统与一体化信息处理系统之间的数据流

端口(port)表示为组成属性上的小矩形，端口类型分为完整端口<<full>>和代理端口<<proxy>>，通常使用代理端口进行接口建模。端口表示模块边界上的一个访问点，也可以是由该模块分类的任何组成或引用边界上的访问点，通过在IBD中采用连接器(connector)连接端口实现组成间的交互。完整端口等同于所在模块边界的一个组成，该组成可以作为模块的进出访问点。完整端口由模块分类，并可以有嵌套的组成和行为，能够如同其他组成一样修改输入/输出流。代理端口提供了对所在模块或模块组成属性的外部访问，不修改流的输入/输出。代理端口本质上作为一个通过或流接力传递，规范了所属模块的哪些特性可以在端口访问。代理端口由接口模块分类，其规定了通过端口可以访问的特性。代理端口不能有内部行为或组成(或完整端口)，但可以包含其他嵌套代理端口。

一体化信息处理系统和多级固体动力系统之间的接口类型包括 CAN 总线、RS422 和多种频段。接口的名称规则为<接口名称>:<接口类型>。接口类型指定了接口方向，但两个不同块之间连接接口的方向相反，因此多级固体动力系统接口的共轭属性为真。如果接口具有提供/请求服务，共轭后也会变为相反的行为。共轭以"~"标识，这使得一类接口可以同时定义方向不同的两端接口。

4. 一体化飞行器学科模型定义

随着设计流程从逻辑阶段过渡到物理阶段，各分系统模型需要细化，以捕获和表达对应学科模型的知识。这些学科模型包括可靠性、机械、电气、控制等，用于解决特定的工程问题，满足特定的约束条件。

在系统工程的不同阶段，考虑的细节程度会有所不同。在系统层面，通常不会考虑非常详细的学科模型，而是重点关注学科模型之间的整合和协同工作，这些学科模型代表了系统的不同视角和功能。

定义学科模型的步骤如下。

(1) 确定考虑的方面：可能涉及根据载荷的性能计算其成像能力，或者使用外部脚本或工具计算特定参数。

(2) 获取工具集成接口：需要确定与学科专用工具集成的接口，以及模型的建模语言或元模型。

(3) 管理模型或工具的重用性：确保模型或工具可以在不同项目或设计阶段重复使用，以提高效率和一致性。

(4) 定义输入和输出：输入包括系统模型和数据，而输出则是开发完成的模型集成接口以及集成到系统模型中的学科模型。

通过这一过程可以确保各学科模型不仅能够独立解决特定问题，而且能够与系统中的其他模型协同工作，从而共同实现系统的整体目标。这种方法提高了设计的精确性和系统的性能，同时为后续的验证和优化奠定了坚实的基础。

3.2.5 节中将展示几个学科模型的定义与初步分析，以展示如何根据用户需求转换为系统性能衡量标准和设计约束，这也将成为学科模型专业设计的输入和指标。

5. 一体化飞行器分系统型谱定义

在物理结构设计中，一体化飞行器分系统型谱的定义是一个关键步骤，涉及利用系统建模语言 SysML 中的实例功能，根据已有的商用部件法（commodity-off-the-shelf，COTS）或其他部组件的参数，定义出一系列物理结构备选方案。这个过程类似于变体建模，允许系统工程师在一个统一的框架内探索不同的设计选择和组合。

具体来说，一体化飞行器分系统型谱的创建过程包括以下关键步骤。

(1) 收集和分析现有部件参数：包括对市场上可用的 COTS 和其他部件的性能参数进行详细收集和分析。

(2) 构建备选方案库：利用收集到的参数，系统工程师可以在 SysML 中构建一个备选方案库，该库包含了多种可能的物理结构组合。

(3) 评估任务指标和约束：系统工程师需要根据特定任务的指标和约束条件，评估哪些备选方案最适合。

(4) 选择合适的型谱组合：最终系统工程师将根据评估结果选择最合适的型谱组合，以满足任务要求。

在这个过程中，MBSE 方法提供了一个强大的工具，它允许系统工程师在不同的设计阶段进行仿真验证和优化。这样，系统工程师可以在给定的指标下，选择对应的型谱原件并验证系统的静态指标。通过这种方法，一体化飞行器分系统型谱不仅能够提供一个多样化的设计选择集合，还能确保所选方案能够满足系统的整体性能要求，同时支持设计的迭代和优化过程。

图 3-46 描述了一体化载荷中光学相机的典型型谱。通过向对应的槽中填入对应参数，可以得到不同的型谱。此外，这些型谱的元模块拥有分辨率和幅宽的需求，在对这些型谱进行评估后，可以直接显示不符合需求的实例和对应参数。因此，一体化飞行器分系统型谱可以在执行权衡分析中发挥重要作用。

序号	名称	△Ⅴ 分辨率：分辨率	Ⅴ 焦距：焦距	Ⅴ 工作视场：角度	Ⅴ 幅宽：幅宽
1	一体化相机组件	0.5m	8.75m	1.58°	13.789km
2	0.9m载荷	0.9014m	2.94m	2.6°	22.6932km
3	2m载荷	2m	1.325m	2.36°	20.5978km
4	5m载荷	5m	0.53m	1.88°	16.4076km
5	10m载荷	10.1923m	0.26m	5.2°	45.4097km
6	20m载荷	20.3846m	0.13m	8.1°	70.8038km

图 3-46　一体化载荷中光学相机的典型型谱

6. 管理设计方案追溯

在详细的物理设计中，管理设计方案追溯是一个关键环节，确保了系统元素提供或使用的实际服务功能与系统需求和逻辑方案之间的一致性。与逻辑设计阶段的管理设计方案追溯相比，物理视角的管理设计方案追溯更注重实际实现细节和物理元素的具体配置。

逻辑设计阶段，追溯性主要关注功能需求与逻辑结构之间的对应关系，例如，一个功能需求可能会追溯到一个或多个逻辑模块或服务，这些逻辑模块或服务在逻辑层面上定义了系统应该如何工作。逻辑追溯矩阵通常用于展示这些关系，并帮助理解需求如何被逻辑结构满足。而在物理视角下，追溯性需要进一步将逻辑实现方案追溯到物理方案中。这意味着每个逻辑服务或功能都需要映射到具体的物理组件或系统元素上。物理追溯矩阵（图 3-47）展示了系统需求与物理组成之间的对应关系，包括顶层功能和设计约束如何被分配到系统元素之间并得到满足。图例中不同颜色和线形的使用，帮助区分分配关联、满足关联及隐含关联，这些都是系统建模过程中捕获的知识。

当系统需求发生变化时，物理追溯矩阵允许系统工程师快速定位到受影响的物理元素，从而进行必要的调整。这种追溯性管理确保了设计的灵活性和可维护性，同时支持了系统的可验证性和可靠性。通过这种方式，物理视角中的服务特征视图不仅反映了系统的实际功能实现，而且提供了一种有效的工具来管理和维护系统的整体一致性。

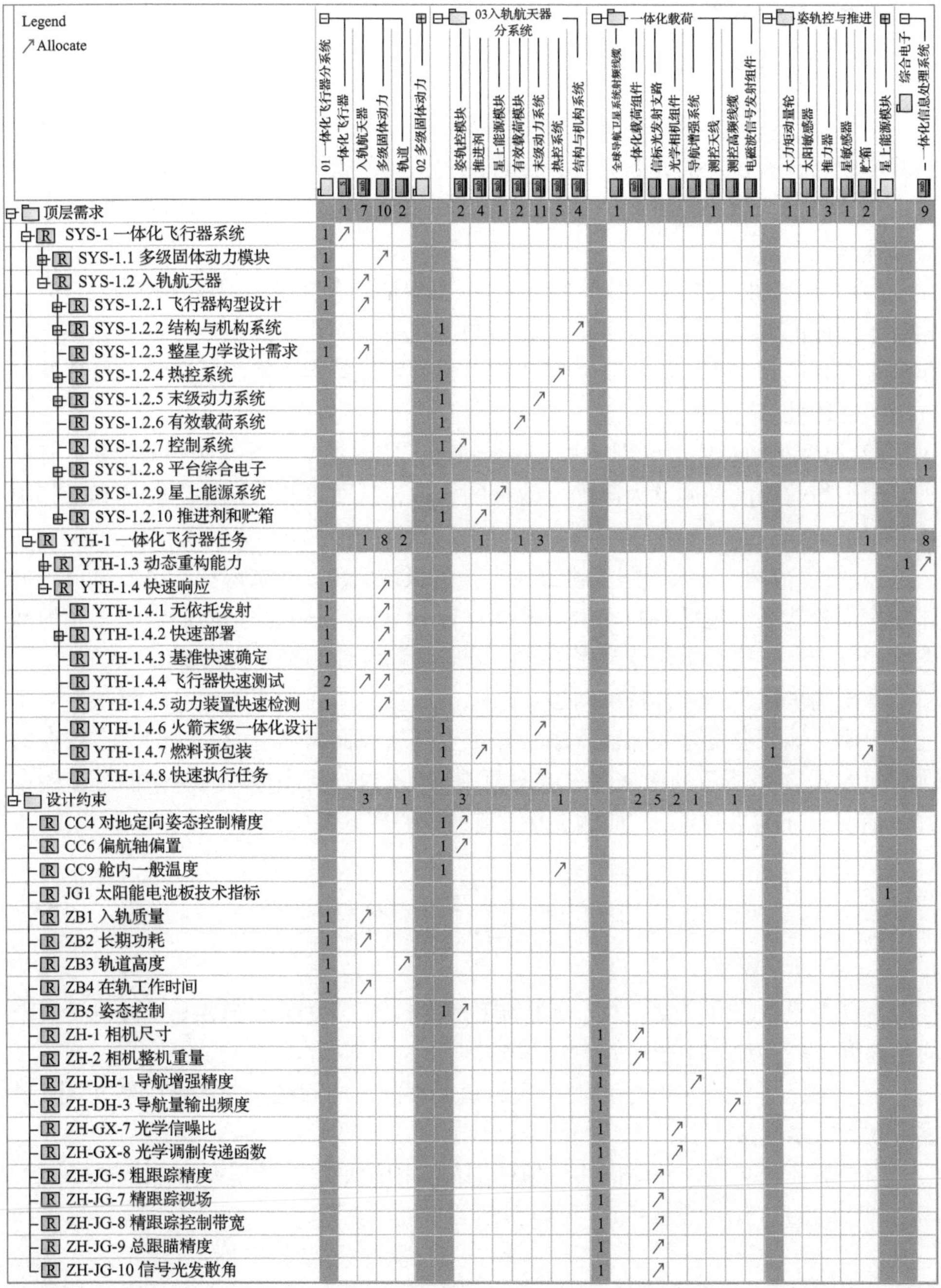
Legend
Allocate
01 一体化飞行器分系统
一体化飞行器
入轨航天器
多级固体动力
轨道
02 多级固体动力
03 入轨航天器分系统
姿轨控模块
推进剂
星上能源模块
有效载荷模块
末级动力系统
热控系统
结构与机构系统
一体化载荷
全球导航卫星系统射频线缆
一体化载荷组件
信标光发射支路
光学相机组件
导航增强系统
测控天线
测控高频线缆
电磁波信号发射组件
姿轨控与推进
大力矩动量轮
太阳敏感器
推力器
星敏感器
贮箱
星上能源模块
综合电子
一体化信息处理系统
顶层需求
SYS-1 一体化飞行器系统
SYS-1.1 多级固体动力模块
SYS-1.2 入轨航天器
SYS-1.2.1 飞行器构型设计
SYS-1.2.2 结构与机构系统
SYS-1.2.3 整星力学设计需求
SYS-1.2.4 热控系统
SYS-1.2.5 末级动力系统
SYS-1.2.6 有效载荷系统
SYS-1.2.7 控制系统
SYS-1.2.8 平台综合电子
SYS-1.2.9 星上能源系统
SYS-1.2.10 推进剂和贮箱
YTH-1 一体化飞行器任务
YTH-1.3 动态重构能力
YTH-1.4 快速响应
YTH-1.4.1 无依托发射
YTH-1.4.2 快速部署
YTH-1.4.3 基准快速确定
YTH-1.4.4 飞行器快速测试
YTH-1.4.5 动力装置快速检测
YTH-1.4.6 火箭末级一体化设计
YTH-1.4.7 燃料预包装
YTH-1.4.8 快速执行任务
设计约束
CC4 对地定向姿态控制精度
CC6 偏航轴偏置
CC9 舱内一般温度
JG1 太阳能电池板技术指标
ZB1 入轨质量
ZB2 长期功耗
ZB3 轨道高度
ZB4 在轨工作时间
ZB5 姿态控制
ZH-1 相机尺寸
ZH-2 相机整机重量
ZH-DH-1 导航增强精度
ZH-DH-3 导航量输出频度
ZH-GX-7 光学信噪比
ZH-GX-8 光学调制传递函数
ZH-JG-5 粗跟踪精度
ZH-JG-7 精跟踪视场
ZH-JG-8 精跟踪控制带宽
ZH-JG-9 总跟瞄精度
ZH-JG-10 信号光发散角

图 3-47　物理追溯矩阵

3.2.5 一体化飞行器分系统学科模型

1. 入轨航天器轨道模型

一体化飞行器要求对任务区域进行观测，以满足用户的可见光遥感需求。太阳同步轨道具有稳定的光照条件，而近圆轨道则使得相机具有恒定的分辨率，对稳定图像质量、简化相机设计有益。因此，应当选择（近）圆形太阳同步轨道，这种选择具有以下好处[28,29]。

（1）光照条件一致性。太阳同步轨道可以保证卫星在经过每一个地点时，太阳相对于地面的角度和光照强度都大致相同。这对于需要光照条件一致的遥感卫星非常重要，因为它可以减小由光照变化引起的影像差异，提高了图像的可比性和分析的准确性。

（2）温度控制和能源管理。太阳同步轨道上的卫星受到的光照相对稳定，有助于控制卫星的温度和调节太阳能电池板的方位，从而更有效地管理能源和维持卫星的正常运作。

（3）覆盖范围广。太阳同步轨道通常是近极地轨道，这意味着卫星可以覆盖地球的大部分地区，包括两极。由于地球自转，卫星能够在一定周期内观测到地球表面的每个点，这对于全球范围内的环境监测和资源勘查尤为重要。

太阳同步轨道是一种特殊轨道。地球的质量分布在赤道附近呈隆起状。对于近地卫星，地球会发生非球面扰动，导致卫星轨道面与赤道面之间的交点线在惯性空间以式（3-1）所示的速率向东或向西旋转，不仅与代表地球质量平面分布的参数 J_2 有关，还与半长轴 a、倾角 i 及轨道的偏心率 e 有关。

$$\dot{\Omega} = -\frac{3nJ_2R_e^2}{2a^2\left(1-e^2\right)^2}\cos i \tag{3-1}$$

其中，Ω 为卫星的升交点赤经；a 为轨道的半长轴；i 为轨道倾角；n 为卫星的平均角速度；R_e 为地球半径；$J_2 = 0.001082$。

通过选择适当的 a 和 i，可使卫星轨道偏移的方向和速率与地球公转相同，形成了太阳同步轨道[30]。

为了保证升交点赤经的偏移与地球围绕太阳的平均运转速率 ρ 相同（360(°)/年，即 1.99096871×10^{-7} rad/s），可以得到

$$\cos i = -\frac{2\rho}{3J_2R_E\sqrt{\mu}}a^{\frac{7}{2}} \tag{3-2}$$

其中，μ 为地球引力常数，为 $398600.440 \text{km}^3/\text{s}^2$。对于 500km 的太阳同步轨道，

通过计算可以得到 i 为 97.4°。

降交点地方时是太阳同步轨道的关键指标,决定了成像时的光照情况。入轨航天器轨道的降交点地方时应靠近正午时刻以保证高纬度地区摄影的光照条件,因此本方案中的降交点地方时选择在 10:30AM。根据载荷分辨率的要求,轨道高度选为 500km。根据轨道动力学分析方法,太阳 β 角描述了太阳入射光线与轨道面之间的夹角。据此可以得到太阳能电池板入射角(太阳光线与太阳能电池板法线的夹角)的变化规律,可作为电源分系统进行电源能源产生量的分析输入条件。

在 SysML 模块中捕获轨道设计如图 3-48 所示。

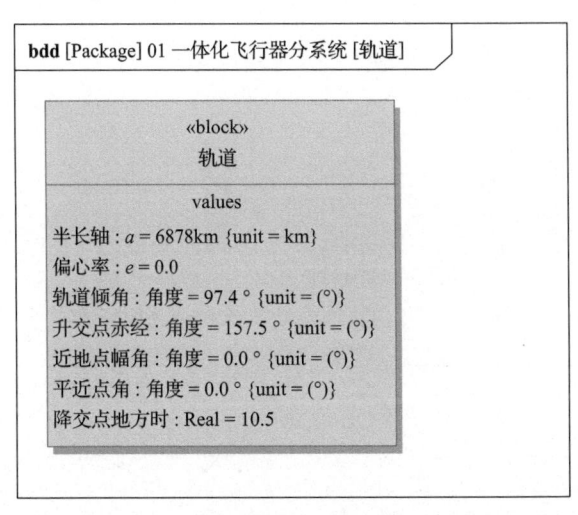

```
bdd [Package] 01 一体化飞行器分系统 [轨道]

    «block»
     轨道

    values
半长轴 : a = 6878km {unit = km}
偏心率 : e = 0.0
轨道倾角 : 角度 = 97.4 ° {unit = (°)}
升交点赤经 : 角度 = 157.5 ° {unit = (°)}
近地点幅角 : 角度 = 0.0 ° {unit = (°)}
平近点角 : 角度 = 0.0 ° {unit = (°)}
降交点地方时 : Real = 10.5
```

图 3-48 SysML 模块中捕获轨道设计

标称轨道为严格的太阳同步轨道,且降交点地方时为 10:30AM,因此具有良好的轨道光照特性。分析表明,太阳光与轨道面的夹角平均值为 21.31°,变化范围为 17.18°~26.98°,如图 3-49 所示。

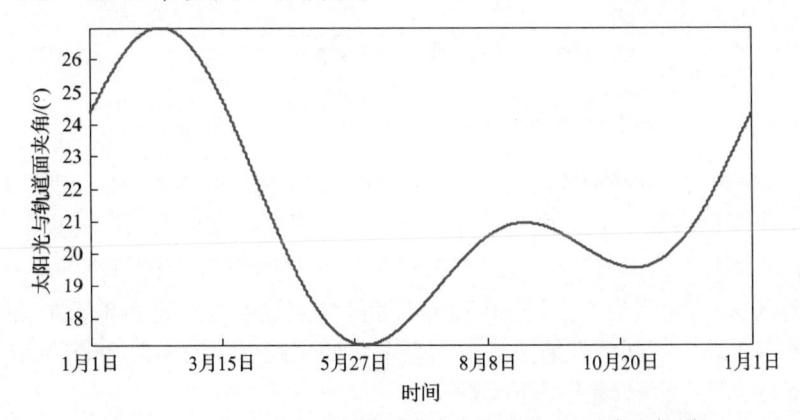

图 3-49 一年内太阳光与轨道面夹角变化(500km 高度轨道)

轨道全年光照时间的比例为 63.2%，如图 3-50 所示。全年均有阴影，阴影时间为 34.24～35.20min，平均为 34.82min，最短阴影在 2 月 10 日前后，最长阴影在 6 月 4 日前后。一年内阴影时间曲线如图 3-51 所示。

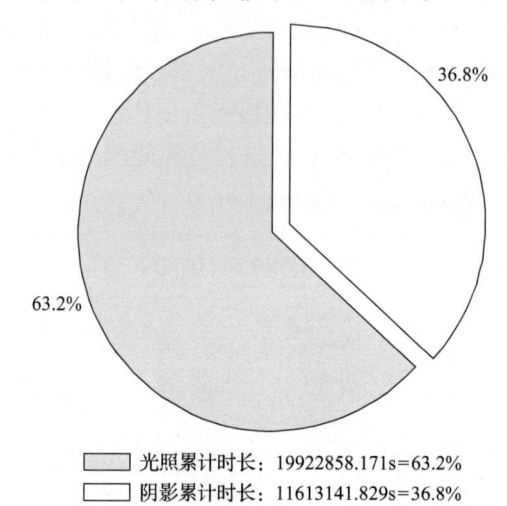

图 3-50　一年内轨道光照率（500km 高度轨道）

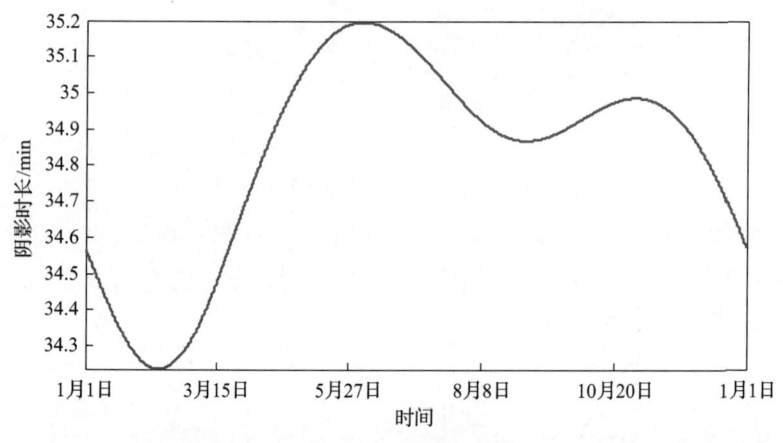

图 3-51　一年内阴影时间曲线（500km 高度轨道）

选择 10:30AM 的降交点地方时，主要是为了有较好的地面成像条件。以星下点的太阳高度角表征星下点光照条件，通过分析得到一年内南北半球星下点太阳高度角，时间起点为 6 月 1 日，如图 3-52 所示，中间空白线表示赤道。

从图 3-52 可以看出，选用 10:30AM 的降交点地方时，北半球地面光照条件要略好于南半球。不同纬度地区的太阳高度角变化规律如图 3-53 和图 3-54 所示。

星下点光照条件体现出以下特性：

(1) 星下点光照条件与纬度相关，纬度越高，光照条件越差。

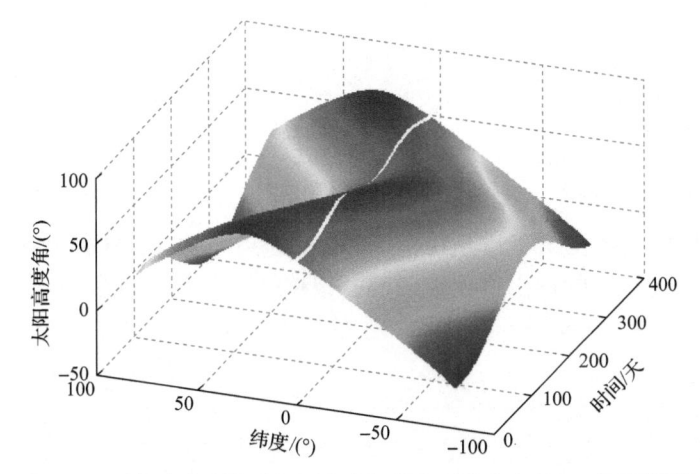

图 3-52 一年内南北半球星下点太阳高度角变化（500km 高度轨道）

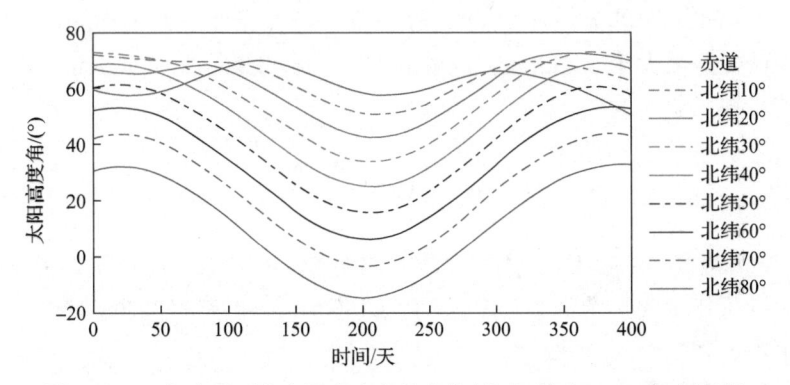

图 3-53 一年内星下点太阳高度角的变化（北半球）（500km 高度轨道）

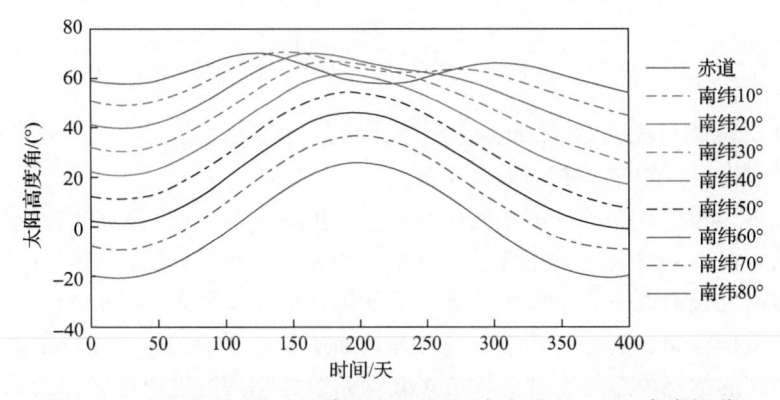

图 3-54 一年内星下点太阳高度角的变化（南半球）（500km 高度轨道）

(2) 星下点光照条件与季节（即地球环绕太阳的运动）有关，夏季北半球的光照条件好，冬季南半球的光照条件好，而春秋两季南北半球的光照条件接近。

2. 光学遥感载荷模型

在光学遥感载荷模型中，直接的指标为：在 500km 轨道高度下达到 0.5m 的地面像元分辨率和 12km 幅宽。通过这些指标能够定义载荷的相关参数，并且能够得到对其他学科的指标和约束。

一体化相机运行在 500km 轨道高度，按此轨道高度进行任务指标分析。任务要求达到优于 0.5m 的地面像元分辨率，根据地面像元分辨率(ground sampling distance，GSD)的计算公式可以得到焦距的计算公式为

$$f = \frac{H \times p}{\text{GSD}} \tag{3-3}$$

其中，GSD 为分辨率；H 为轨道高度；p 为探测器像元尺寸；f 为焦距。

目前，用于航天载荷任务的 CMOS 器件全色像元大小为 8.75μm，因此可算得光学系统焦距需大于 8750mm，这里取光学系统的焦距为 8750mm。

工作半视场角 ω 为

$$\omega = \arctan\frac{\text{SW}}{2H} \tag{3-4}$$

其中，SW 为幅宽，单位 km。用户要求的幅度 SW≥12km，因此工作半视场角为 0.6875°，即工作全视场角为 1.375°，考虑 CMOS 器件的拼接间距，将光学设计的视场角定为 1.58°。

相对孔径的计算公式为

$$a_r = \frac{D}{f} \tag{3-5}$$

其中，D 为入瞳直径，为 620mm。因此，计算相对孔径为 0.0709。通常采用 a_r 的倒数 F 数(光圈数)描述相对孔径指标。

光学传递函数反映了物体不同频率成分的传递能力，用它来评价光学系统的成像质量，可以同时运用于小像差光学系统和大像差光学系统。载荷分学科的设计人员对可见光通道视场传递函数进行了分析，特征频率为 143lp/mm。

由于数据存储、压缩、传输、离焦和地面接收等环节的信噪比都很高，所以对图像对比的影响可忽略不计。本方案光学系统的结构特性决定了杂光可以得到很好的抑制，因此在预估分析中也可以忽略不计，只考虑每个环节的光学传递函数，包括目标对比度 $M_{目标}$、大气 $M_{大气}$、光学 $M_{光学}$、像移 $M_{像移}$ 及 CMOS 器件输出信号的调制度 M_{CMOS}，将全部光学传递函数进行累乘，则可估系统的传递函

数为

$$M_{信号} = M_{目标} \cdot M_{大气} \cdot M_{光学} \cdot M_{像移} \cdot M_{CMOS} \tag{3-6}$$

1) 从目标到靶面的传递函数

取目标对比度 C 为 2∶1，则可得

$$M_{目标} = \frac{C-1}{C+1} = 0.33 \tag{3-7}$$

对于其他目标对比度的分析计算，可以在求出目标对比度为 2∶1 的 $M_{信号}$ 后很容易换算得到。

考虑大气影响：

$$M_{目标} \cdot M_{大气} = \frac{C-1}{C+1} \cdot M_{大气} = 0.21 \tag{3-8}$$

可表示为

$$M_{光学} = M_{衍射} \cdot M_{设计} \cdot M_{加工} \tag{3-9}$$

$$M_{衍射} \cdot M_{设计} = 0.297 \tag{3-10}$$

$$M_{加工} = 0.86 \tag{3-11}$$

$$M_{光学} = M_{衍射} \cdot M_{设计} \cdot M_{加工} = 0.255 \tag{3-12}$$

$$M_{靶面} = M_{目标} \cdot M_{大气} \cdot M_{光学} = 0.21 \times 0.255 = 0.054 \tag{3-13}$$

2) 离焦影响的传递函数 $M_{光学}$

假设总离焦量为 $\delta/2 = 0.05\text{mm}$，则有

$$X = \frac{\pi \cdot \Delta \cdot V_N}{F} = 0.63 \tag{3-14}$$

其中，X 为离焦引起的波前相位误差；Δ 为离焦量；V_N 为成像系统的光学参数。

离焦影响的调制传递函数 $M_{离焦}$ 为

$$M_{离焦} = \frac{2 \times J_1(X)}{X} = 0.95 \tag{3-15}$$

其中，$J_1(X)$ 为一阶贝塞尔函数。

3) 像移影响的传递函数

CMOS 器件推扫传递函数为

$$M_{推扫} = \frac{\sin(\pi \cdot d \cdot V_N)}{\pi \cdot d \cdot V_N} = 0.64 \tag{3-16}$$

像移匹配残余误差引起的传递函数下降，分析中假设 64 级 CMOS 器件像移匹配优于 0.3 个像元，则速度残余误差为

$$\Delta V_p / V_p = 4.7 \times 10^{-3} \tag{3-17}$$

由此像移匹配残余误差得出的调制传递函数为

$$M_{匹配} = \frac{\sin\left(\dfrac{\pi}{2} \cdot \dfrac{V}{V_N} \cdot M \dfrac{\Delta V_p}{V_p}\right)}{\dfrac{\pi}{2} \cdot \dfrac{V}{V_N} \cdot M \dfrac{\Delta V_p}{V_p}} = 0.96 \tag{3-18}$$

其中，取特征频率 $V = V_N$；CMOS 器件级次 $M=64$。这是沿推扫方向的调制传递函数。

沿 CMOS 器件方向的调制传递函数与偏流角匹配残余误差有关。经过载荷工程师分析，平台指向精度需要优于 0.02(°)/s。64 级积分时间在沿 CMOS 器件方向上的匹配残余误差为

$$\Delta d / d = 4.7 \times 10^{-3} \tag{3-19}$$

因此

$$M_{匹配} = \frac{\sin\left(\dfrac{\pi}{2} \cdot \dfrac{V}{V_N} \cdot M \dfrac{\Delta d}{d}\right)}{\dfrac{\pi}{2} \cdot \dfrac{V}{V_N} \cdot M \dfrac{\Delta d}{d}} = 0.96 \tag{3-20}$$

最后得出由像移产生的调制传递函数在纵向为

$$M_{纵} = M_{推扫} \cdot M_{匹配} = 0.64 \times 0.96 = 0.614 \tag{3-21}$$

在横向为

$$M_{横} = 0.96 \tag{3-22}$$

4) CMOS 器件影响的传递函数

CMOS 器件静态调制传递函数主要由像元尺寸、扩散和电荷转移效率决定。目前，CMOS 器件的电荷转移效率>0.99995，对调制传递函数的影响可以忽略不计，因此主要考察其余两个参数对调制传递函数的影响[31,32]。

CMOS 探测器对比度传递函数与波长对应关系如表 3-1 所示。从表 3-1 可以看出，CMOS 探测器的对比度传递函数随波长的增大下降明显，在预估中，取探测器的调制传递函数为 0.55。

表 3-1 CMOS 探测器对比度传递函数与波长对应关系

序号	波长	对比度传递函数
1	450nm	0.84
2	600nm	0.76
3	700nm	0.64
4	850nm	0.50

5) 传递函数串分析结果与结论

以上计算结果及其他四种目标对比计算结果见表 3-2。表 3-2 显示，对 4∶1 的目标对比，平均的地面观察图像最终调制度 M 为 0.047，对应的目标对比度 C 平均为 1.099。传递函数分析的结果表明，光学相机在轨调制传递函数性能良好，满足使用要求。

表 3-2 各种目标对比度的调制传递函数计算

目标对比度 C		2∶1	4∶1	6∶1	10∶1	20∶1
$M_{目标}$		0.33	0.6	0.714	0.82	0.90
$M_{目标} \times M_{大气}$		0.21	0.45	0.58	0.71	0.84
$M_{光学}$				0.255		
$M_{离焦}$				0.95		
$M_{像移}$	$M_{推扫}$	纵向 0.64			横向 1	
	$M_{匹配}$	纵向 0.96			横向 0.96	
	$M_{像移}$	纵向 0.614			横向 0.96	
M_{CMOS}				0.55		
$M_{信号}$	纵向	0.017	0.037	0.047	0.058	0.069
	横向	0.027	0.057	0.074	0.091	0.107
对比度 C 信号	纵向	1.035	1.077	1.099	1.123	1.148
	横向	1.055	1.121	1.160	1.200	1.240

在载荷工程师确定载荷顶层参数和指标后，系统工程师根据这些内容在 MBSE 中细化载荷模型。图 3-55 描述了光学相机指标计算参数图。该图描述了光学载荷的参数及参数关联，其目的在于验证设计是否满足需求。图中具有三个约束块，"计算幅宽"是第一个执行计算的模块，其方程为

$$SW = 2\tan\left(\frac{\omega}{2}\right) \tag{3-23}$$

幅宽为派生值，因此其值属性前方有一个"/"标志，在执行基于模型的分析时会给其一个"target"标识。

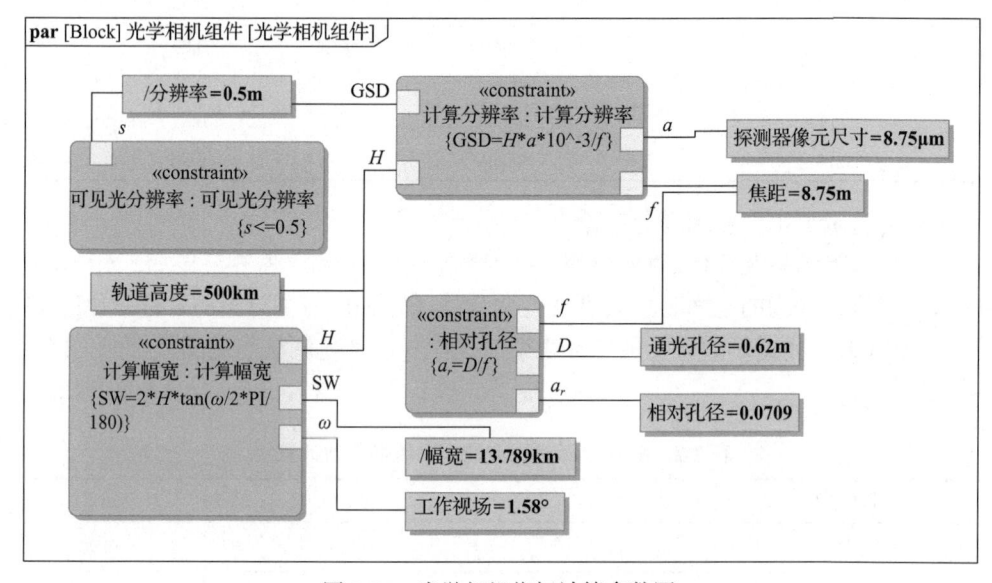

图 3-55 光学相机指标计算参数图

第二个执行计算的约束块为"计算分辨率"，其方程为

$$GSD = \frac{Ha}{f} \tag{3-24}$$

第三个约束块"可见光分辨率"为确定分辨率是否满足需求的方程，无输出值，仅进行布尔比较并赋予约束关联布尔值。

第四个约束块"相对孔径"为计算载荷相对孔径的方程。

3. 多级固体动力型谱组合与优选

优选设计模块需要具备根据不同的运载能力、轨道参数、构型级数等任务指标需求进行飞行器总体构型优选及参数设计优化的能力。面向给定的运载火箭任

务需求，首先需要进行总体构型方案的快速优选。可通过速度损失法计算要求轨道参数对应的弹道需求速度增量，同时应用齐奥尔科夫斯基公式得到多种飞行器构型方案的实际速度增量，随后与前者进行比较，将满足弹道需求速度增量的构型方案作为备选可行方案，最后将运载火箭总质量、有效载荷最大质量等关键性能参数作为优选目标，开展遍历寻优，得到最优的运载火箭总体构型方案，并计算给出火箭构型的总体关键参数，包括最大直径、最大长度、起飞质量、起飞推力等。飞行器构型快速优选技术路线图如图 3-56 所示。

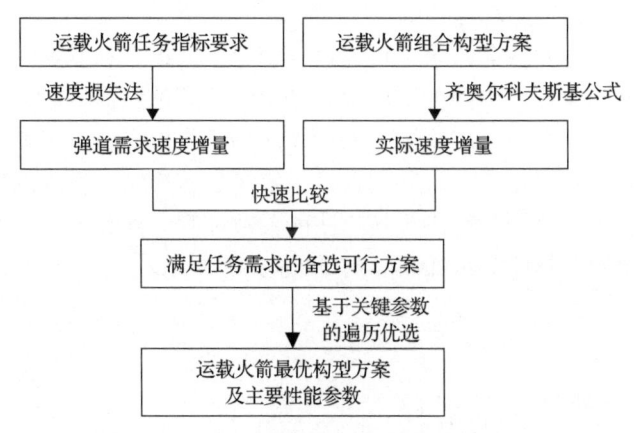

图 3-56 飞行器构型快速优选技术路线图

基于运载能力快速估计的固体动力系统构型高效设计，包括固体发动机选型与组合方案快速设计、基于运载能力快速估计的固体动力系统高效设计两个过程，具体研究思路如下。

(1) 在一体化飞行器总体设计体系架构和指标约束下，基于总体设计原则和工程经验，初步确定固体动力系统级数，给出对应的长度、直径和各级质量等参数可行域，完成固体发动机选型与组合方案的快速设计。

(2) 在总体设计原则的约束下，初步分配固体动力系统质量参数，并基于工程估算方法给出外形与对应的气动参数。应用齐奥尔科夫斯基公式对固体动力系统可提供的速度增量进行估算，并对推力损失、气动损失和重力损失进行计算，从而完成对运载能力的快速估计，进一步根据总体设计体系架构与指标约束对固体动力系统进行参数修正，从而完成高效设计。

基于固体动力系统构型高效设计结果，综合考虑总体设计体系架构、指标约束、发射要求、飞行约束、分离条件、测控保障等因素，进行详细弹道设计，即可评估固体动力系统构型的性能，进一步在构型参数空间内搜索即可得到固体动力系统构型的优化设计结果。可见，为高效地完成上述优化过程，如何进行快速弹道设计是关键。

传统弹道设计方法收敛域小、求解效率低，需要研究更加高效、通用的弹道设计方法，本节拟采用改进多层次牛顿迭代结合随机方向搜索方法实现弹道的快速设计。针对控制变量过多的问题，通过内外层分别迭代(内层迭代弹道平面内相关弹道参数(高度、速度和倾角等)，外层迭代弹道平面侧向相关参数(发射方位角和轨道倾角等))降低法向参数、侧向参数的耦合影响，提高算法的收敛效率。同时，采用随机方向搜索方法对级间滑行段飞行时间进行快速优化，进一步提升固体动力系统的运载能力空间。该过程无须进行偏导数求取和插值计算，可有效提高计算效率，并保证算法精度。

针对一体化飞行器任务需求，可通过控制程序角指令和发射方位角来实现入轨点轨道半长轴、速度、当地弹道倾角和轨道倾角的精度保证。采用内外层联合迭代的方法，其中内层通过三维牛顿迭代求解满足入轨点轨道半长轴、速度、当地弹道倾角要求的程序角指令，外层迭代求解满足轨道倾角要求的发射方位角。通过内外层联合迭代分别求解满足轨道法向参数和侧向参数要求的弹道参数，实现弹道的快速设计，具体流程如图 3-57 和图 3-58 所示。

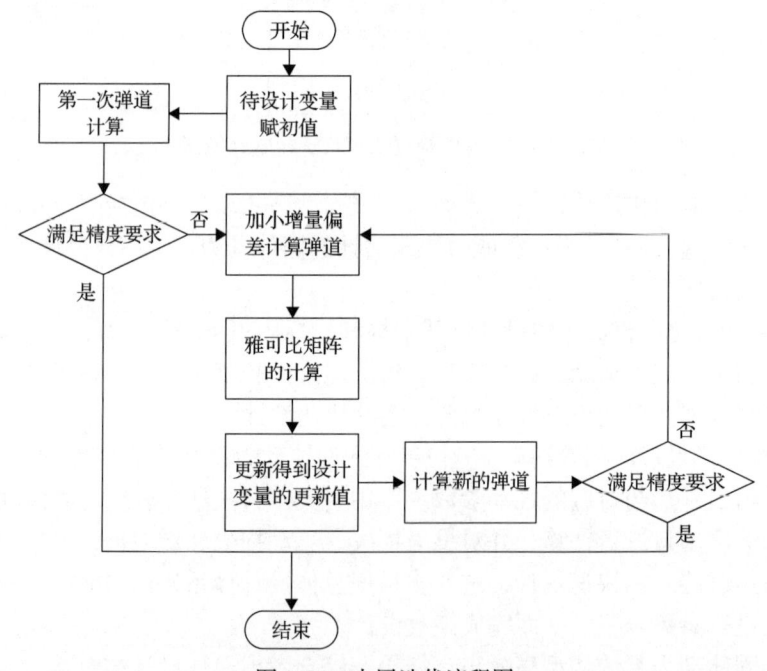

图 3-57 内层迭代流程图

多级固体动力选择型谱化设计思路，并且由学科工程师提供了三级型谱参数。图 3-59～图 3-61 显示了部分型谱信息在 SysML 中的实例模型，这些实例模型可以作为一体化飞行器的模型库，并且允许管理。

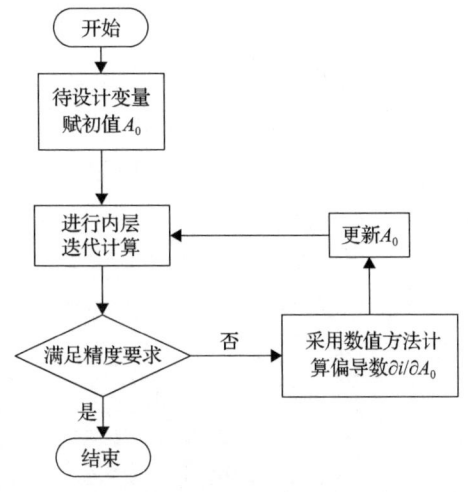

第 3 章 基于 MBSE 的一体化飞行器设计方法

图 3-58 外层迭代流程图

序号	名称	平均推力：推力	质量：质量	燃料质量：质量
1	L1_1	588000N	16600kg	15300kg
2	L1_2	770000N	21000kg	18000kg
3	L1_3	544300N	12100kg	8500kg

图 3-59 第一级型谱实例

序号	名称	平均推力：推力	质量：质量	燃料质量：质量
1	L2_1	368000N	8700kg	8112kg
2	L2_2	597000N	15100kg	13000kg
3	L2_3	342400N	7400kg	4460kg

图 3-60 第二级型谱实例

序号	名称	平均推力：推力	质量：质量	燃料质量：质量
1	L3_1	155000N	3200kg	2980kg
2	L3_2	195000N	4900kg	3850kg
3	L3_3	116100N	4500kg	1870kg

图 3-61 第三级型谱实例

随后进行型谱的排列组合得到一体化飞行器的型谱。采用前面提到的优化方法，学科工程师可以得到全部型号组合的入轨质量，并且将这些结果填入一体化飞行器的型谱表格中。通过评估这些实例，可以自动填充其他参数且允许自动判断需求的满足情况。本节的一体化飞行器评估主要为总质量和载质比，图 3-62 显示了一体化飞行器型谱组合与评估结果。

#	Name	多级固体动力第一级	多级固体动力第二级	多级固体动力第三级	入轨质量：质量	总质量：质量	载质比：%
1	一体化飞行器1	L1_1 : 0 一	L2_1 : 0 一	L3_1 : 0 一	598.99 kg	29816.863 kg	2.0089
2	一体化飞行器2	L1_1 : 0 一	L2_1 : 0 一	L3_2 : 0 一	579.89 kg	31516.863 kg	1.8399
3	一体化飞行器10	L1_2 : 0 一	L2_1 : 0 一	L3_1 : 0 一	589.99 kg	34216.863 kg	1.7243
4	一体化飞行器4	L1_1 : 0 一	L2_2 : 0 一	L3_1 : 0 一	579.99 kg	36216.863 kg	1.6014
5	一体化飞行器3	L1_1 : 0 一	L2_1 : 0 一	L3_3 : 0 一	497.91 kg	31116.863 kg	1.6001
6	一体化飞行器7	L1_1 : 0 一	L2_3 : 0 一	L3_1 : 0 一	449.99 kg	28516.863 kg	1.578
7	一体化飞行器11	L1_2 : 0 一	L2_1 : 0 一	L3_2 : 0 一	549.99 kg	35916.863 kg	1.5313
8	一体化飞行器5	L1_1 : 0 一	L2_2 : 0 一	L3_2 : 0 一	559.99 kg	37916.863 kg	1.4769
9	一体化飞行器12	L1_2 : 0 一	L2_1 : 0 一	L3_3 : 0 一	499.98 kg	35516.863 kg	1.4077
10	一体化飞行器13	L1_2 : 0 一	L2_2 : 0 一	L3_1 : 0 一	549.79 kg	40616.863 kg	1.3536
11	一体化飞行器8	L1_1 : 0 一	L2_3 : 0 一	L3_2 : 0 一	398.89 kg	30216.863 kg	1.3201
12	一体化飞行器6	L1_1 : 0 一	L2_2 : 0 一	L3_3 : 0 一	449.98 kg	37516.863 kg	1.1994
13	一体化飞行器15	L1_2 : 0 一	L2_3 : 0 一	L3_1 : 0 一	349.99 kg	32916.863 kg	1.0633
14	一体化飞行器9	L1_1 : 0 一	L2_3 : 0 一	L3_3 : 0 一	299.97 kg	29816.863 kg	1.006
15	一体化飞行器16	L1_2 : 0 一	L2_3 : 0 一	L3_2 : 0 一	249.99 kg	34616.863 kg	0.7222
16	一体化飞行器14	L1_2 : 0 一	L2_2 : 0 一	L3_3 : 0 一	299.99 kg	41916.863 kg	0.7157
17	一体化飞行器17	L1_2 : 0 一	L2_3 : 0 一	L3_3 : 0 一	0 kg	34200 kg	0
18	一体化飞行器18	L1_3 : 0 一	L2_1 : 0 一	L3_1 : 0 一	0 kg	25300 kg	0
19	一体化飞行器19	L1_3 : 0 一	L2_1 : 0 一	L3_2 : 0 一	0 kg	27000 kg	0
20	一体化飞行器20	L1_3 : 0 一	L2_1 : 0 一	L3_3 : 0 一	0 kg	26600 kg	0
21	一体化飞行器21	L1_3 : 0 一	L2_2 : 0 一	L3_1 : 0 一	0 kg	31700 kg	0
22	一体化飞行器22	L1_3 : 0 一	L2_2 : 0 一	L3_2 : 0 一	0 kg	33400 kg	0
23	一体化飞行器23	L1_3 : 0 一	L2_2 : 0 一	L3_3 : 0 一	0 kg	33000 kg	0
24	一体化飞行器24	L1_3 : 0 一	L2_3 : 0 一	L3_1 : 0 一	0 kg	24000 kg	0

图 3-62　一体化飞行器型谱组合与评估结果

4. 入轨航天器动力系统模型

入轨航天器动力系统包括执行轨道控制的小推力发动机和大推力的火箭末级，采用一体化设计思路，通过一套动力系统同时承担火箭末级飞行、卫星入轨后变轨与姿态控制功能。入轨航天器动力系统的用途如下。

(1) 当二三级滑行段需要姿态控制时，用于提供动力。

(2) 四级飞行段：为飞行器提供主推力和姿控动力。

(3) 入轨后：为卫星提供变轨和姿控动力。

动力系统的形式选择为双组元液体发动机。为了确定动力系统的组成，系统工程师和动力工程师开展了一系列设计活动，并初步确定了设计方案。

在推进剂与贮箱选择中，双组元液体发动机需要两个贮箱以分别储存两种推进剂，因此选择两个贮箱。对于推进剂的选择，目前，双组元姿轨控动力系统多采用四氧化二氮/肼类常规推进剂，四氧化二氮与肼类的组合有四氧化二氮/肼（N_2O_4_UDMH）、四氧化二氮/甲基肼（N_2O_4_MMH）、四氧化二氮/偏二甲肼（N_2O_4_N_2H_4）三种方式，三种推进剂组合对比如下。

1）性能

四氧化二氮/肼类推进剂组合的理论性能比较如图 3-63 所示。根据资料，当以四氧化二氮作为氧化剂时，三种推进剂的理论性能分别为：肼 3391m/s；甲基肼 3360m/s；偏二甲肼 3329m/s。因此，在推进剂性能方面：肼>甲基肼>偏二甲肼。

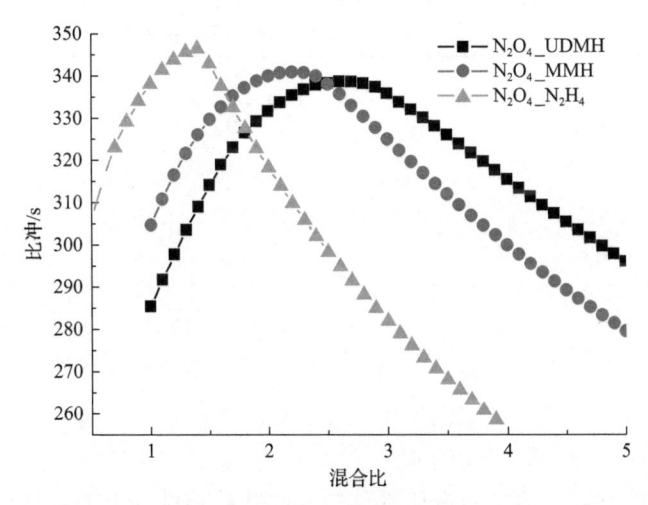

图 3-63 四氧化二氮/肼类推进剂组合的理论性能比较

2）推进剂的热稳定性

肼、甲基肼和偏二甲肼迅速分解的温度分别为 252℃、288℃、343℃；在 250℃时，肼每分钟分解 10%，甲基肼每分钟分解 0.2%，偏二甲肼稳定不分解。因此，在热稳定性方面：偏二甲肼>甲基肼>肼。

3）点火可靠性

对于双组元发动机，甲基肼的点火特性优于肼。偏二甲肼类似的点火可靠性试验没有进行，但根据点火爆炸产生的机理来看，热稳定性相对较高的偏二甲肼的点火可靠性应优于甲基肼。

4）毒性

三种推进剂均为毒性自燃推进剂，肼、甲基肼和偏二甲肼的毒性比较见表 3-3。综合来看，甲基肼的毒性最大，肼次之，偏二甲肼的毒性相对较小（吸入性中毒偏二甲肼的危险性略大于肼）。

三种常规推进剂燃料特性比较结果见表 3-4。

表 3-3 三种常规推进剂燃料毒性比较

序号	项目	肼	甲基肼	偏二甲肼
1	毒性分级	三级中等	二级高毒	三级中等
2	半数致死浓度(1×10^{-6})(白鼠)	570	74	252
3	空气最大允许浓度(1×10^{-6})	0.5	0.2	0.5
4	应急暴露限值(1×10^{-6}，1h)	10	15	30
5	浓度-时间值(1×10^{-6}，1min)(狗)	24300	6900	30300

表 3-4 三种常规推进剂燃料特性比较结果

序号	项目	肼	甲基肼	偏二甲肼
1	性能	高	较高	低
2	热稳定性	低	中	高
3	点火可靠性	低	中	高
4	毒性	中	高	低

根据上述对比分析，肼推进剂组合性能最高，但其毒性较高，热稳定性和点火可靠性最差，在国内使用较少；偏二甲肼推进剂组合性能较低，毒性较低，热稳定性和点火可靠性最好，国内使用较多；甲基肼推进剂组合性能较高，热稳定性和点火可靠性较好，但毒性最高，在空间飞行器上广泛使用。

为满足高性能要求，本节选用性能较高、热稳定性和点火可靠性较好的甲基肼推进剂组合，该推进剂组合的混合比可选取为 1.64，氧化剂和燃料贮箱可采用等容设计。

综上，动力系统推进剂选择 MON-3(绿色四氧化二氮)和 MMH(一甲基肼)组合。贮箱则选择为球柱形表面张力贮箱，氧化剂和燃料贮箱各 1 台。壳体采用高强度钛合金 TC4。为了推动推进剂，还需要配备气瓶。系统采用两台气瓶，两气瓶中预充氦气。

5) 推力器选择

推力器选择了成熟应用的型号，并且动力工程师确定了相关参数。表 3-5 介绍了两类推力器的用途。

表 3-5 推力器用途

推力器种类	25N 推力器	1000N 推力器
用途	可能用于二三级滑行段、三级飞行段滚动通道的姿态控制，用于四级飞行段以及星箭分离后的姿态控制	用于四级主级工作段的推力，用于载荷分离后变轨的动力

1000N 推力器的个数为 2，以提供足够的推力，并满足快速入轨和快速部署的功能需求。25N 推力器的个数为 14，目的在于提供各个方向的轨道保持推力和姿态调节力矩并进行冗余。推力器的个数是动力工程师基于现有项目经验的考量和深思熟虑后的权衡确定的。推力器性能参数见表 3-6。表中真空比冲为稳态工作状况下的真空比冲。

表 3-6 推力器性能参数

名称	单位	1000N 推力器	25N 推力器
数量	台	2	14
真空比冲(稳态)	N·s/kg	3500	2150
推力	N	2000	25

6) 动力系统其他结构

为了保证推力器正常工作，需要一系列管路和传感器。这些依赖动力工程师进行详细设计，并将设计结果集成至 MBSE 环境，以满足追溯和顶层指标验证。

7) 动力系统组成及工作原理

动力系统按功能进行划分可分为增压子系统、推进剂管理子系统、推进剂供应子系统、发动机子系统、控制监测子系统等，各子系统具体介绍如下。

(1) 增压子系统：包括气瓶、充气阀、电爆阀、电爆管、高压气路自锁阀、减压阀等组件以及连接、固定用的总装直属件等。

(2) 推进剂管理子系统：包括表面张力贮箱、止回阀、低压气路自锁阀、安全阀、加注泄出阀、安全阀等组件以及连接、固定用的总装直属件等。

(3) 推进剂供应子系统：包括电爆阀、电爆管、液路自锁阀等组件、推进剂供应管路以及连接、固定用的总装直属件等。

(4) 发动机子系统：包括 1000N 推力器(2 台)和 25N 推力器(14 台)以及发动机温控加热元件、温度传感器等。

(5) 控制监测子系统：包括控制电缆、遥测电缆、压力传感器等。

动力系统工作原理：控制系统在规定时刻给各电爆管通电起爆，打开系统各处电爆阀，同时通电打开系统各处自锁阀，气瓶内的高压气体经减压阀调节后，挤破贮箱前隔离膜片，对贮箱增压，推进剂在压力作用下充填到发动机前，贮箱压力达到稳定时系统增压完毕。当需要发动机工作时，控制系统给相应的电磁阀通电，电磁阀打开，推进剂进入推力室燃烧分解成高温气体，高温气体经喷管加速喷出产生推力，达到控制目的后控制系统给相应的电磁阀断电，电磁阀关闭，推力室即停止工作。当减压阀出口压力异常升高超过允许的安全上限时，减压阀出口设置的安全阀自动打开，当压力恢复到安全值以内时，安全阀自动关闭。

在轨期间，若发动机长时间不工作，则将系统各处自锁阀关闭；发动机工作前，若喷注器温度低于设计值，则需要提前进行加热。

5. 热控系统模型

在给定约束条件下，通过控制星内外热交换过程，保证飞行器从发射区至在轨飞行整个任务周期内，在飞行器各种工作模式下，满足星内热环境要求并满足星上产品工作温度要求。

一体化飞行器热控系统只包含热控硬件产品；星务分系统负责热控加热回路控制软件和温度采集软件(电源分系统负责电源下位机，管理电池组控温，以及电池组、太阳翼等的温度采集)。热控系统由多种热控材料及部件组成，包括热控涂层、多层隔热组件、导热填料、垫片、热管、电加热器及温度传感器等。

轨道设计中给出了轨道特性为 500km 的太阳同步轨道，并且给出了降交点地方时为 10:30AM。根据一体化飞行器轨道参数和任务特性给出飞行器的外热流情况，太阳光与轨道面的夹角平均为 20.8°，变化范围为 16.7°~27.1°，最短阴影在 2 月 9 日前后，最长阴影在 6 月 2 日前后，如图 3-64 所示。

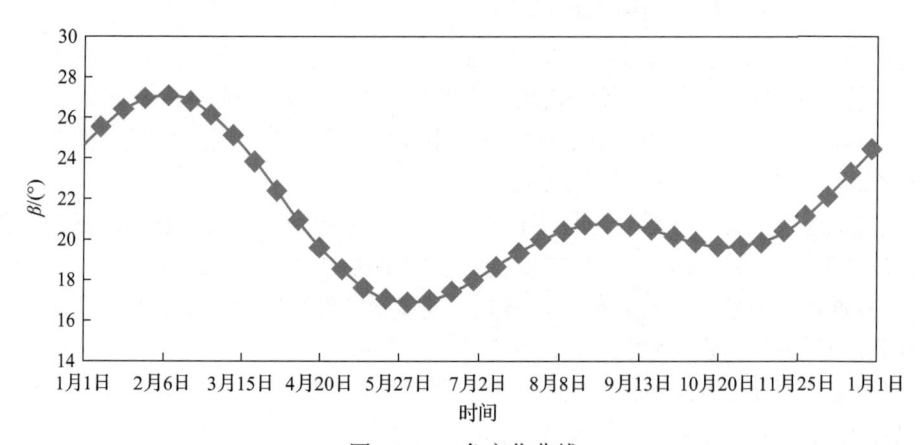

图 3-64 β 角变化曲线

1) 热分析

本节进行整星热分析，在-Y 面(背阳面)，对于降交点地方时 10:30AM 的飞行器轨道，其总是照不到太阳，地球反照也很小，所以-Y 面是飞行器上可以采用的一个最稳定和最有效的散热面[33]。

在+Y 面(对阳面)，日照区的太阳光线与法线的夹角固定，因此太阳投射热流恒定，其热流值为 400~550W/m², 该面地球反照和地球辐射也很小，也是一个较好的散热面选择。但是，考虑到 5 年寿命末期，热控涂层退化后导致吸收太阳热流增加很大。散热面表面热流在运行初期、末期变化较大，增大了星内热量控制难度，且阴影区与日照的太阳热流相差很大。因此，使用该面作为散热面的效果不如−Y面。

对于−Z面(对天面)，其不受地球反照和地球辐射的影响。但周期内该面受太阳直接照射时间最长，而且变化最大，可以作为飞行器的辅助散热面。

对于±X面，其外热流在每圈中变化较大，而且下方距离不远处就是一体化综合电子和电源控制器，红外热流较大，可作为飞行器的辅助散热面。

对于+Z面(对地面)，飞行器在绕地球运行的每一圈，其均有一定的太阳直接辐射和地球反照，但量都比较小，所以也可以考虑将其作为辅助散热面。

2)散热面的选择和设计

降交点地方时 10:30AM 的太阳同步轨道飞行器正常飞行条件下−Y面是最理想的散热面。通常飞行器的热功耗在星内离散分布，单靠一个面作为散热面与星内等温化设计思想不够统一，不利于舱内仪器设备的温度均匀。考虑到飞行器长短期功率下热量各自的最佳散热途径，需要根据仪器设备的分布和各舱段的热功耗以及飞行器的在轨姿态变化，在±X面上开大小、位置不同的主散热面，在+Z、−Z面上开大小、位置不同的辅助散热面，以增加散热通道，控制舱内的热交换，得到合理的温度分布。热控工程师还给出了热控涂层、隔热和主动热控设计。由于热控设计及分析需要依赖高精度的模型和专业的仿真工具，无法在 MBSE 中进行设计和验证，通常在系统模型中捕获该设计结果，并关联到需求，以保证可追溯。

3.3 基于系统工程的一体化飞行器系统分析与设计

在 MBSE 中，系统分析是确保设计满足预定目标和性能要求的关键步骤。通过数学计算、逻辑推理、建模和仿真等手段，系统分析帮助系统工程师在设计阶段预测和验证系统的行为与性能。该方法特别适用于复杂系统，如一体化飞行器，因为其通常涉及多个子系统和组件的集成。

在如图3-65所示的MBSE背景中，系统分析流程通常包括以下几个关键步骤。

(1)设计领域整合：涉及将不同学科的模型整合到一个统一的模型环境中，以支持跨学科的设计和分析。这有助于确保设计模型之间的高层集成，并与高层系统模型之间保持可追溯性。

(2)模型仿真系统：利用整合的模型环境，系统工程师可以运行模型仿真，以验证和确认系统的性能。

(3)模型决策：仿真结果可以用来做出基于模型的决策，从而确定最终的系统方案。

(4)系统需求验证和确认：通过追溯分析，系统工程师可以确保系统设计满足所有的系统需求和约束条件。

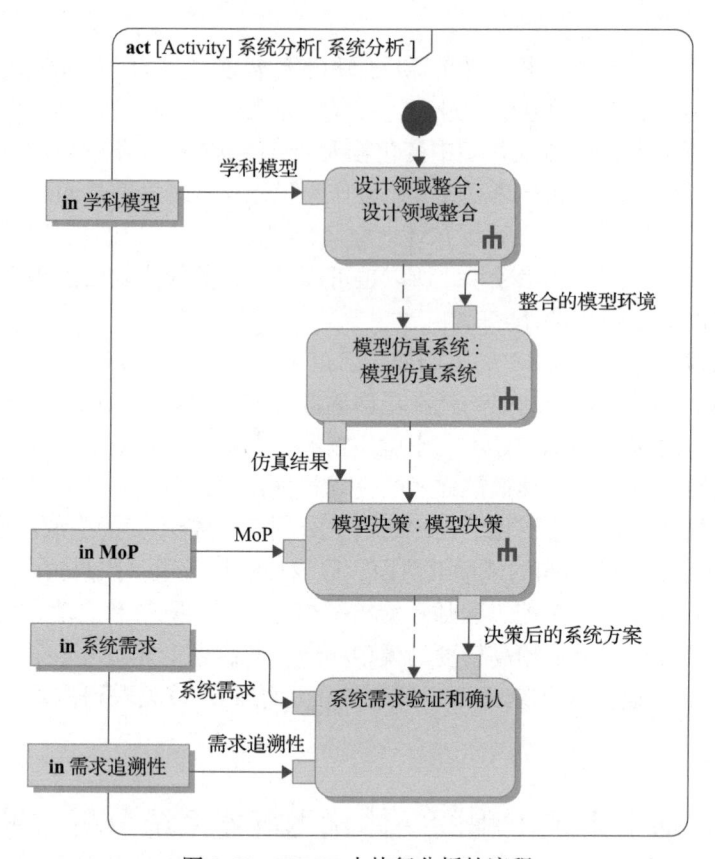

图 3-65　MBSE 中执行分析的流程

在 MBSE 中，仿真是一个核心组件，允许系统工程师在实际构建系统之前，就在计算机上测试和验证系统的行为。这不仅可以显著降低研发成本，还可以在设计过程中及早发现和解决问题。例如，系统工程师可以在 SysML 建模工具中创建描述性架构模型，这些模型可以无缝对接到详细实现模型。这样的环境确保了项目在架构世界和设计世界的同步，并允许系统工程师在系统需求、架构模型、实现模型和嵌入式软件之间自由导航。

此外，MBSE 的实施还涉及系统集成，是将各个系统元素合成一个完整系统的过程。该过程需要定义集成所需的资源、目标、测试和程序。通过设计系统模型或仿真，可以在不同的系统模型级别上进行交互操作，以支持集成，可以提高性能、成本效益和协同作用。

总的来说，MBSE 通过提供一个结构化的方法来管理系统复杂度，改善沟通，并产出优化系统，使得系统工程师能够在系统的全生命周期中，从概念设计到工程、制造和运行使用等每个阶段都能够有效地进行决策和验证。

3.3.1 一体化飞行器设计领域集成

一体化飞行器设计领域集成是 MBSE 中的关键环节，涉及建立多学科设计模型和分析模型，以确保设计模型之间以及与高层系统模型之间的高层集成和可追溯性。该过程不仅涉及软件子系统、物理产品和运行使能因素的组合，还包括对这些要素的功能规范，以满足系统需求并提供所需的系统功能。

在设计领域集成中，专业和学科专家的参与至关重要。系统工程团队应定义如何通过各种要素（如软件子系统、物理产品或运行使能因素）的组合来实现系统需求，从而提供所需的系统功能。根据所需系统功能的规范，可能会导致新子系统的工程设计、特定软件或硬件项目的开发，或者现有组件（如 COTS 或非开发项目）的再利用。

在设计的定义和分析过程中，必须明确元件或项目的特征，通过理解其目的来确定需求。采用各种分析方法，考虑计划性能和必要的质量角度，以确保解决方案适合其目的和寿命，例如，对于一体化飞行器系统，可能包括以下内容。

(1)确定机械结构、热结构、推进结构和电气结构的特征。
(2)评估技术或材料的成熟度、现有产品的能力。
(3)进行质量、体积和物理分配的分析。
(4)分析和论证需求或限制条件的符合性，从性能方面进行评估。
(5)进行权衡分析并合并设计要素。

不同领域的专家使用特定学科的模型提供相关信息，包括安全模型、机械模型、热模型、电气模型以及指定软件和数据模型的 SysML 模型。所有这些信息将与权衡活动一起提供，直至设计完成。图 3-66 显示了设计领域集成流程图。

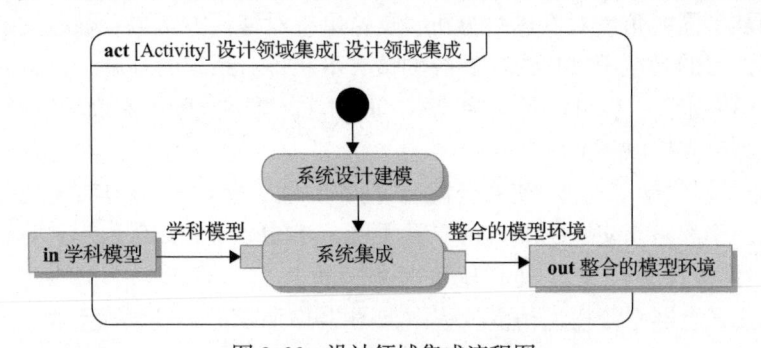

图 3-66 设计领域集成流程图

1. 进行系统设计建模

在详细设计阶段获得的学科模型需要适应系统工程的要求，包括将系统需求分配至对应的元素、确定学科模型的输入、将架构模型转换为设计模型或其他类型的能够实现系统元素的模型、完善模型之间的接口并可能生成接口控制文档。

2. 集成系统模型

系统集成的目标是将一组系统元素合成一个实现的系统(产品或服务)，以满足系统需求、架构和设计。这里系统是指任何由其元素构成的集成整体，本节研究中对应了一体化飞行器的大系统。集成过程的执行涉及集成所需的资源(环境、人员和专业工具)、目标、测试、程序等。作为一般经验法则，越早进行集成活动以验证设计，结果可能越好。

在 MBSE 中，通过设计系统模型或仿真，使其与其他系统模型或仿真在每个系统模型级别进行交互操作，从而支持集成。随着各项活动的开展，通过提高团队的协同性，可获得更高的效益并节约成本。虚拟系统集成完全依赖模型。为需要集成的系统的每个子系统创建功能需求的行为模型。这些子系统行为模型经整合后生成一个集成系统模型。然后，使用解决方案级行为模型逐步替换子系统需求级行为模型，以保持集成度。解决方案级行为模型逐渐被原型子系统取代，随后被工程化并经过验证的子系统取代，从而在从完全模型到完全物理的整个演变过程中保持集成。在这个过程中，可能需要集成来自其他工具或学科的模型。这依赖不同工具之间的互操作能力，也需要开发更好的管理方法，以确保不同来源的模型能够共享相同的知识。

3.3.2 一体化飞行器系统模型仿真

在 MBSE 中，模型仿真是一个核心活动，通过生成代表一体化飞行器系统的信息和数据来支持 MBSE 的不同活动。这包括在所考虑的活动中进行建模和参数化，以便从不同的角度对其进行分析，支持审查对替代方案或参数改进的决策。模型仿真的目的是在不操作真实系统的情况下获得对系统的理解，这可能是因为真实系统尚未定义，也可能是因为成本、时间、资源或风险限制而无法直接执行。模型仿真应当支持以下活动。

(1)通过提供动态功能，使系统模型(基本上是从行为方面)具有可视化的执行视角以及用于沟通和交互的图形用户界面(graphical user interface，GUI)。

(2)根据仿真结果进行不同程度的系统分析。

一体化飞行器系统模型仿真流程图如图 3-67 所示。

1. 定义面向联合仿真的特定领域元模型

由于系统模型的高层次性和 SysML 的限制以及一体化飞行器的多学科特性，仅使用 SysML 系统模型无法满足系统分析的仿真需求。因此，需要集成其他领域

第 3 章 基于 MBSE 的一体化飞行器设计方法

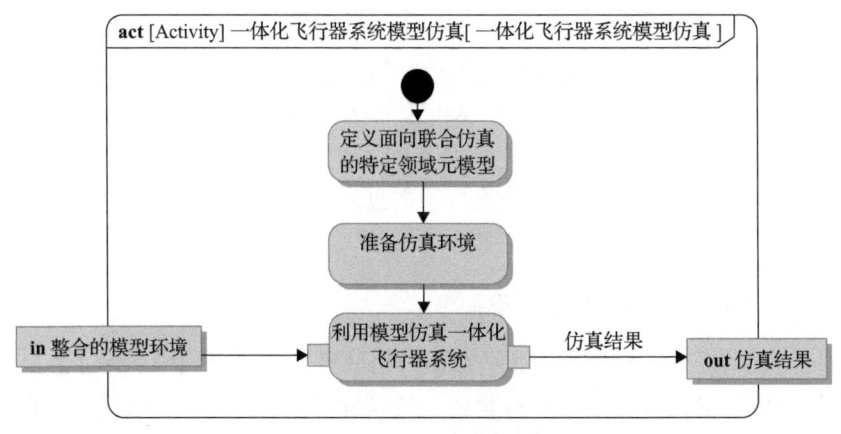

图 3-67 一体化飞行器系统模型仿真流程图

或学科的模型和工具来进行全域的不同保真度分析。在 MBSE 中，系统模型可以集成相关学科模型，但这种集成应该确保系统模型能够捕获学科模型或工具的统一概念，以实现规范和可追溯性。因此，需要定义面向联合仿真的特定领域元模型。

元模型是一种用于定义和描述特定领域模型的方法，可以帮助系统工程师理解和分析特定领域的问题，以及提供一种通用的语言来表达和交流该领域的知识。元模型应包括以下几个方面。

(1) 元模型的目的和范围：说明为什么需要建立元模型，以及元模型涵盖了哪些概念、关系、规则和约束。

(2) 元模型的结构和组成：说明元模型由哪些部分组成，以及每个部分之间如何联系。

(3) 元模型的语法和语义：说明元模型使用了哪些符号、符号集、符号规则、语法规则、语义规则等来表示概念、关系、规则和约束。在 SysML 中，这些内容都是利用扩展功能来扩展现有的 SysML 语义的。

(4) 元模型的实例化：实例化的元模型就代表了系统工程师建立并将要执行的模型。

2. 准备仿真环境

根据一体化飞行器系统模型构建内容和与学科工程师的讨论，确定需要仿真的系统元素、仿真的层次以确定使用何种模型。针对不同的仿真层次，可能使用增强的 SysML 模型（更加完善的活动图和参数图）或来源于其他软件的异构模型。因此，首先确定仿真的范例、动态实现和数据交互方式等。随后指明模型仿真所需的模型属性或仿真需求，并指定模型执行所需的以及模型仿真应当提供的数据或信息，即仿真模型的输入或输出。这些输出应当由 SysML 模型指定，包括数据和数据单位。确定每一步的仿真输出（数据或信息）及其管理，如数据储存方式，如果数据储存于临时文件或表格中，则应由系统模型捕获其路径和格式。之后应当确定仿真模型可能获得的相关数据或信息的框架和范围，并构建相关的 GUI 以可视化显示仿真结果。可视化的仿真界面有助于不同学科工程师共同了解系统仿真的结果。

3. 利用模型仿真一体化飞行器系统

执行仿真的目标是利用工具进行仿真，测试模型并提出问题，演示仿真结果，从而获得结果和答案。由于仿真环境已经准备完毕，在执行中，主要是构建完整的软件环境，确定系统模型的输入值，执行仿真并得到仿真数据。之后系统工程师决定如何使用并储存仿真结果。

在 MBSE 实践中，仿真不仅是一个验证工具，也是一个强大的设计工具。通过仿真，可以在不同的设计阶段探索架构、建立组件原型并创建组件规范。此外，仿真还可以用于系统级测试，以检查可供下游实现团队使用的需求的一致性和正确性。

3.3.3 基于模型系统工程的一体化飞行器设计选型

在 MBSE 中，决策过程是一个关键环节，利用模型成果来丰富决策内容，优化备选方案，并利用仿真结果对参数进行细化。这一过程依赖权衡分析，以审查各种可行的替代方案，并确定最优选择。为了实现这一点，必须制定一套标准，并商定如何根据这些标准衡量不同的替代方案。

决策过程主要依据的是度量的性能衡量标准，这些参数通常由参数图定义的性能指标评估方程来确定。当存在多个性能指标时，通常采用加权的方式来综合这些指标，从而得到一个综合性能指标。基于评估结果，可以生成最终的设计方案。

MBSE 的一个主要优势是支持广泛的权衡研究能力。权衡研究可能涉及以下方面。

(1) 设定性能需求的具体值。
(2) 比较不同的系统设计和运行概念。
(3) 在候选的物理组件中进行选择。

3.3.4 一体化飞行器系统结构验证和确认

一体化飞行器系统结构验证和确认是 MBSE 中的一个至关重要的活动，涉及对系统模型进行细致的检查和评估，以确保模型的正确性、完整性、一致性和可靠性。通过这一过程可以发现并修正模型中的错误、缺陷或不符合需求的地方，从而提升系统的整体质量。

一体化飞行器系统结构验证和确认的目的包括以下方面。

(1) 确保一致性：保证系统模型与实际系统之间的一致性，避免模型不准确导致的实际系统问题或失败。

(2) 确保文档匹配：保证系统模型与其他相关文档之间的一致性，避免文档不匹配导致沟通或协作困难。

(3) 满足需求：保证系统模型能够满足用户或客户的需求，避免需求变更导致模型过时或无效。

(4) 支持开发流程：保证系统模型能够支持后续的开发、测试和维护工作，避免因信息缺失导致工作效率低下或成本增加。

(5) 一体化飞行器系统的验证和确认。

(6) 构建追溯性：将系统元素（包括学科设计模型元素）与需求相结合，构建追溯性。

(7) 整合仿真与分析结果：整合系统仿真与分析的结果，包括决策后的结果，以确保设计方案的有效性。

(8) 定义验证与确认流程：定义系统验证与确认用例或流程，并执行以验证是否所有的需求都被覆盖且满足。

3.4 本章小结

本章探讨了基于模型的系统工程(MBSE)在一体化飞行器设计中的应用。MBSE 通过提供一个结构化框架，使得从多视角设计方法论到详细设计阶段的每个环节都能够得到系统化的管理。通过设计领域整合、模型仿真、决策制定，以及系统验证和确认的过程，MBSE 确保了设计方案的理论正确性和实际有效性。这一方法论支持保证了模型的一致性、完整性和可追溯性，成为建立一体化飞行器结构模型并得到设计方案的基础。

第 4 章　基于 MBSE 的一体化飞行器总体设计方案

4.1　引　　言

本章将以一体化飞行器的总体设计详细说明方法的流程与细节，并最终得到一个可行的总体方案，允许进入设计审查。此外，还将详细审查一体化飞行器的各个分系统设计方案，涵盖能源、结构和机构、热控、姿轨控、载荷以及综合电子平台等关键领域。这些分析将提供一个全面的视角，使读者理解如何将 MBSE 的理论框架转换为实际可行的设计方案。

4.2　一体化飞行器系统总体设计方案

4.2.1　多级固体动力系统总体设计方案

多级固体动力系统采用三级固体构型、末级与入轨航天器一体化设计各参数如表 4-1 所示[34]。三级固体动力的数据部分来源于"快舟一号甲"运载火箭中公开的参数。

表 4-1　多级固体动力系统总体参数

项目	一级	二级	三级	入轨航天器
推力/kN	588	368	155	2
装药量/t	15.3	8.112	2.98	0.29
子级起飞质量/t	16.6	8.7	3.2	0.7
整流罩质量/t			0.3	
起飞质量/t			29.8	
起飞推力/t			58.8	
起飞推重比/%			1.97	

构建的一体化飞行器顶层结构与参数如图 4-1 所示，该图是图 3-25 带有数据的细化。在这个层级上，领域或学科工程师可以查看感兴趣的结构和数据。图 4-1 定义了多级固体动力模块中一些结构件的参数，描述了一体化飞行器发射

第 4 章 基于 MBSE 的一体化飞行器总体设计方案 ·171·

时的经纬度坐标、载质比指标并与需求块关联，三级组成及每一级的推力、质量和燃料质量等。

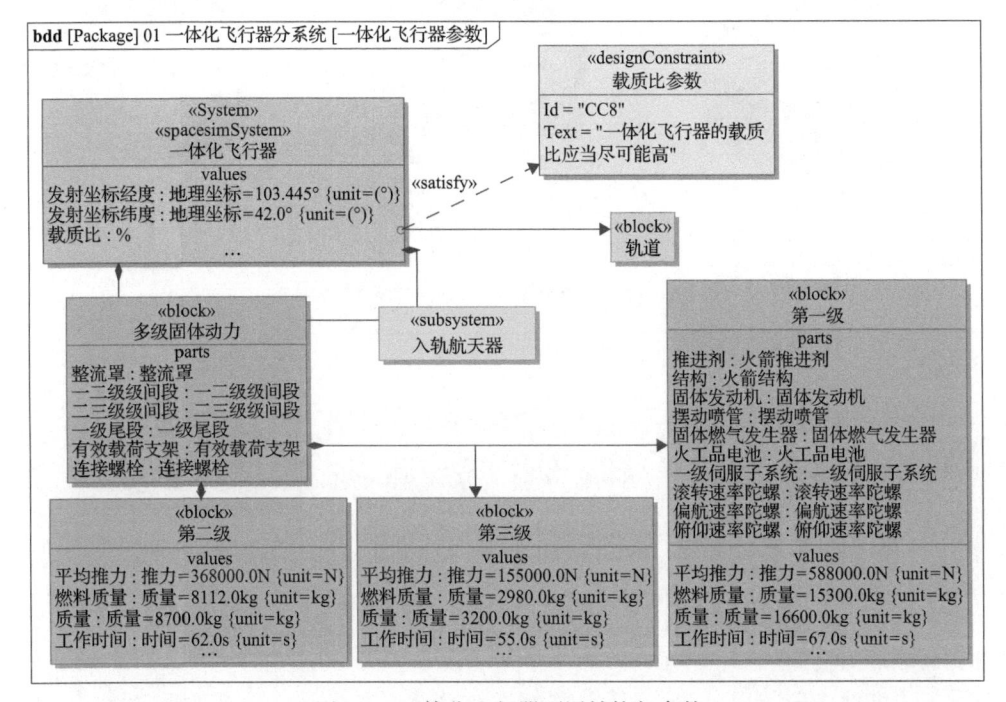

图 4-1 一体化飞行器顶层结构与参数

图 4-2 显示了一体化飞行器示意图。该图是学科工程师依据 MBSE 中的设计方案使用 CAD 技术设计的。图 4-3 显示了部分多级固体动力系统结构设计图，应与 MBSE 进行追溯。

多级固体动力模块与入轨航天器之间的数据流如图 4-4 所示。

图 4-5 描述了一体化飞行器的工作模式状态机图。该状态机是图 3-36 的细化，并且填充了状态中的执行活动。图 4-5 描述了整个系统随时间的状态，在发射阶段为主动段模式，先后经历射前准备阶段、一二级飞行阶段、三级飞行阶

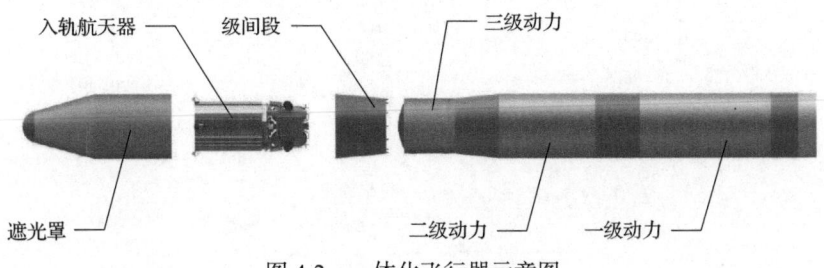

图 4-2 一体化飞行器示意图

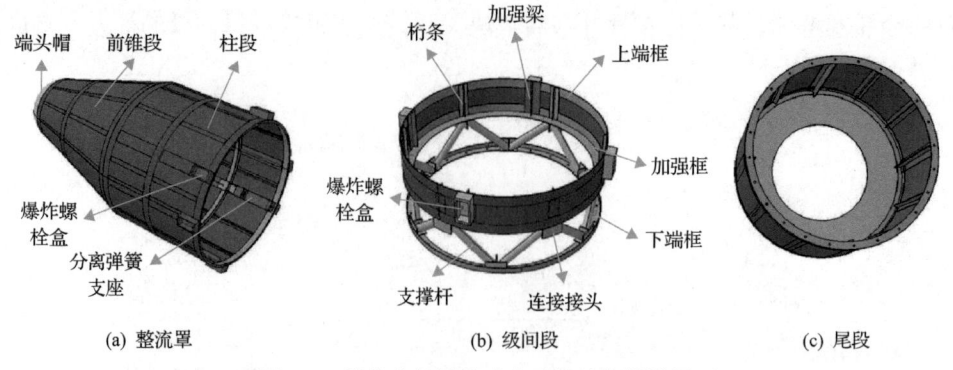

图 4-3 部分多级固体动力系统结构设计图

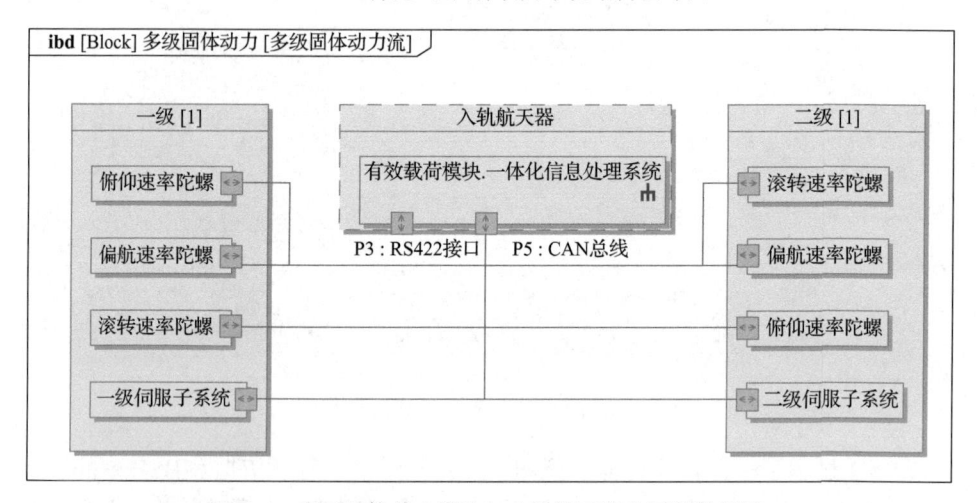

图 4-4 多级固体动力模块与入轨航天器之间的数据流

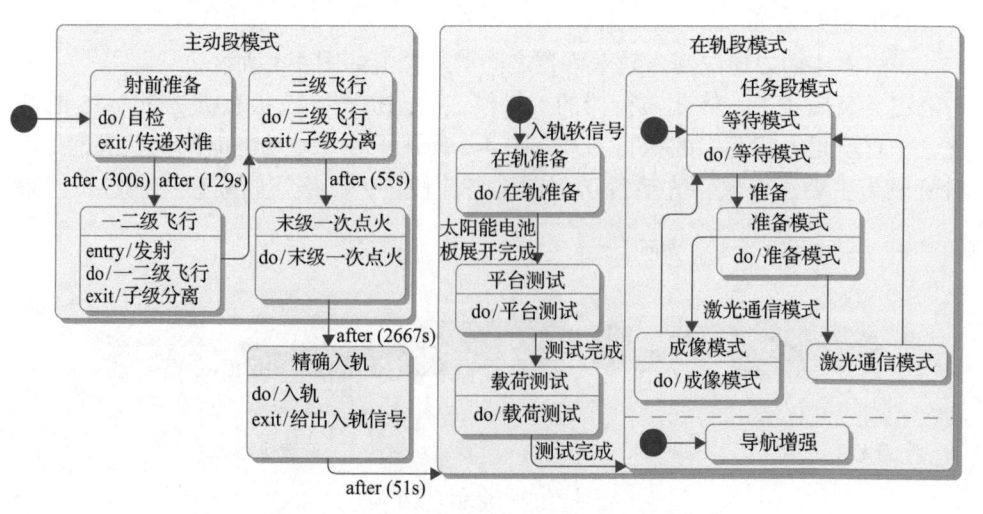

图 4-5 一体化飞行器的工作模式状态机图

段和末级一次点火阶段。随后经过 2667s 的无动力滑行后进入精确入轨阶段，再经过 51s 进入在轨段模式。在在轨段模式时入轨航天器处于任务轨道上，首先得到入轨软信号后进入在轨准备阶段。太阳能电池板展开完成后进行平台测试及载荷测试，之后入轨航天器正式进入任务段模式。任务段模式包括等待模式、任务前的准备模式，任务中的成像模式和激光通信模式。导航增强为一个并行的独立模式，因此在任务段模式处于一个独立的分区中，与上面的状态成为并行状态。

主动段模式从飞行器射前准备开始，至飞行器入轨进入在轨段模式为止，共包括射前准备阶段、一二级飞行阶段、三级飞行阶段、无动力滑行阶段和精确入轨阶段五个子模式。

射前准备阶段：T_0 为 300s，飞行器与外部电源断开，飞行器转入内电，综合计算机重构为箭载计算机模式，进行全箭自检；T_0 为 300s，飞行器请求传递对准，转发对准指令并上传对准状态。自检活动流程如图 4-6 所示。

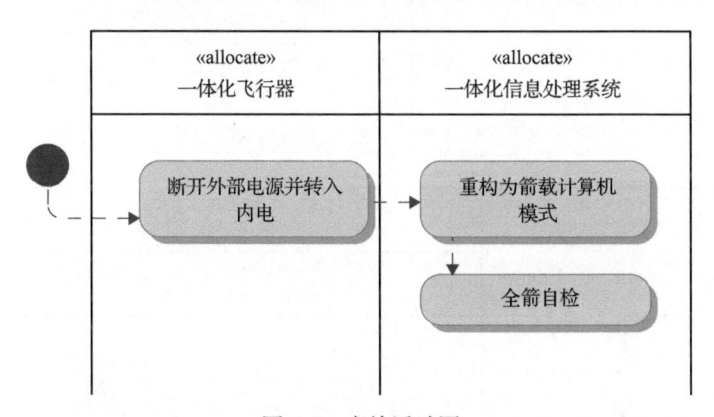

图 4-6 自检活动图

300s 后飞行器进入发射阶段，点火后进行一二级飞行活动，如图 4-7 所示。T_0 时刻，飞行器发射，进入固体动力飞行阶段，星载计算机进行导航信息解算，采用跟踪制导方法生成制导姿态角指令，采用比例微分(proportional plus derivative，PD)控制方法生成控制指令，通过遥测接口，按照一定的时间频率向遥测设备发送遥测数据；根据飞行器固体推进剂消耗量判断子级分离时机，一旦满足分离条件，箭载计算机发送解锁申请，然后控制子级分离。该活动图同时展示了星控箭的过程。

如图 4-8 所示的三级飞行活动流程与图 4-7 类似，但一体化信息处理系统通过闭路制导方法生成制导姿态角指令，这种方法的不同由系统模型捕获。

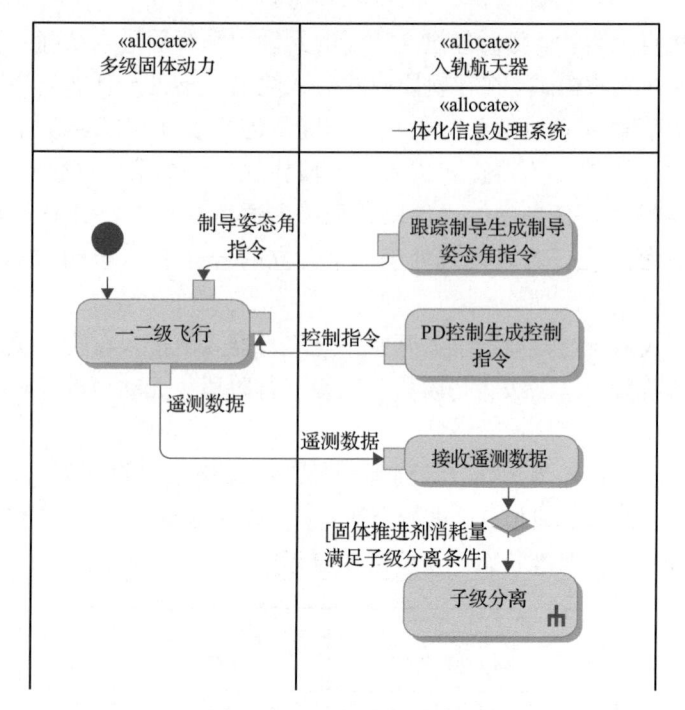

图 4-7　一二级飞行活动图

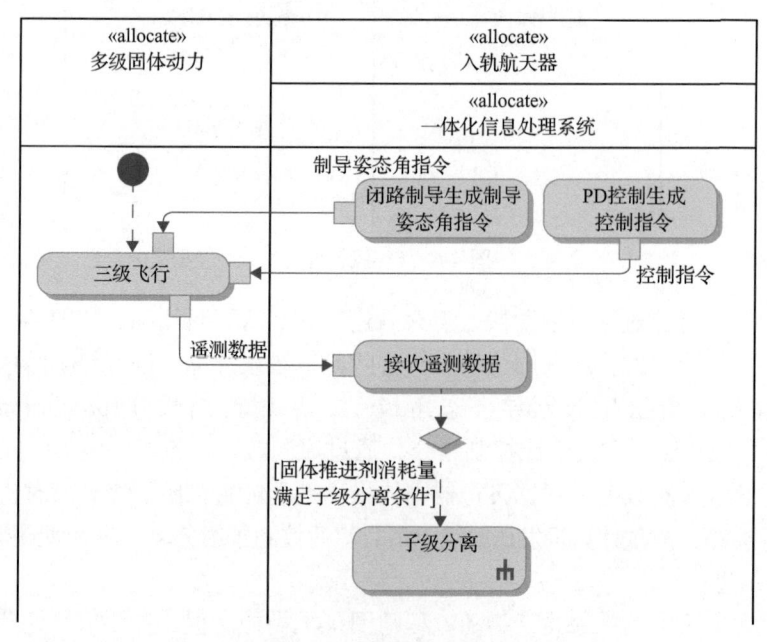

图 4-8　三级飞行活动图

末级一次点火后开始无动力滑行，星载计算机控制飞行器进入无动力滑行阶段，采用 PD 控制方法生成 RCS 推力器点火指令，按照时间判断轨控发动机是否开机。在精确入轨阶段，一体化信息处理系统利用 PD 控制方法生成 RCS 推力器点火指令控制末级动力系统点火。随后进入在轨段模式，入轨航天器在自身末级发动机的作用下进入任务轨道，精确入轨活动流程如图 4-9 所示。

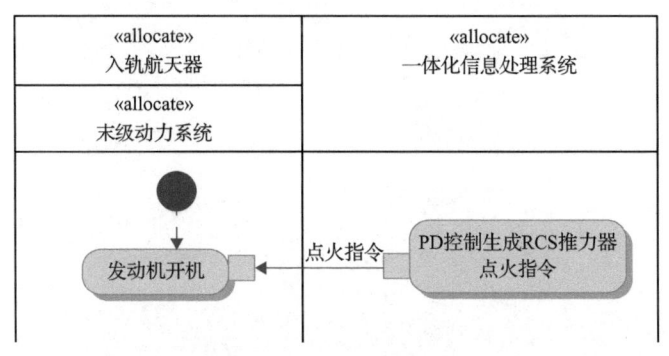

图 4-9 精确入轨活动图

判定飞行器成功入轨后，箭载计算机给出入轨软信号，综合计算机重构为星载计算机。在轨阶段从飞行器入轨开始，至完成飞行器在轨测试结束，可细分为在轨准备阶段、飞行器平台测试阶段和一体化载荷测试阶段三部分。

4.2.2 入轨航天器总体设计方案

构建的入轨航天器结构图如图 4-10 所示。该图细化了图 3-28 中描述的入轨航天器的逻辑组成，详细定义了组成、参数和接口。图 4-11 显示了入轨航天器整体结构示意图。

一体化飞行器控制相关的数据流如图 4-12 所示，主要描述了信息处理系统的接口以及与推进相关模块之间的交互。这些接口包括 CAN 总线接口、PWM 接口、RS422 接口和频段等。不同类型的数据流由不同颜色的线区分并由图例分类。

图 4-13 描述了在轨准备活动流程。在轨准备阶段自星载计算机给出入轨软信号开始，综合计算机重构为星载计算机，启动入轨飞行程序，分别对星敏感器、太阳敏感器、光纤陀螺、反作用飞轮、磁强计、磁力矩器等平台设备加电，并完成飞行器消旋转入对日定向三轴稳定模式。在飞行器综合角动量小于给定阈值后，启动太阳能电池板展开流程。若消旋结果判断异常，则太阳能电池板可通过地面指令或超时强制展开。当入轨航天器进入对日定向三轴稳定模式时，在轨准备阶段结束。

太阳能电池板展开完成后进入平台测试，如图 4-14 所示。在飞行器平台测试阶段，飞行器按既定流程自主进行平台测试，以简化平台测试流程，缩短平台测试时间，包括平台各部件运行状态检查、蓄电池充放电测试、太阳能电池板供电能力测试等。

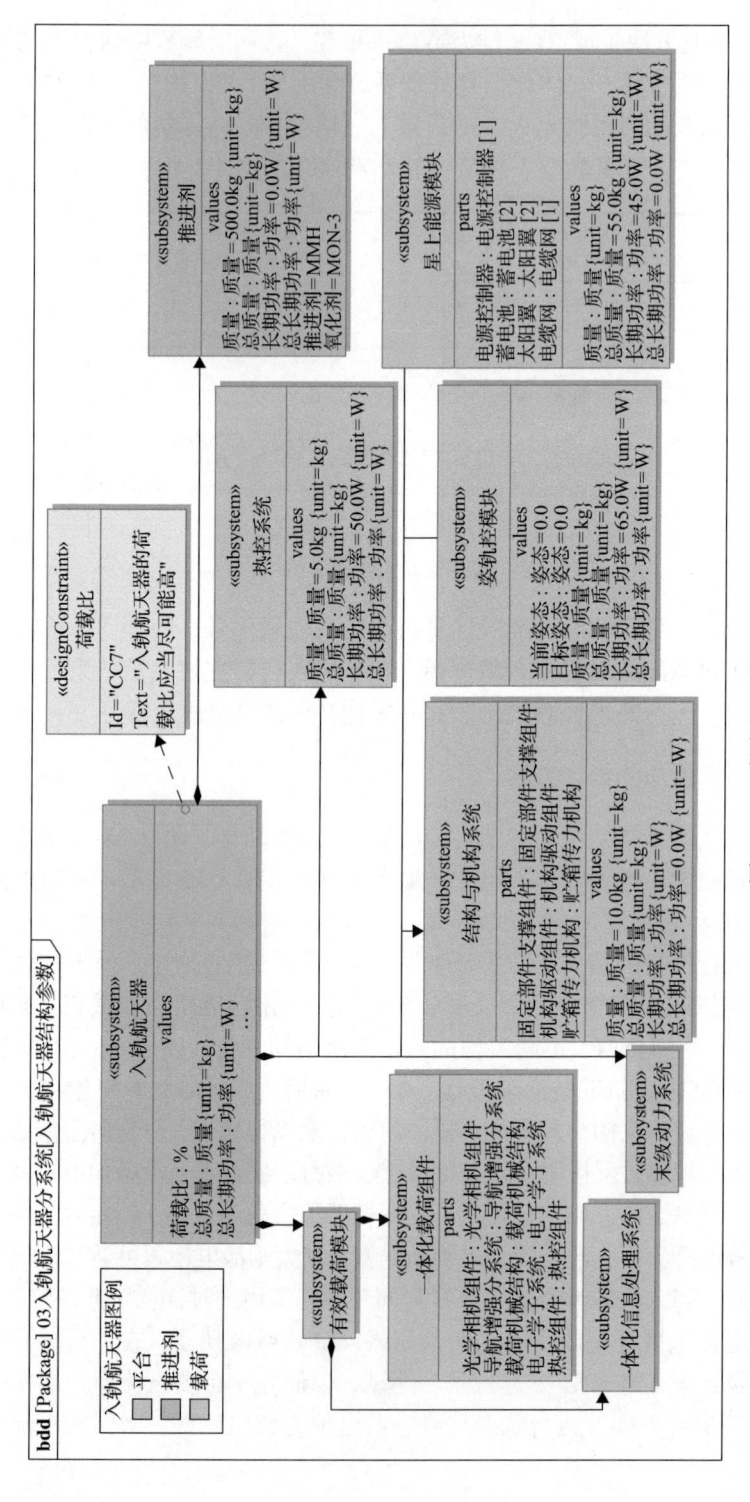

图 4-10 入轨航天器结构图

第 4 章　基于 MBSE 的一体化飞行器总体设计方案

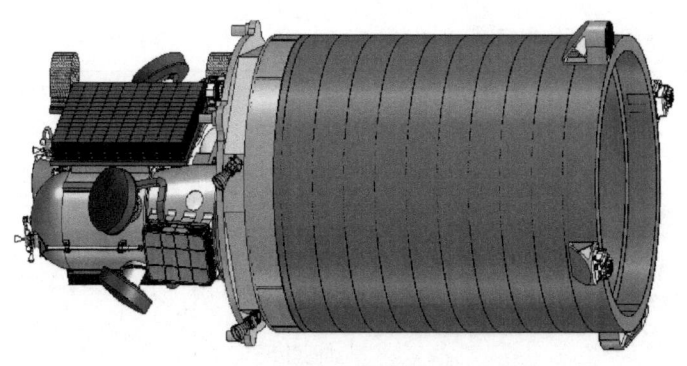

图 4-11　入轨航天器整体结构示意图

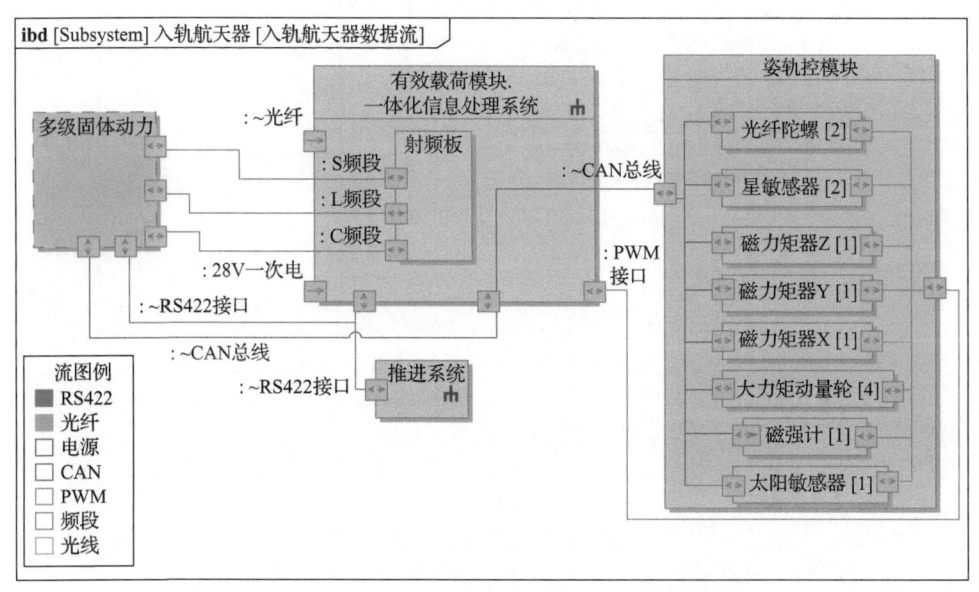

图 4-12　一体化飞行器控制相关的数据流

确保飞行器平台运行正常后，转入对一体化载荷测试阶段。在此阶段，依次完成遥感载荷、激光通信载荷、导航载荷功能测试，如图 4-15 所示。载荷首先重构为遥感载荷模式，利用自校模式对相机成像功能进行测试，并将图像数据进行压缩存储与图像处理，以确认遥感载荷功能的正确性。然后在入轨航天器过境时，将载荷重构为激光通信载荷模式，将存储的自校图像进行回传，以确认激光通信载荷功能的正确性。最后将载荷重构为导航增强模式，利用导航增强天线实现对定位信息的增强转发。相机利用自校模式测试成像功能，当经过地面站时，重构为激光通信载荷模式以测试数据下传功能。离开地面站区域后重构为导航增强模式，至此测试阶段完成。

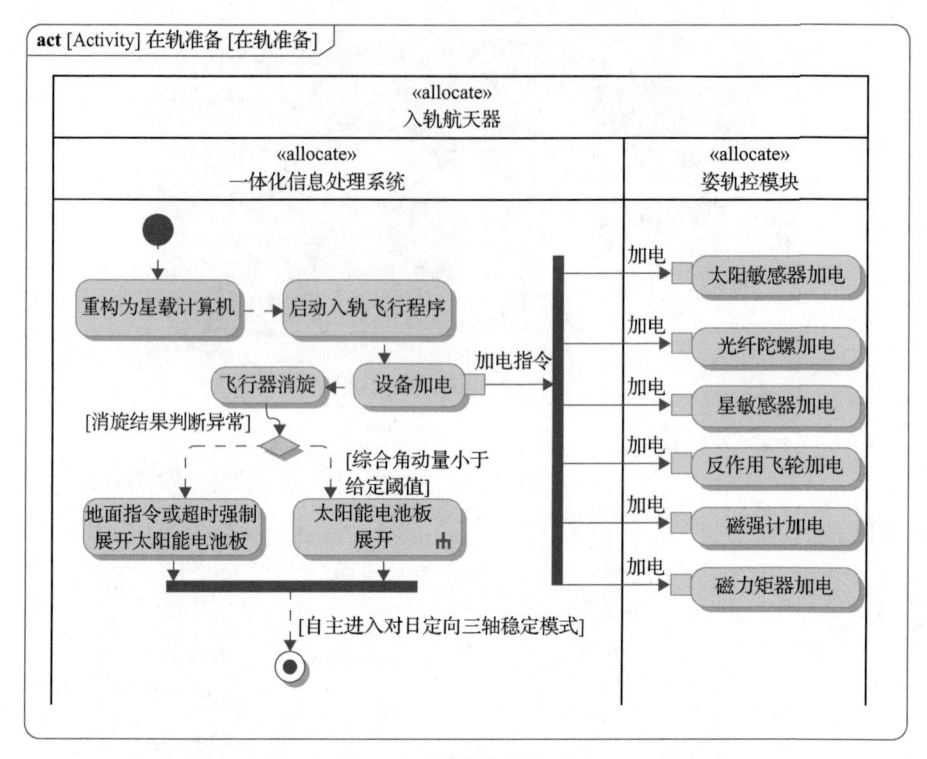

图 4-13　在轨准备活动图

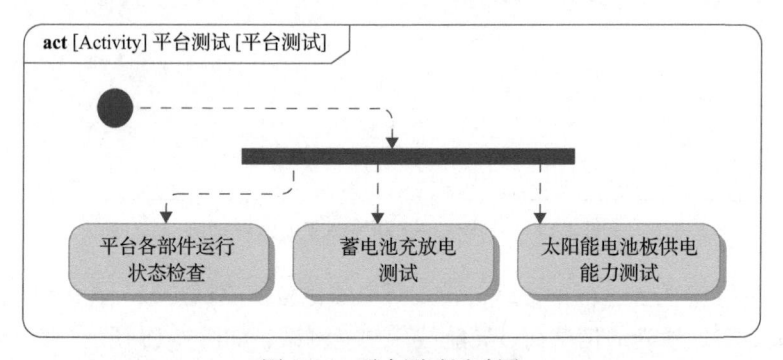

图 4-14　平台测试活动图

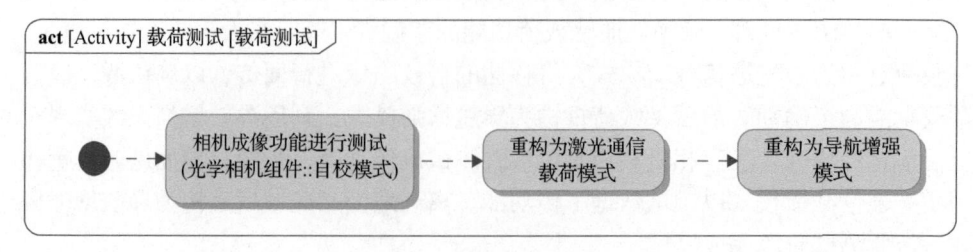

图 4-15　载荷测试活动图

4.3 入轨航天器分系统设计方案

4.3.1 入轨航天器分系统设计方案概述

经过基于 MBSE 和公理化设计理论的逻辑设计和详细设计，系统工程师得到了入轨航天器在总体阶段的详细设计方案，这些方案将作为学科详细设计的输入，并保证系统工程与领域工程之间的一致性。

在公理化设计中，将入轨航天器分为层次结构，包括光学系统、动力推进系统、姿轨控系统、综合电子系统、测控系统、电源系统、热控系统和结构与机构系统。这些层次的划分是功能导向的，而系统的结构设计中应重点考虑项目的管理并帮助开展并行工程。设计方案中经过系统工程师和各利益攸关者之间的协商，将入轨航天器划分为星上能源模块、结构与机构系统、热控系统、姿轨控模块（包括末级动力系统）和一体化载荷组件系统。其中，一体化载荷组件系统包括光学系统、激光通信系统、导航增强系统、通信天线以及负责整星数据管理的一体化信息处理系统。下面将详细介绍这些分系统的设计方案，包括系统组成、顶层参数和工作模式等。

图 4-16 显示了入轨航天器结构展开示意图。其中，PCDU 为电能调节和分配单元。图 4-17 利用关系导航图描述了入轨航天器的系统组成层次，限于篇幅，没有展示完整的层次关系。

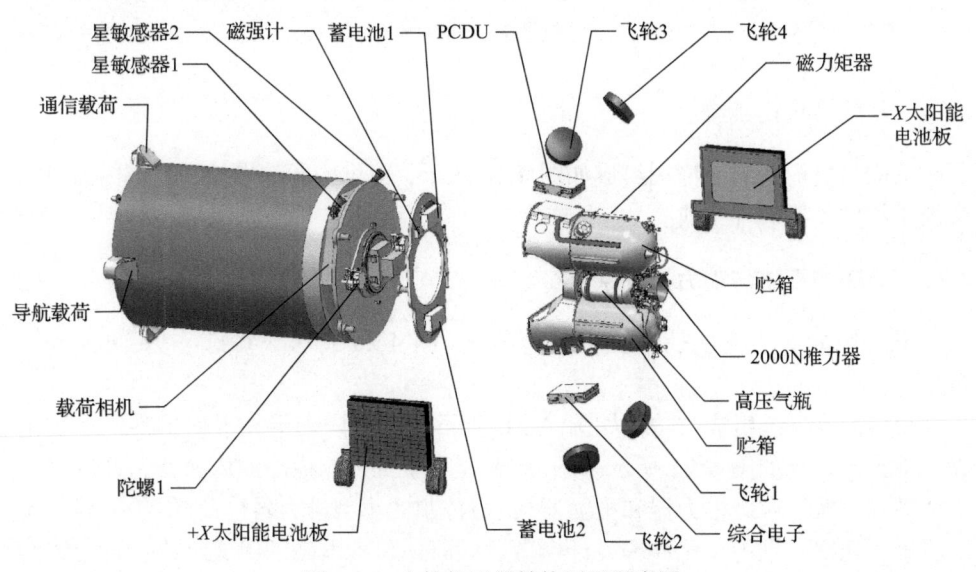

图 4-16 入轨航天器结构展开示意图

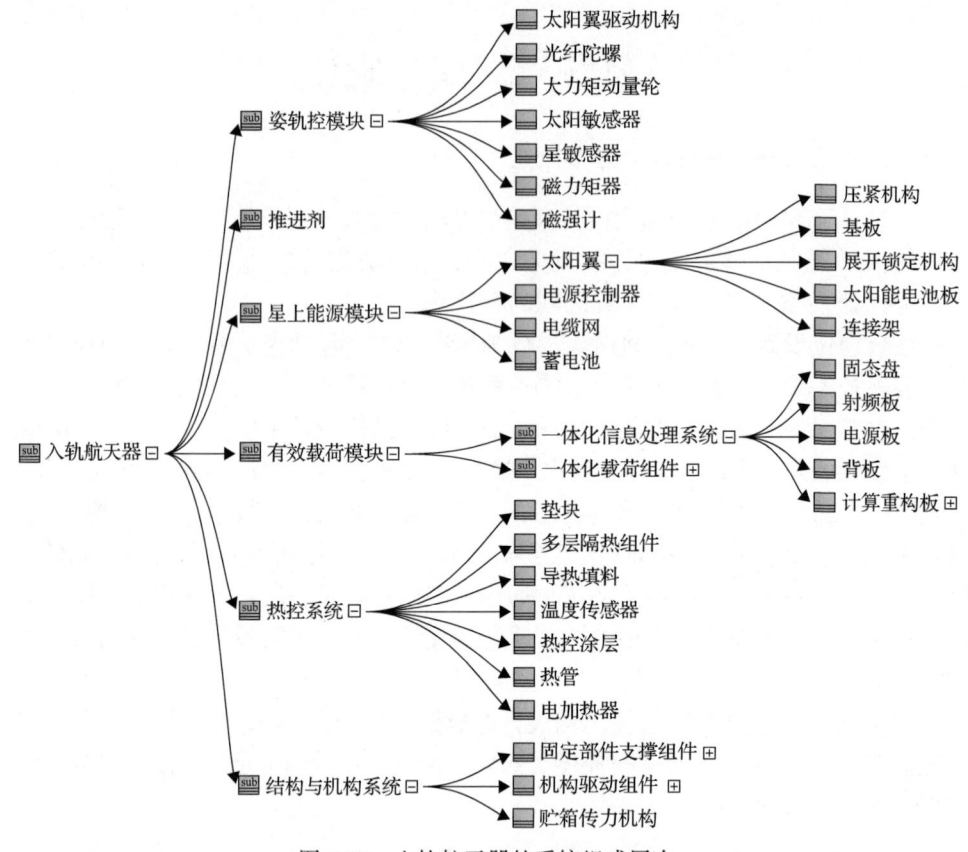

```
入轨航天器
├── 姿轨控模块
│   ├── 太阳翼驱动机构
│   ├── 光纤陀螺
│   ├── 大力矩动量轮
│   ├── 太阳敏感器
│   ├── 星敏感器
│   ├── 磁力矩器
│   └── 磁强计
├── 推进剂
├── 星上能源模块
│   ├── 太阳翼
│   │   ├── 压紧机构
│   │   ├── 基板
│   │   ├── 展开锁定机构
│   │   ├── 太阳能电池板
│   │   └── 连接架
│   ├── 电源控制器
│   ├── 电缆网
│   └── 蓄电池
├── 有效载荷模块
│   ├── 一体化信息处理系统
│   │   ├── 固态盘
│   │   ├── 射频板
│   │   ├── 电源板
│   │   ├── 背板
│   │   └── 计算重构板
│   └── 一体化载荷组件
├── 热控系统
│   ├── 垫块
│   ├── 多层隔热组件
│   ├── 导热填料
│   ├── 温度传感器
│   ├── 热控涂层
│   ├── 热管
│   └── 电加热器
└── 结构与机构系统
    ├── 固定部件支撑组件
    ├── 机构驱动组件
    └── 贮箱传力机构
```

图 4-17 入轨航天器的系统组成层次

4.3.2 结构与机构系统

结构与机构系统的详细组成如图 4-18 所示，由机构驱动组件、贮箱传力机构和固定部件支撑组件组成。

4.3.3 姿轨控系统与动力推进系统

图 4-19 定义了姿轨控系统组成和参数。图 4-20 显示了 CAD 中姿轨控系统布局。

动力推进系统组成与功耗如图 4-21 所示。该图详细定义了动力推进系统组成。推力器布局如图 4-22 所示。图 4-21 显示了推力器模块的值属性，详细定义了两种推力器：末级推力器和推力器（轨道控制的小型推力器），它们的值属性包括质量、功率、推力、比冲等设计参数，同时还包括电磁阀组成结构。每个连线末端的数字定义了每个组件的个数。

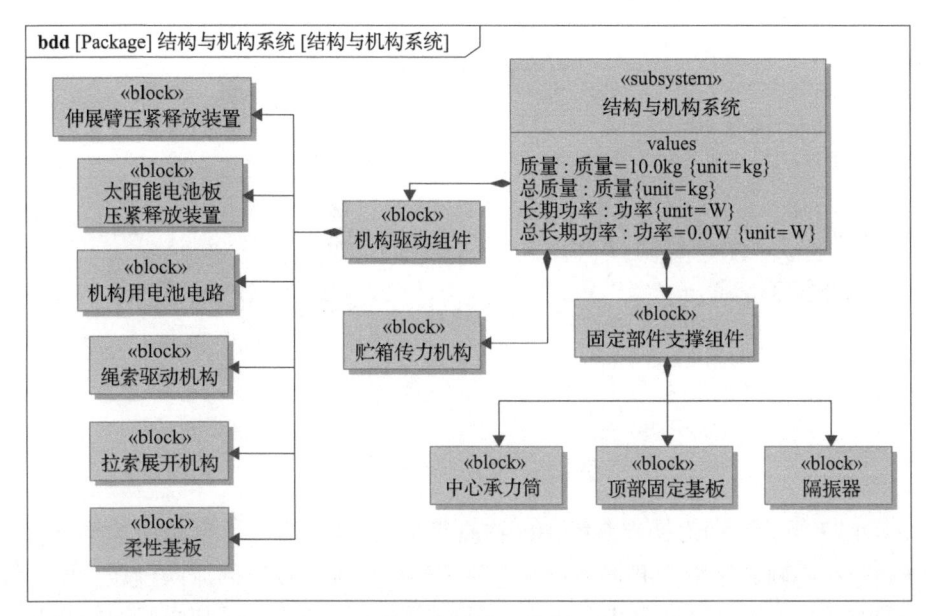

第 4 章 基于 MBSE 的一体化飞行器总体设计方案

图 4-18 结构与机构系统的详细组成

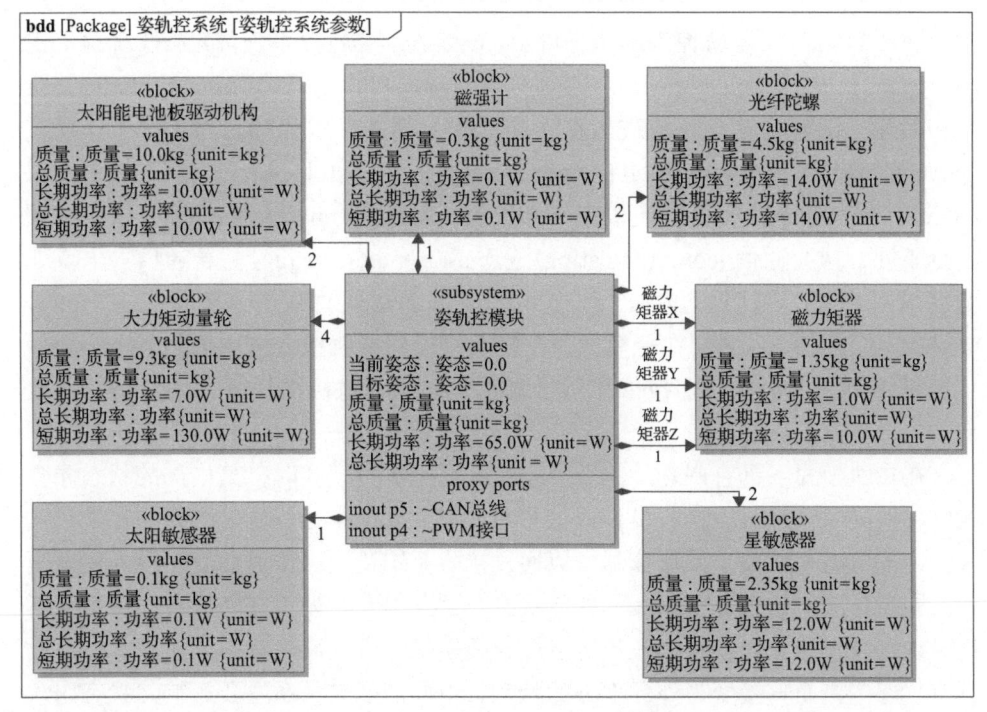

图 4-19 姿轨控系统组成和参数

(a) 星敏感器布局　　　　　(b) 动量轮布局

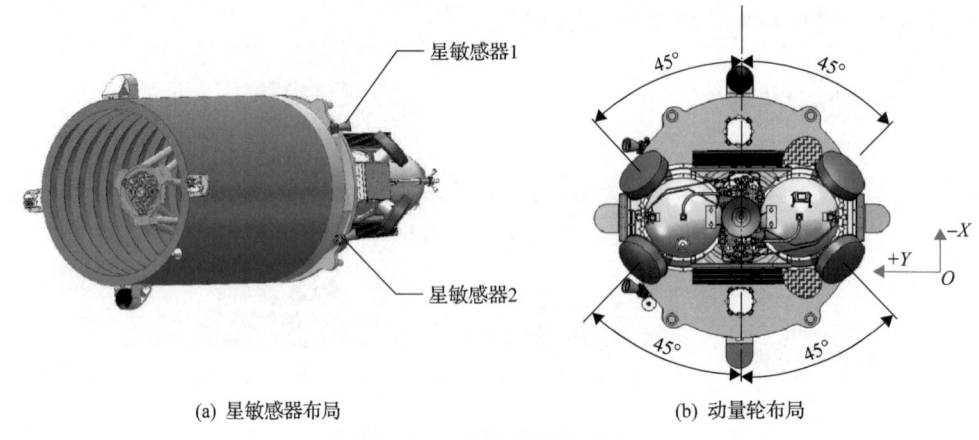

图 4-20　姿轨控系统布局

图 4-23 描述了动力推进系统中的物质流交互，主要描述了气瓶中的气体通过各种阀门传递到贮箱中，并将燃料和氧化剂传递到推力器中的流向过程。压力传感器的安装位置也描述在其中。因此，设计人员可以确定分系统中组建的交互和接口。

图 4-24 描述了姿轨控系统状态机图。该图表示姿轨控系统首先处于弹道的主动段模式（active segment mode），星箭分离后进入初始化模式（initially mode），执行初始化，随后初始化完成进入在轨（in orbit）模式，默认状态为正常工作模式（general mode），执行对日定向（sun pointing），日食下执行日食模式（eclipse mode）。根据指令执行机动或根据指令进入任务模式（mission mode），依据任务指令不同，执行通信（communicating）或遥感（remote sensing）。若通信丢失或地面区域不可见，则回到正常工作模式。当系统错误时，进入安全模式（safety mode），系统恢复后回到在轨模式，在轨期间得到离轨指令进入离轨状态，随后状态机结束。其他状态切换依靠信号触发，如"轨道机动任务"信号使状态改变为机动模式。

在在轨模式下具有嵌套的状态，当系统处于在轨模式时，其内部的状态才会触发，但同时依然可以接收事件或信号来变更为其他模式，例如，即使在轨模式中的内部状态未结束，系统依然可以通过接收系统错误的信号而直接进入安全模式。同时，某些状态具有嵌套的并行状态，因此当系统处于在轨模式时，系统不仅可以进入正常工作模式，而且可以接收离轨信号进入离轨状态。嵌套状态可以具有状态变更而直接变为外界部分的状态，不同的变更关系主要影响父状态内入口和出口动作的执行。因此，构建复杂状态和行为具有较高的自由度，也可以满足复杂系统状态复杂性的需求。

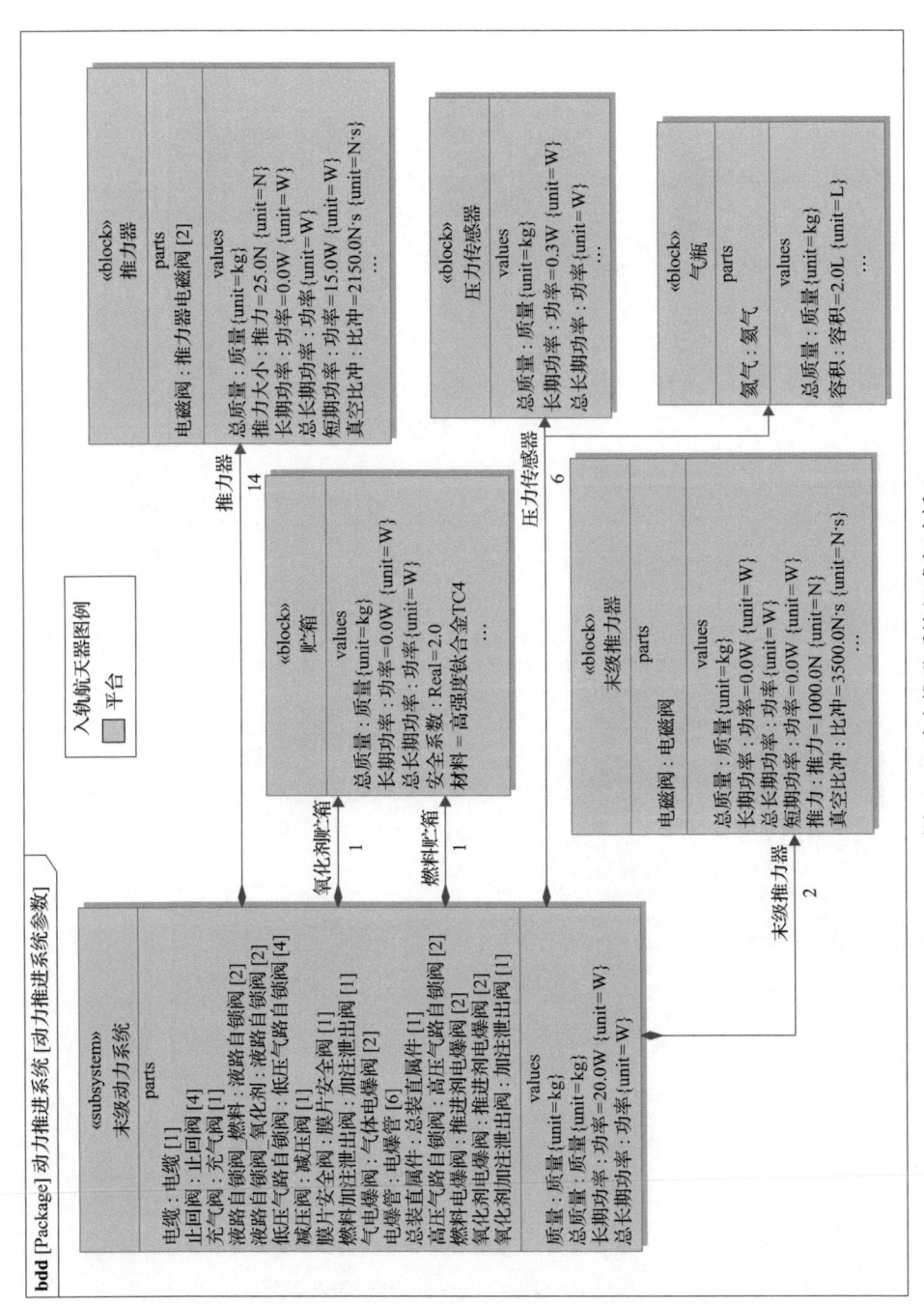

图4-21 动力推进系统组成与功耗

图 4-22 推力器布局

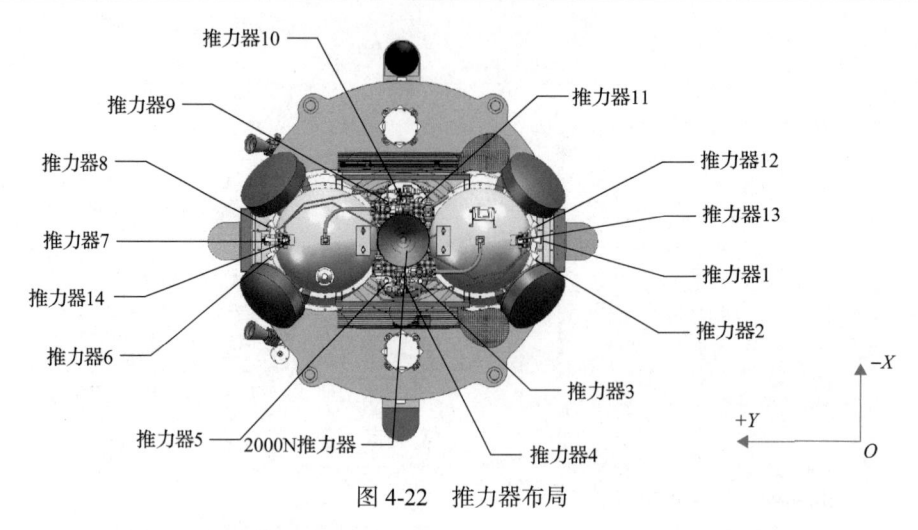

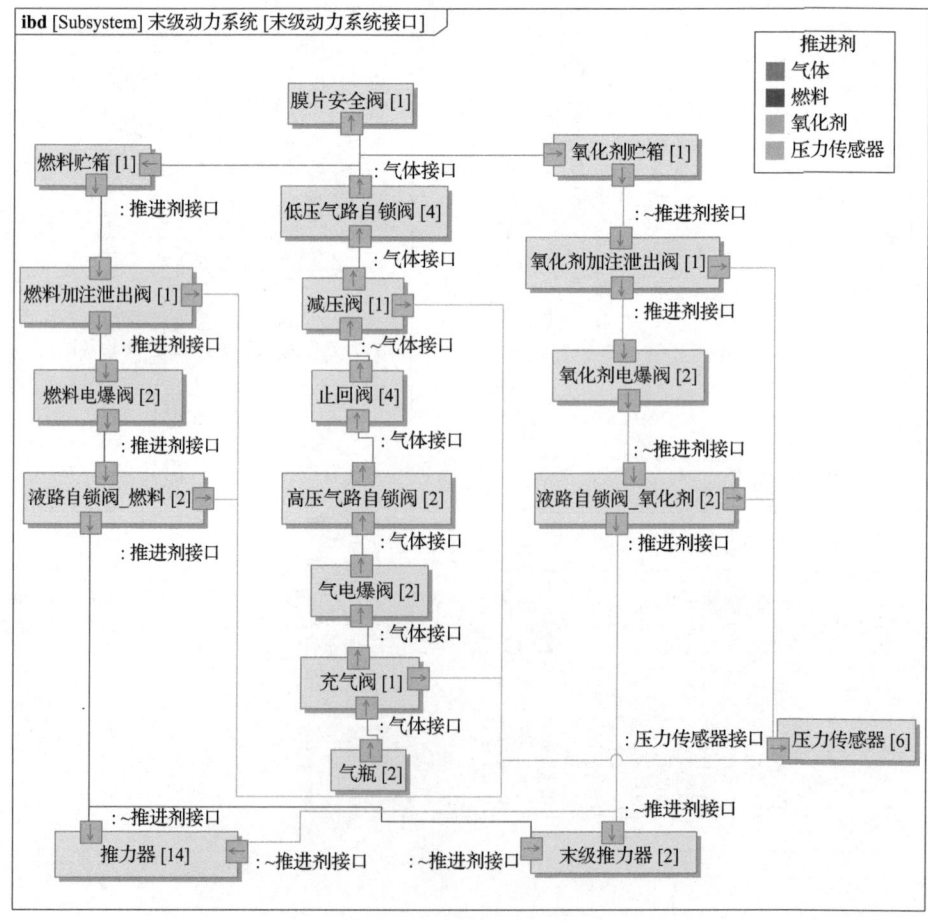

图 4-23 动力推进系统中的物质流交互

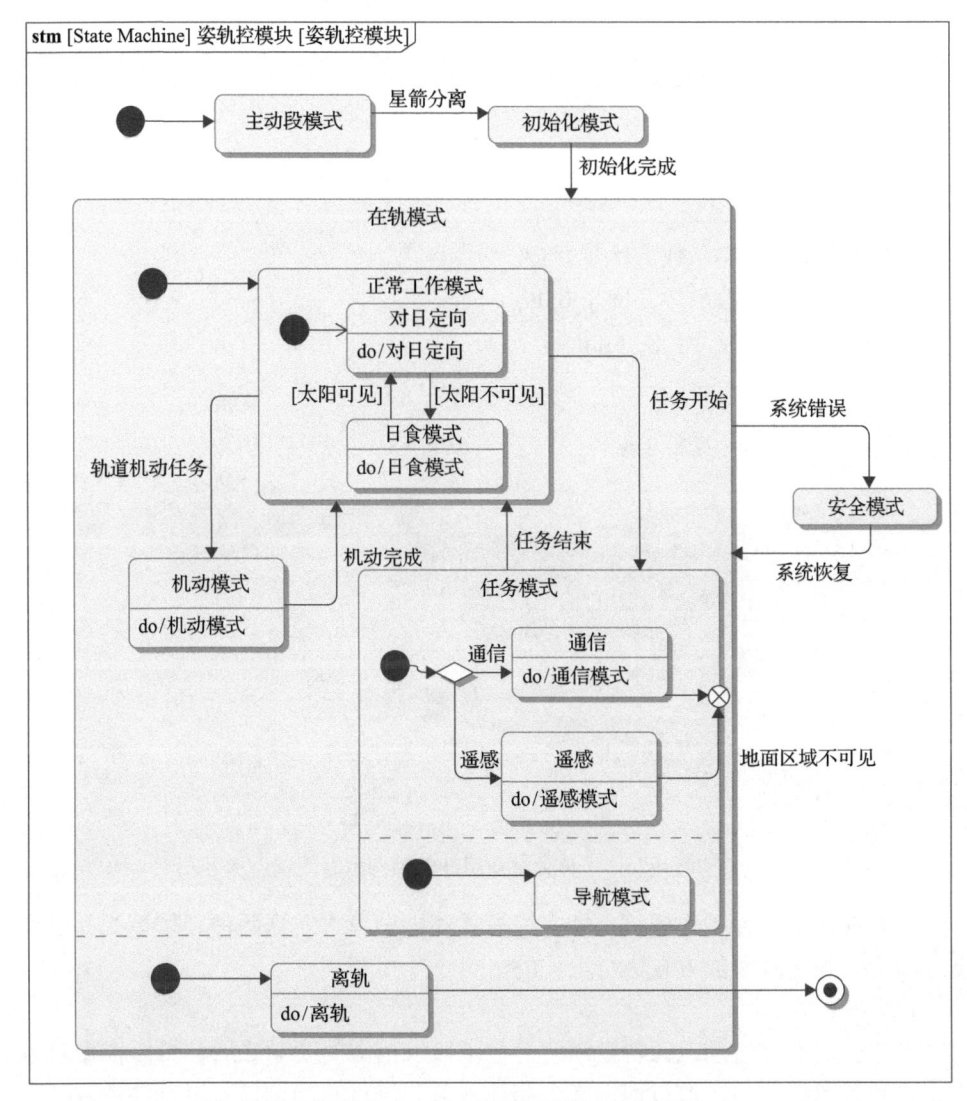

图 4-24 姿轨控系统状态机图

4.3.4 一体化载荷组件系统

一体化载荷组件系统由光学系统、激光通信系统、导航增强系统、信息综合处理模块等组成。图 3-40 已经定义了载荷的设计指标。图 4-25 显示了一体化载荷组件的结构示意图。根据设计指标，详细设计方案如图 4-26 所示。

光学相机系统主要由光学系统、结构系统、电子学子系统等组成，核心指标包括以下内容。

(1) 焦距：8.75m。
(2) 谱段：450～850nm。
(3) 工作视场：1.58°。
(4) 相对孔径：1/14.10。
(5) 通光口径：0.62m。
(6) 光学调制传递函数：优于 0.12。
(7) 整机调制传递函数：优于 0.06。
(8) 探测器像元尺寸：8.75μm。

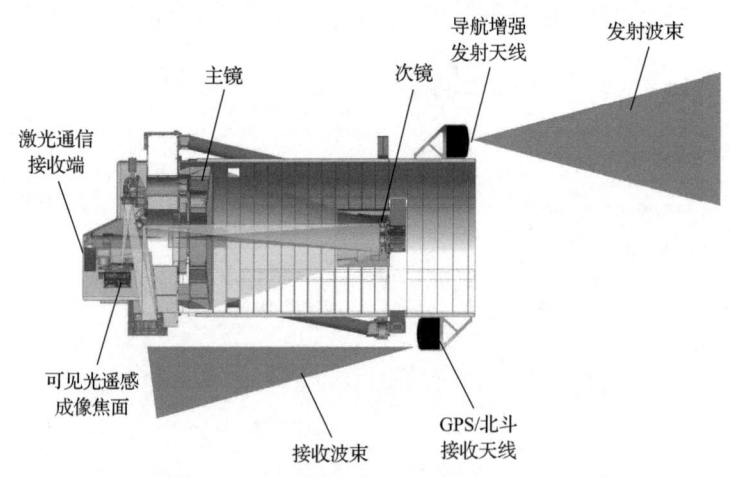

图 4-25 一体化载荷组件的结构示意图

成像仪共有两种工作模式，即自校模式和推扫模式。这两种工作模式都是根据地面指令和注入参数方式进行工作的。

1) 自校模式

光学相机入轨初期或在轨道高度进行了较大范围的变动之后，可以根据对地面接收到图像的评估，通过地面指令和注入参数进行精确调焦，以补偿运载时力学环境的影响，能够在轨道高度有较大的变动之后，使地物仍然精确地成像在图像接收面上，获得最佳成像质量的图像。自校模式的工作程序为：成像准备(包括调焦)、成像、等待传输、图像传输、关机、地面对图像进行评估，再一次进入自校模式，直到获得最佳图像。

2) 推扫模式

推扫模式即对地面景物目标进行数字域时间延迟积分成像[35,36]。

光学相机模块和关联的需求如图 4-27 所示。其相关指标和工作模式在对应分区中。

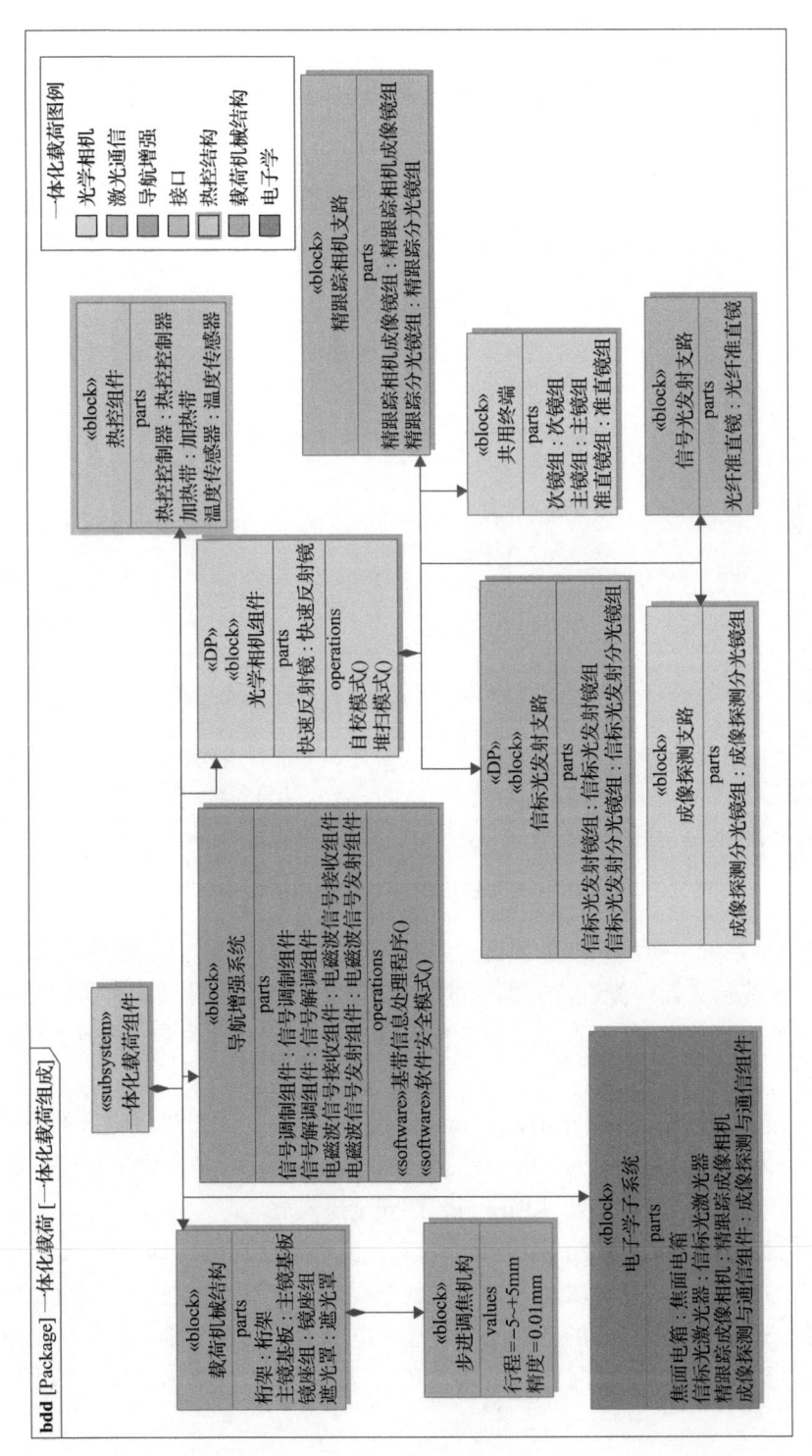

第 4 章 基于 MBSE 的一体化飞行器总体设计方案

图 4-26 一体化载荷组成

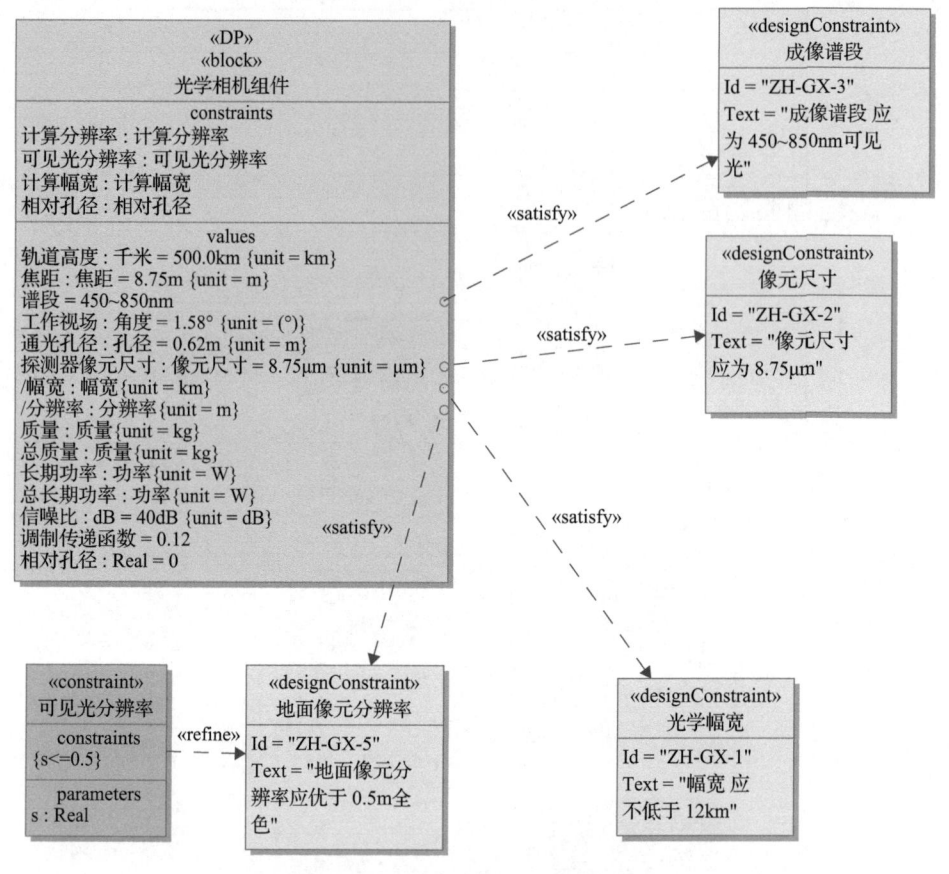

```
«DP»
«block»
光学相机组件
       constraints
计算分辨率：计算分辨率
可见光分辨率：可见光分辨率
计算幅宽：计算幅宽
相对孔径：相对孔径
       values
轨道高度：千米 = 500.0km {unit = km}
焦距：焦距 = 8.75m {unit = m}
谱段 = 450~850nm
工作视场：角度 = 1.58° {unit = (°)}
通光孔径：孔径 = 0.62m {unit = m}
探测器像元尺寸：像元尺寸 = 8.75μm {unit = μm}
/幅宽：幅宽 {unit = km}
/分辨率：分辨率 {unit = m}
质量：质量 {unit = kg}
总质量：质量 {unit = kg}
长期功率：功率 {unit = W}
总长期功率：功率 {unit = W}
信噪比：dB = 40dB {unit = dB}
调制传递函数 = 0.12
相对孔径：Real = 0
```

«designConstraint»
成像谱段
Id = "ZH-GX-3"
Text = "成像谱段 应为 450~850nm 可见光"

«designConstraint»
像元尺寸
Id = "ZH-GX-2"
Text = "像元尺寸 应为 8.75μm"

«constraint»
可见光分辨率
constraints
{s<=0.5}
parameters
s : Real

«designConstraint»
地面像元分辨率
Id = "ZH-GX-5"
Text = "地面像元分辨率应优于0.5m全色"

«designConstraint»
光学幅宽
Id = "ZH-GX-1"
Text = "幅宽 应不低于 12km"

图 4-27 光学相机模块和关联的需求

激光通信系统主要由光学系统（包括与光学相机共口径光学模块，利用引用属性描述）、激光放大器、光纤准直器组成，如图 4-28 所示。光纤准直器在结构上隶属于光学相机的电子学子系统，在功能上隶属于激光通信系统，利用不同颜色进行区分。

全球导航卫星系统（global navigation satellite system，GNSS）接收机的硬件设计主要分解为射频预处理单元、GNSS 接收机单元和外部接口单元。GNSS 接收机的软件组成包括基带信息处理程序与软件安全模式。

一体化载荷系统交互如图 4-29 所示。交互流包括信息流，如 RS422 接口传递的信息、光纤传递的数据以及 CAN 总线数据等。交互流也包括物理存在的光线，描述了遥感相机采集到的外部光线传递到电子元件，以及激光通信中通过光学系统发射至外界的激光信号。这些接口和流帮助设计人员明确了设计的系统间联系。

第4章 基于 MBSE 的一体化飞行器总体设计方案

通导遥一体化载荷共规划了 5 种不同的在轨工作模式,即等待模式、准备模式、成像模式、激光通信模式和导航增强模式。一体化载荷工作模式如图 4-30 所示。

相机在轨正常工作流程以进入等待模式开始,到再次进入等待模式为结束,工作流程如图 4-30 所示。其中,等待模式、准备模式、成像模式以及激光通信模式是在轨正常工作流程的一部分;导航增强模式为长期自主运行的一种状态。

等待模式活动流程如图 4-31 所示。入轨航天器入轨完毕,平台正常工作后,平台为热控控制器加电,一体化载荷进入等待模式。在该模式中,热控控制器对相机进行主动温控,以控制相机本体的温度稳定在相机最佳工作温度范围内,同时相机温控模式和温控门限可通过指令进行更改,其他各功能单元均处于断电状态。

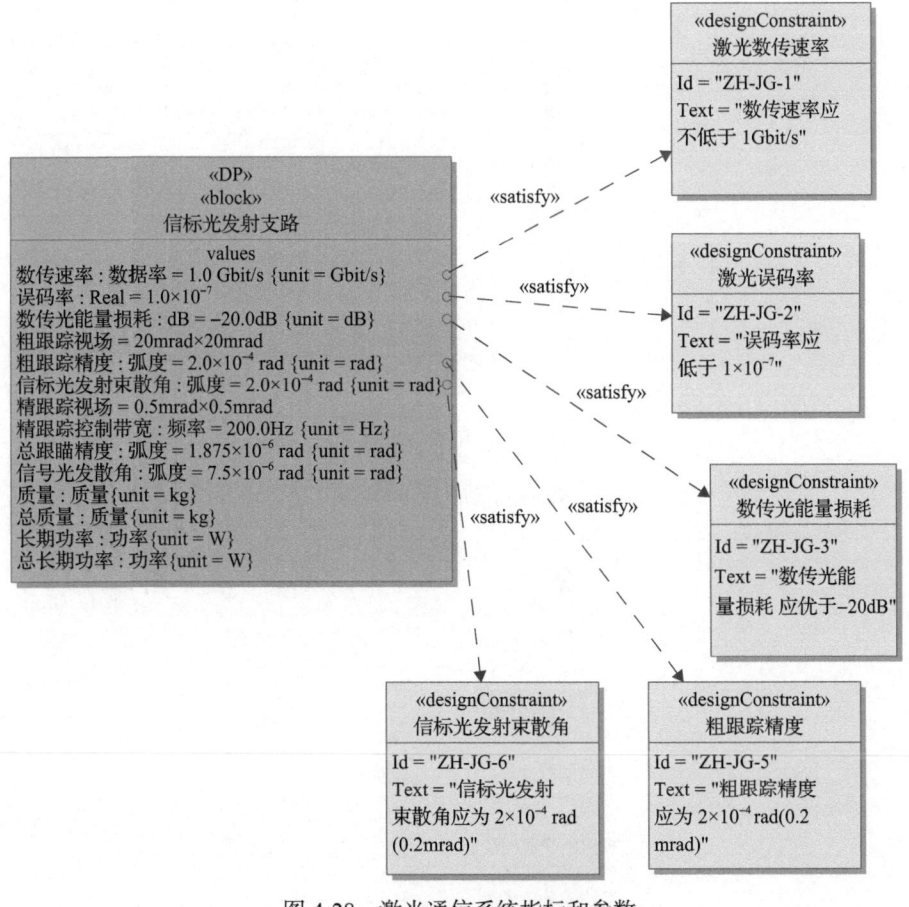

图 4-28 激光通信系统指标和参数

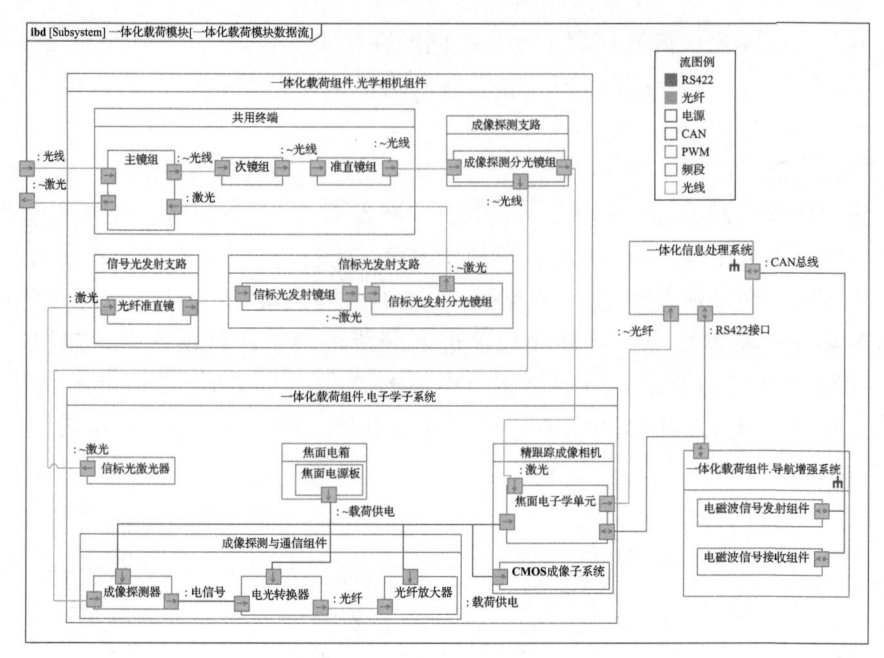

图 4-29　一体化载荷系统交互

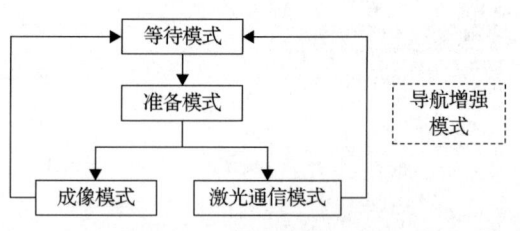

图 4-30　一体化载荷工作模式

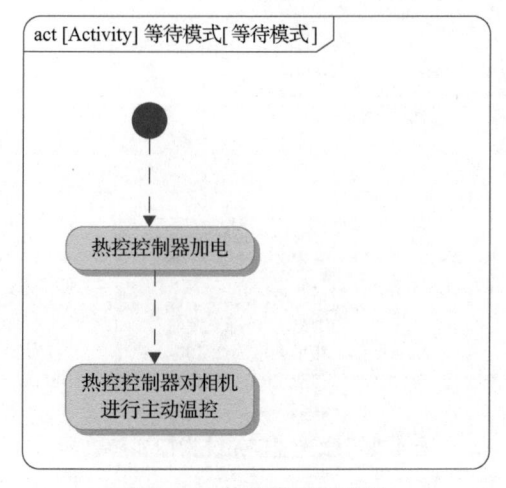

图 4-31　等待模式活动图

第4章 基于 MBSE 的一体化飞行器总体设计方案

平台中心计算机将相机计算处理板加电,进入准备模式。准备模式活动流程如图 4-32 所示。在准备模式中,载荷信息处理系统首先运行可编程只读存储器(programmable read-only memory,PROM)引导程序并与中心计算机进行通信。当 10s 内计算机收到软件上注允许指令帧时,转入重注模式,否则选择默认版本程序开始加载嵌入式多媒体卡(embedded multi-media card,EMMC)中操作系统与应用程序至静态随机存取存储器(static random access memory,SRAM)中运行,之后系统正式进入准备模式。

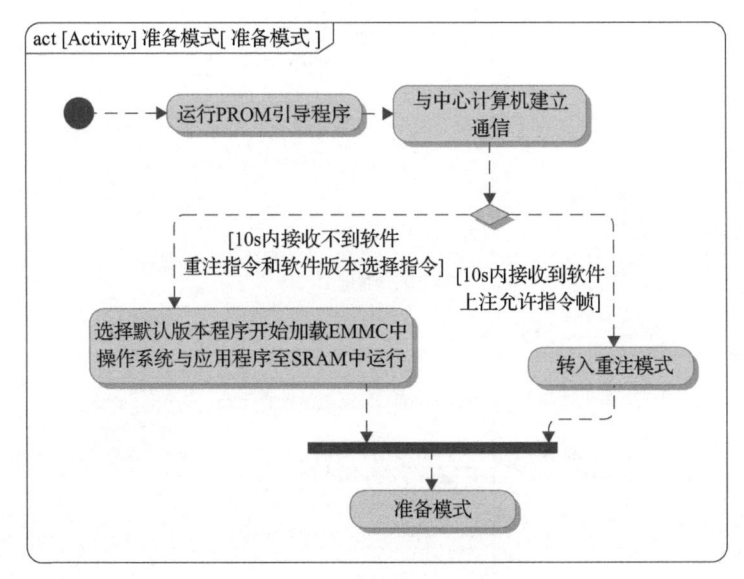

图 4-32 准备模式活动图

在准备模式中,除热控控制器一直保持通电工作外,相机计算处理板及成像子系统(二次电源)也已经加电。

(1) 正常引导:相机计算处理板通电后首先运行 PROM 引导程序,若相机计算处理板运行 PROM 引导程序并与中心计算机建立通信完毕后 10s 内接收不到平台中心计算机的软件重注指令和软件版本选择指令,则选择默认版本程序开始加载 EMMC 中操作系统与应用程序至 SRAM 中运行。相机自检完成后,相机计算处理板与飞行器平台进行数据通信并返回自检状态,开始拍照前的准备。同时,相机各种功能参数可通过不同指令进行更改。

(2) 引导重注:若相机计算处理板开机并与平台中心计算机建立通信链路后 10s 内接收到平台中心计算机的软件上注允许指令帧,则相机转入重注模式。

(3) 调焦:当上一次拍照任务结束,地面判读图像,发现图像清晰度差并确认是由离焦引起的时,由地面注入指令进行调焦。

成像模式活动流程如图 4-33 所示,一体化信息处理系统首先进行自检,相机计算处理板自检完毕后,发送成像配电单元上电指令,为成像单元提供二次电源。成像单元加载完成后,相机计算处理板分解地面任务指令,开始拍照,并通过光纤接收来自成像单元的图像数据,存储至本地高速固态存储器。

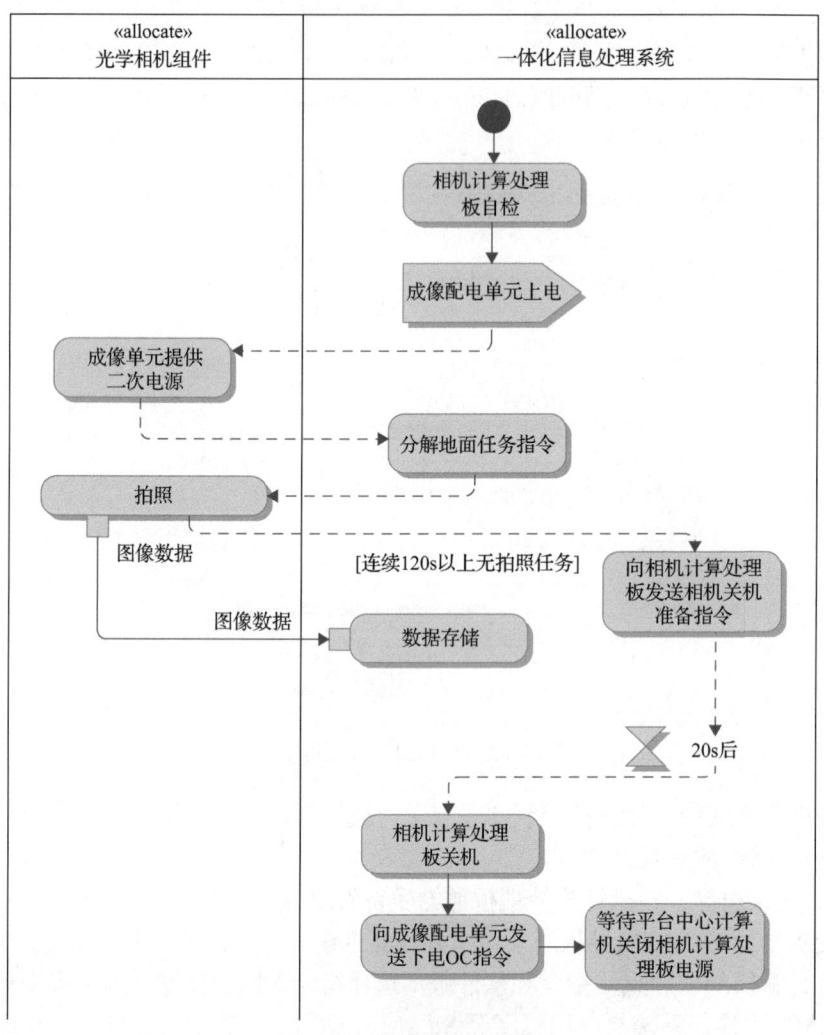

图 4-33 成像模式活动图

若连续 120s 以上无拍照任务,则由平台中心计算机向相机计算处理板发送相机关机准备指令,20s 后平台通过向热控控制器发送相机计算处理板断电指令可为相机计算处理板关机,相机计算处理板关机后,相机将再次进入等待模式。相机计算处理板接收到相机关机准备指令后,相机计算处理板向成像配电单元发送下电开集极电路(open collector,OC)指令,关闭成像配电电源的一次电源,最后等待平台中心计算机关闭相机计算处理板电源。相机计算处理板关机后,相机重新返回等待模式。至此,相机一个完整的工作流程结束。

激光通信模式采用光学共口径收发一体化体制,利用成像光学系统完成激光信道的建立和数据传输。在该模式下,平台姿态机动,将相机光轴指向地面激光接收站,而后将相机计算处理板和激光通信终端开机,初始化进入准备状态,等待接收来自平台的激光通信任务。

(1) 捕获模式。激光通信终端加电后给出信标光,同时接收探测地面站发射的信标光,由平台进行螺旋扫描,通过面阵图像探测器搜索信标光,该过程为捕获模式。

(2) 跟踪模式:包括粗跟踪和精跟踪,捕获完成后进入跟踪状态。

①粗跟踪:由平台完成。捕获完成后,平台根据图像探测器给出的脱靶量控制平台姿态。

②精跟踪:由光路中的快摆镜完成高带宽精跟踪,实现激光光束的精确对准和能量收集。

捕获完成后,平台和快摆镜在后续的激光通信过程中均保持跟踪状态,以维持稳定的激光通信链路。激光通信链路建立完成后,即可进行激光通信。

相机计算处理板执行激光通信任务,读取固态电子存储陈列的硬盘中存储的成像任务图像数据文件,通过光纤接口发送至激光功率放大器,再由光学天线扩束射向地面激光接收终端,完成对地数据传输。

激光通信任务结束后,相机计算处理板将激光终端下电,然后等待平台将相机计算处理板下电。下电完成后,一体化载荷进入等待模式,同时平台退出激光通信粗跟踪模式。

导航增强模式为独立模块进行的一种独立的工作模式,完成 GNSS 的信号增强,与相机成像或激光通信模式不相关。

4.3.5 一体化信息处理系统

一体化信息处理系统如图 4-34 所示。其包括 2 块计算重构板、电源板、射频版、背板和固态盘(solid state disk,SSD)。

物理设计中定义的接口如图 4-35 所示,图中描述了接口的名称、内部的值属性以及流特性。这些已经出现在之前定义的 IBD 中,并规范了设计接口。

图 4-36 显示了一体化信息处理系统内部信息流。

综合信息处理系统中的射频板状态机图如图 4-37 所示。在主动段首先初始化为 L 频段和 C 频段,并执行火箭遥测遥控及安控。在入轨段及之后,重构为 S/X 频段并负责入轨航天器遥测遥控与测量。

重构板状态机图如图 4-38 所示。主动段执行箭控模式,负责控制火箭飞行,入轨模式中控制一体化飞行器精确入轨,在轨模式中负责入轨航天器稳定控制,当任务开始时，负责任务控制。

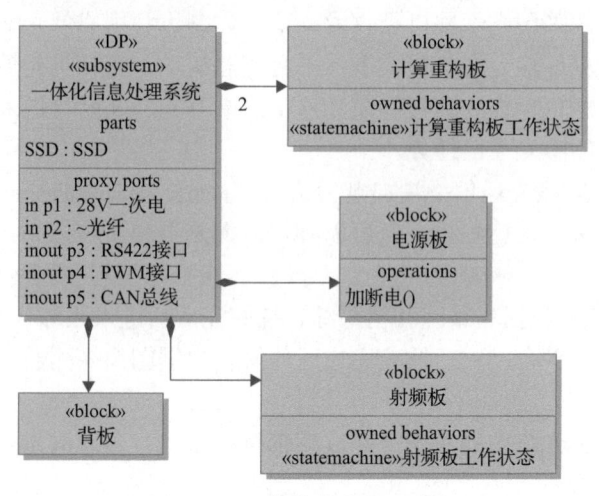

图 4-34　一体化信息处理系统

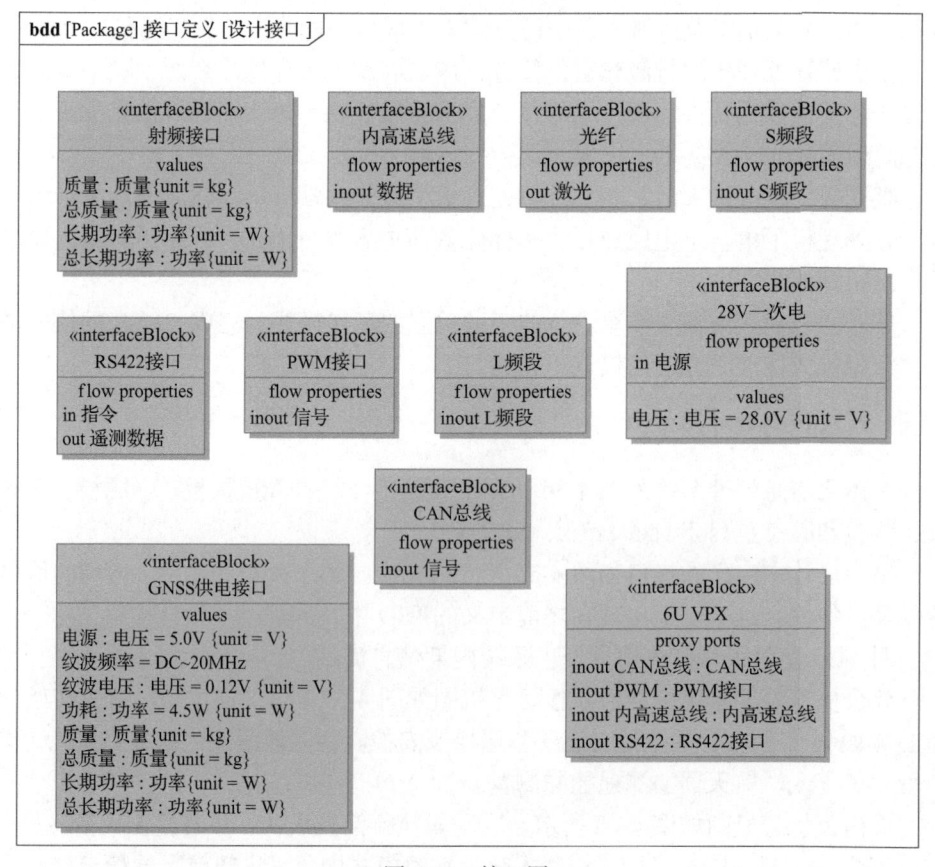

图 4-35　接口图

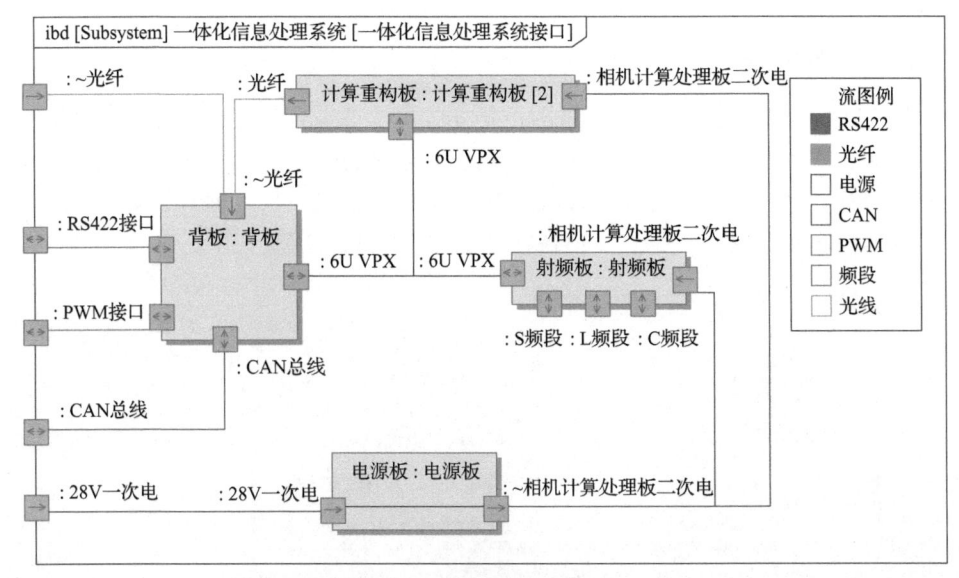

图 4-36　一体化信息处理系统内部信息流

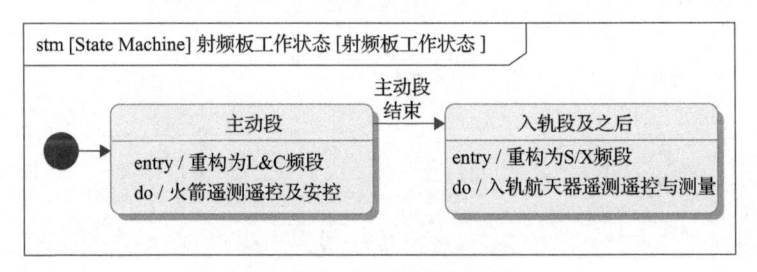

图 4-37　射频板状态机图

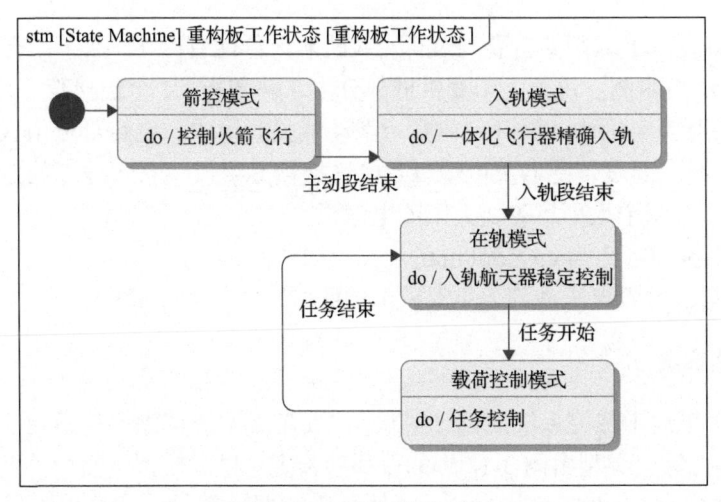

图 4-38　重构板状态机图

4.3.6 星上能源系统

星上能源系统的设计方案如图 4-39 所示。星上能源模块包括两个太阳翼、一组电缆网、两组蓄电池和电源控制器并赋予了对应的质量。为每个太阳翼定义了尺寸大小及其组成结构。每个太阳翼包括 6 块太阳能电池板、展开锁定机构、基板、压紧机构和连接架，描述了能源模块的层次结构和数量关系。

```
bdd [Package] 星上能源模块 [星上能源模块参数]
```

«subsystem» 星上能源模块		«block» 太阳翼
references 入轨航天器：入轨航天器	太阳翼 2	parts 太阳能电池板：太阳能电池板 [6] 连接架：连接架 [1] 压紧机构：压紧机构 [1] 基板：基板 [1] 展开锁定机构：展开锁定机构 [1]
values 质量：质量{unit=kg} 总质量：质量=55.0 kg {unit=kg} 长期功率：功率=45.0W {unit=W} 总长期功率：功率=0.0W {unit=W}		values 质量：质量=10.0 kg {unit=kg} 总质量：质量{unit=kg} 长期功率：功率=0.0W {unit=W} 总长期功率：功率{unit=W} 尺寸=900mm×550mm
full ports 太阳能电池板 proxy ports 电源数据		

入轨航天器图例: □ 平台　■ 推进剂　■ 载荷

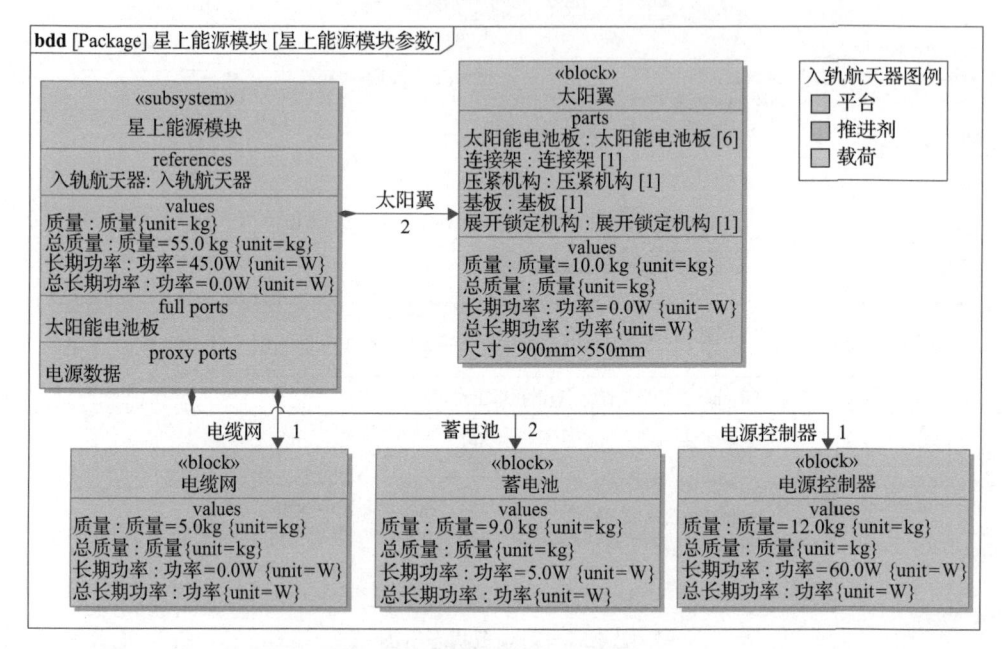

电缆网 1 ｜ 蓄电池 2 ｜ 电源控制器 1

«block» 电缆网	«block» 蓄电池	«block» 电源控制器
values 质量：质量=5.0kg {unit=kg} 总质量：质量{unit=kg} 长期功率：功率=0.0W {unit=W} 总长期功率：功率{unit=W}	values 质量：质量=9.0 kg {unit=kg} 总质量：质量{unit=kg} 长期功率：功率=5.0W {unit=W} 总长期功率：功率{unit=W}	values 质量：质量=12.0kg {unit=kg} 总质量：质量{unit=kg} 长期功率：功率=60.0W {unit=W} 总长期功率：功率{unit=W}

图 4-39　星上能源系统的设计方案

图 4-40 显示了太阳翼折叠与展开。入轨航天器配有两个太阳翼，分别安装在飞行器的 +Y/-Y 两侧。每个太阳翼机械部分由 3 块基板、1 个连接架、1 套压紧机构、一套展开锁定机构、展开到位指示微动开关等组成；电路部分由太阳能电池板电路及电缆、温度传感器及电缆以及电连接器等组成。其部分参数如下。

(1) 构型：每个太阳翼 6 块太阳能电池板。
(2) 基板尺寸：900mm×550mm。
(3) 质量：太阳翼机械部分单翼质量 20kg。

4.3.7 热控系统

图 4-41 描述了热控系统的设计结果，主要定义了热控涂层在不同表面的面积和类型。热控涂层类型由图 3-13 中的枚举项指定。尽管模型中使用了缩写，但应由 SysML 中的术语表捕获其含义。一体化飞行器采用的热控涂层包括光学太阳

反射器(optical solar reflector，OSR)、KS-ZA 无机白漆热控涂层和 SR107 白漆热控涂层。名称下的下划线代表在 SysML 中其是一项术语，系统工程师可以将鼠标放于其上以查看解释。图 4-42 显示了热控系统详细设计布局。

图 4-40　太阳翼折叠与展开

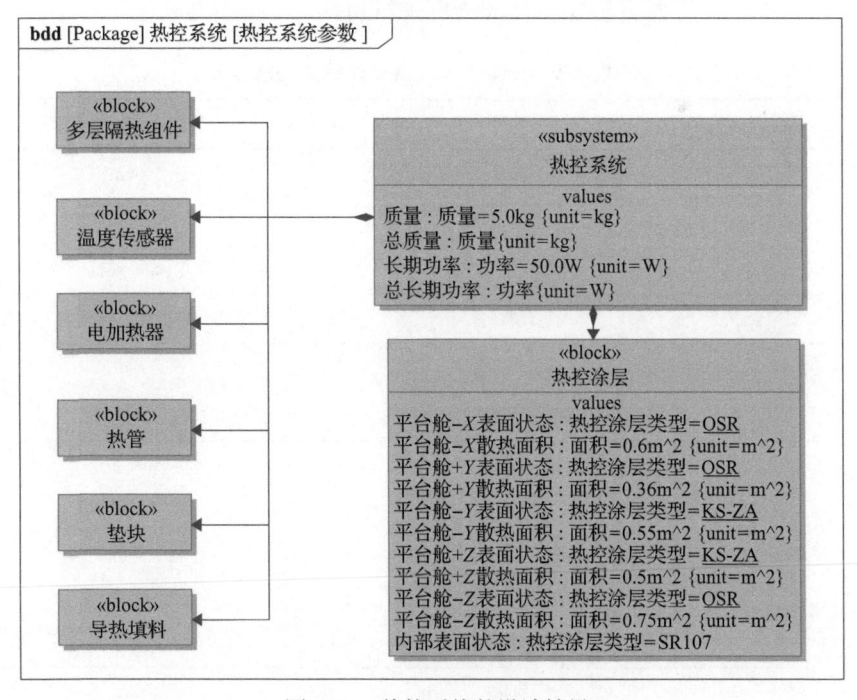

图 4-41　热控系统的设计结果

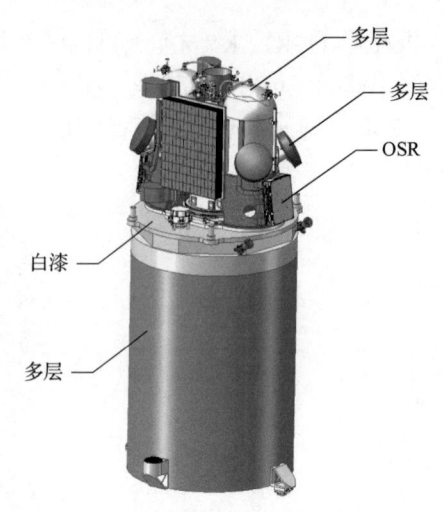

图 4-42 热控系统详细设计布局

4.4 一体化飞行器系统指标体系

将一体化飞行器设计相关性能指标进行总结，如表 4-2 所示。

表 4-2 一体化飞行器设计相关性能指标

类别	项目	性能
轨道	高度	500km
	轨道倾角	97.9430°
	降交点地方时	10:30AM
载质比	载质比	2.0123%
多级固体动力	起飞质量	29.8t
	起飞推重比	1.97
姿轨控模块	质量	168kg
	长期功耗	75W
	三轴姿态测量精度	优于 0.005°
	三轴姿态确定精度	优于 0.05°
	姿态指向精度	0.1°（三轴，3σ）
一体化载荷	质量	245kg
	功率	150W

第4章 基于 MBSE 的一体化飞行器总体设计方案

续表

类别	项目	性能
一体化载荷	光学遥感系统	
	地面像元分辨率	0.5m
	幅宽	≥12km
	像元尺寸	8.75μm
	视场角	1.58°
	焦距	8.75m
	成像谱段	450~850nm
	成像模式	推扫成像
	灰度等级	12bit
	光学调制传递函数	优于 0.12
	整机调制传递函数	优于 0.06
	激光通信系统	
	数传速率	1Gbit/s
	误码率	10^{-7}
	数传光能量损耗	−20dB
	导航增强系统	
	精度	伪距：10cm(1σ)，载波相位：1mm(1σ)
	导航量输出频度	最快 1 次/s
	灵敏度	−130dBm
一体化信息处理系统	质量	30kg
	长期功耗	120W
	CPU 核主频	≥60MHz
	上注功能	软件具有在轨上注功能
动力推进系统	在轨工作时间	5 年
	1000N 推力器	
	数量	2 台
	真空比冲(稳态)	3500N·s/kg
	推力	2kN
	25N 推力器	
	数量	14 台
	真空比冲(稳态)	2150N·s/kg
	推力	25N
推进剂	质量	500kg
热控系统	质量	5kg
	长期功耗	50W

续表

类别	项目	性能
热控系统	舱内温度控制范围	−15～+50℃
	舱外一般仪器设备的工作温度	−90～+90℃
	动力推进系统工作温度	+5～+60℃
星上能源模块	质量	55kg
	长期功耗	45W
结构	质量	10kg
	刚度要求	纵向不低于35Hz 横向不低于11Hz 扭转不低于20Hz

4.5 本章小结

本章总结了如何应用第 3 章 MBSE 方法建立一体化飞行器体系架构模型，并得到了设计方案。对设计方案进行了详细说明，并从系统层面得到了分系统的方案。每个分系统的设计方案都是由系统工程师与领域工程师协作构建的，利用 MBSE 确保了设计的一致性和系统的整体性能。随后，该系统模型将被执行并验证设计方案的合理性，也是后续进行学科领域详细设计的基础。本章的内容不仅展示了 MBSE 在一体化飞行器设计中的应用，也为未来的仿真和实际应用提供了指南。

第 5 章 一体化飞行器系统设计方案与指标体系验证

5.1 引　　言

本章将在 MBSE 中构建一体化飞行器系统设计方案与指标体系验证平台，并且验证第 4 章得到的一体化飞行器总体设计方案。首先探讨在系统模型中执行系统验证的方法，包括顶层指标和分系统指标、行为逻辑验证和需求追溯验证。随后构建 MBSE 与 SpaceSim 联合仿真的验证平台，SpaceSim 是一个轨道分析工具。此外，还将介绍在 SpaceSim 中入轨优化和快速部署方面的控制方法与优化方法，通过联合仿真，系统模型将能够集成多学科领域模型联合仿真，验证设计方案的可行性和有效性。

5.2 基于 MBSE 的一体化飞行器设计方案验证

5.2.1 一体化飞行器顶层指标验证

参数的验证主要通过定义的值属性和参数图内定义的绑定关联确定。图 5-1 描述了荷载比仿真结果，荷载比可以达到 53.2056%。

Sub 入轨航天器	入轨航天器@77050d11
V 总质量：质量	1016.863
V 总长期功率：功率	625
V 荷载比：%	53.2056

图 5-1　荷载比仿真结果

图 5-2 描述了载质比计算结果（MBSE 工具将数据识别为浮点数，并显示四位小数）。仿真表明，当入轨质量为 600kg 时，载质比可以达到 2.0123%。

5.2.2 一体化飞行器分系统指标验证

图 3-55 定义的载荷计算结果如图 5-3 所示。尽管这些具体的参数是在物理视角定义的，但逻辑阶段应该尽可能定义所需的、关注的方程以支持这些可执行的

⊟ S 一体化飞行器		一体化飞行器@649d9a34
│ V 入轨质量：质量		600kg
│ V 发射坐标纬度:地理坐标		42°
│ V 发射坐标经度:地理坐标		103.445°
│ V 总质量：质量		29816.863kg
│ V 总长期功率：功率		625W
│ V 质量：质量		0kg
│ V 载质比		2.0123%

图 5-2　载质比计算结果

⊟ 光学相机组件{探测器像元…		光学相机组件@12df80b1
│ V 调制传递函数		0.12
│ V 信噪比		40dB
│ V /分辨率：分辨率		0.5m
│ V 工作视场：角度		1.58°
│ V /幅宽：幅宽		13.789km
│ V 总质量：质量		需求ZH-GX-1"幅宽应不低于12km。"被满足
│ V 总长期功率：功率		0W
│ V 探测器像元尺寸：像元尺寸		8.75μm

图 5-3　载荷计算结果

特性。载荷在视场角 1.58°、高度 500km、焦距 8.75m 的条件下，分辨率为 0.5，幅宽为 13.789km，满足了图 3-39 中定义的设计约束。关于参数与指标间追溯关联的定义将出现在物理视角中。

5.2.3　一体化飞行器行为逻辑验证

以一个控制系统状态建模与运行为可执行的时序研究。正在运行的元素、运行过的元素会以不同颜色和粗细的边框进行区分。这种验证支持状态机与活动的联合验证，以确保复杂系统的逻辑符合预期。同时，活动的仿真允许验证通过正确的接口传递仿真了正确的信息。构建 GUI 的仿真界面进行状态仿真。姿轨控模块 GUI 仿真界面如图 5-4 所示。在这个界面，可以发送各种指令以模拟多种情况。构建控制系统状态机图描述其工作模式，正在运行的控制系统状态机图如图 5-5 所示。仿真得到的状态随时间变化情况如图 5-6 所示。利用该仿真可以判断功能设计是否合理，当多个部分都具有状态或者活动时，会打开多个时间线窗口，根据时间轴来验证系统工作是否符合预期。

第 5 章　一体化飞行器系统设计方案与指标体系验证

图 5-4　姿轨控模块 GUI 仿真界面

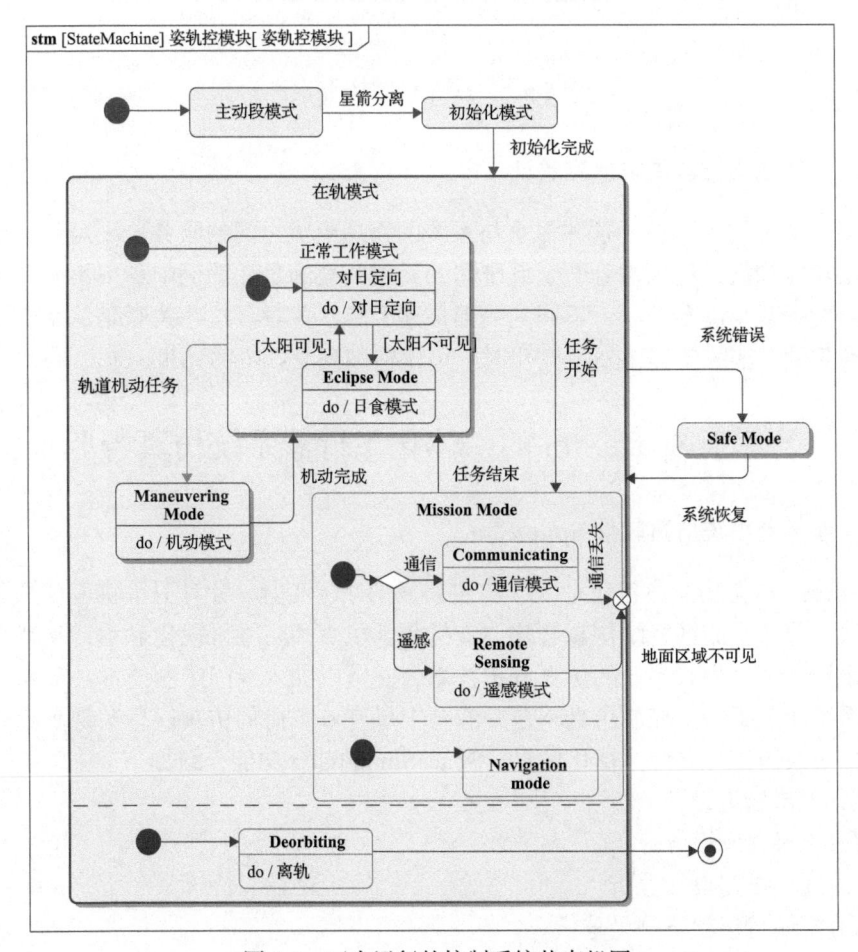

图 5-5　正在运行的控制系统状态机图

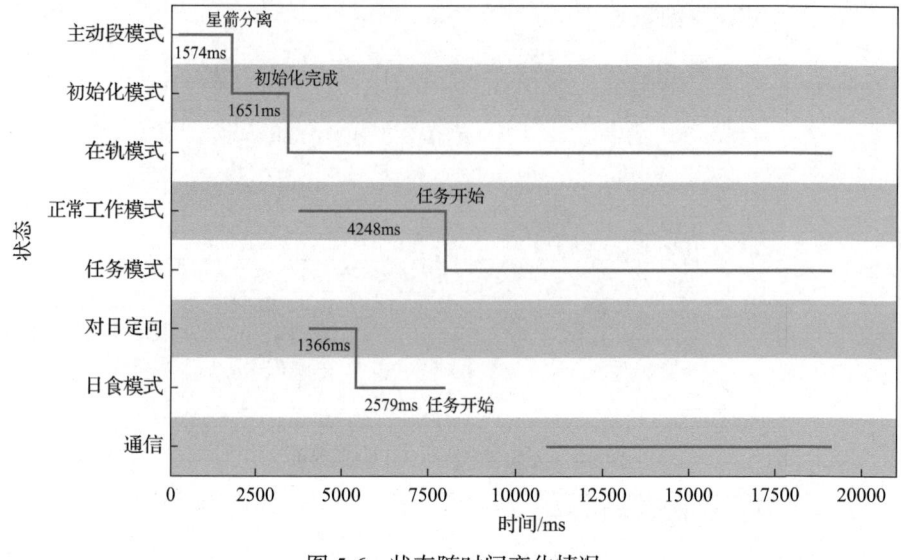

图 5-6　状态随时间变化情况

5.2.4　一体化飞行器需求追溯验证

图 5-7 描述了系统的这些需求与系统的物理组成之间的服务追溯矩阵。系统的顶层功能和设计约束被分配至系统间的元素并被满足。图例中利用不同颜色描述了分配关联与满足关联，不同的线形描述了隐含关联。这些关联是从系统建模中捕获到的。当系统需求发生变化时，可以追溯到受影响的元素。

5.3　基于 SpaceSim 的一体化飞行器系统仿真与验证

5.3.1　航天器系统仿真软件 SpaceSim

SpaceSim 是由哈尔滨工业大学自主研发的航天工具，针对卫星轨道计算及载荷功能，设计开放性系统仿真架构，支持数学仿真和三维可视化显示；支持卫星轨道设计论证，具有专业的仿真分析技术，并可以加入专门定制技术。SpaceSim 仿真系统建立了一个控制仿真平台，综合卫星有效载荷的仿真信息实现多任务综合地面集成仿真与三维可视化仿真。SpaceSim 的部分功能介绍如下：

(1) 卫星轨道设计分析。
(2) 卫星星座设计分析。
(3) 通信链路设计分析。
(4) 空间目标状态测量分析。
(5) 轨道机动控制仿真。

第 5 章 一体化飞行器系统设计方案与指标体系验证

(6) 高精度轨道预报。

(7) 卫星覆盖计算分析。

(8) 天基观测目标识别分析。

图 5-8 为 SpaceSim 界面。

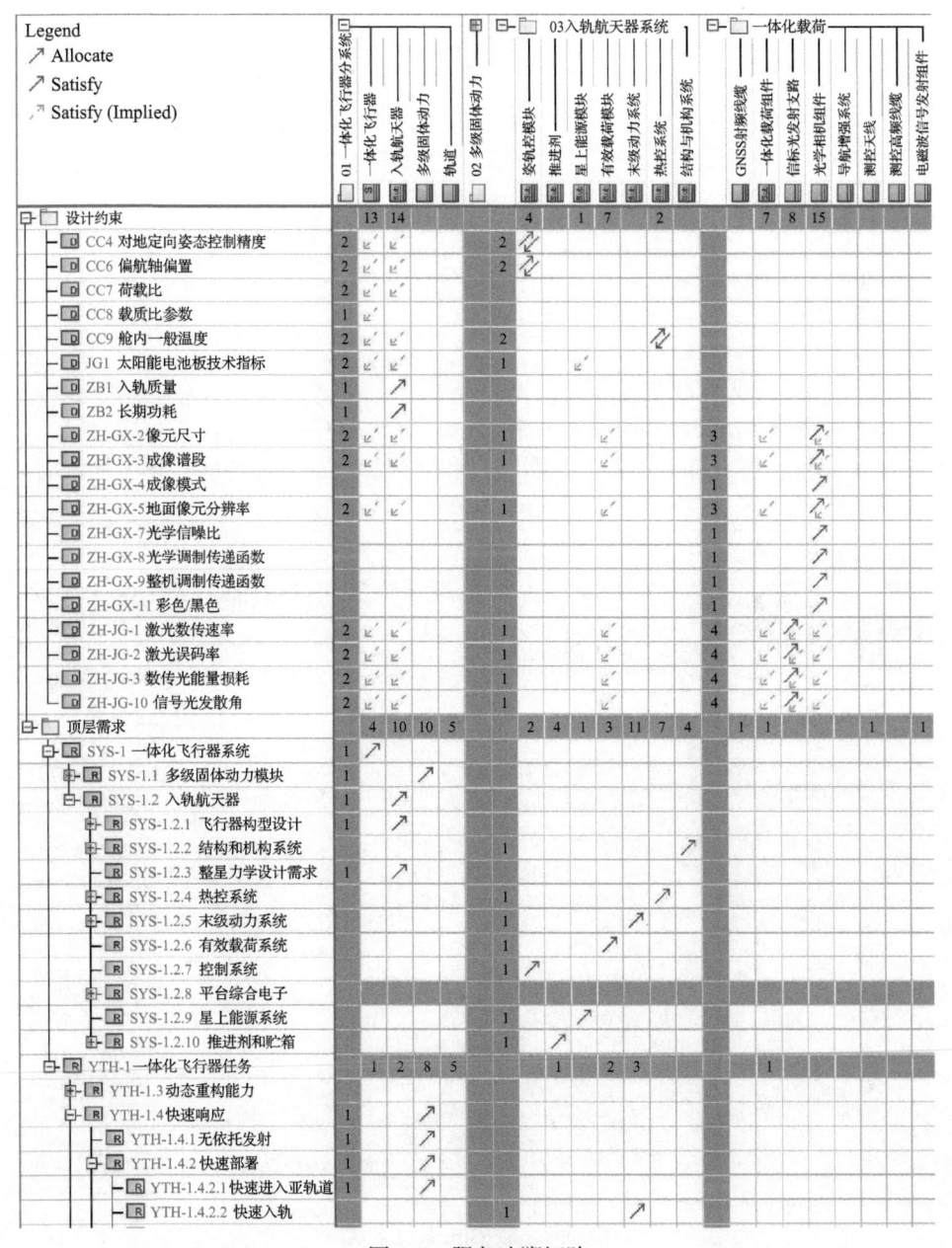

Legend ↗ Allocate ↗ Satisfy ↗ Satisfy (Implied)	01-一体化飞行器分系统	一体化飞行器	入轨航天器	多级固体动力	轨道	02 多级固体动力	姿轨控模块	推进模块	星上能源模块	有效载荷模块	末级动力系统	热控系统	结构与机构系统	GNSS射频线缆	一体化载荷组件	信标光发射支架	光学相机组件	导航增强系统	测控天线	测控高频线缆	电磁激信号发射组件
		13	14				4		1	7		2			7	8	15				
设计约束																					
CC4 对地定向姿态控制精度	2	↗					2					↗									
CC6 偏航轴偏置	2	↗					2					↗									
CC7 荷载比	2	↗																			
CC8 载质比参数	1																				
CC9 舱内一般温度	2	↗					2						↗								
JG1 太阳能电池板技术指标	2	↗						1					↗								
ZB1 入轨质量	1	↗																			
ZB2 长期功耗	1	↗																			
ZH-GX-2 像元尺寸	2	↗								↗				3	↗						
ZH-GX-3 成像谱段	2	↗												3		↗					
ZH-GX-4 成像模式														1		↗					
ZH-GX-5 地面像元分辨率	2	↗						1						3		↗					
ZH-GX-7 光学信噪比														1		↗					
ZH-GX-8 光学调制传递函数														1		↗					
ZH-GX-9 整机调制传递函数														1		↗					
ZH-GX-11 彩色/黑色														1		↗					
ZH-JG-1 激光数传速率	2	↗						1						4		↗					
ZH-JG-2 激光误码率	2	↗						1						4		↗					
ZH-JG-3 数传光能量损耗	2	↗						1						4		↗					
ZH-JG-10 信号光发散角	2	↗						1						4		↗					
顶层需求		4	10	10	5		2	4	1	3	11	7	4		1	1			1		1
SYS-1 一体化飞行器系统	1	↗																			
SYS-1.1 多级固体动力模块	1		↗																		
SYS-1.2 入轨航天器	1		↗																		
SYS-1.2.1 飞行器构型设计	1		↗																		
SYS-1.2.2 结构和机构系统								1					↗								
SYS-1.2.3 整星力学设计需求	1		↗																		
SYS-1.2.4 热控系统								1					↗								
SYS-1.2.5 末级动力系统								1				↗									
SYS-1.2.6 有效载荷系统										↗											
SYS-1.2.7 控制系统							1						↗								
SYS-1.2.8 平台综合电子																					
SYS-1.2.9 星上能源系统									1												
SYS-1.2.10 推进剂和贮箱								1					↗								
YTH-1 一体化飞行器任务		1	2	8	5			1		2	3				1						
YTH-1.3 动态重构能力																					
YTH-1.4 快速响应	1	↗																			
YTH-1.4.1 无依托发射	1	↗																			
YTH-1.4.2 快速部署	1	↗																			
YTH-1.4.2.1 快速进入亚轨道	1																				
YTH-1.4.2.2 快速入轨																					

图 5-7 服务追溯矩阵

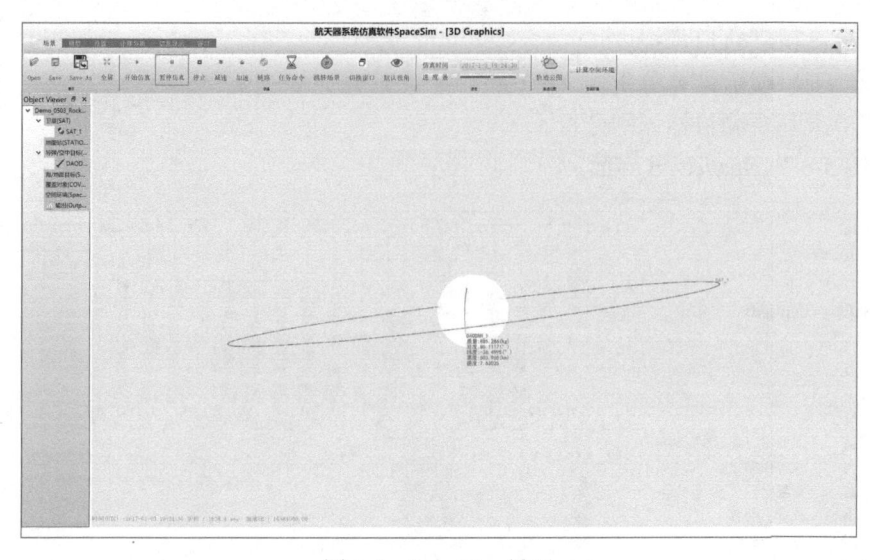

图 5-8 SpaceSim 界面

图 5-9 描述了 SpaceSim 系统组成。SpaceSim 在 GUI 中允许进行用户输入，实现资源配置、仿真任务申请、显示结果和控制。内部的库能够实现流程调度、

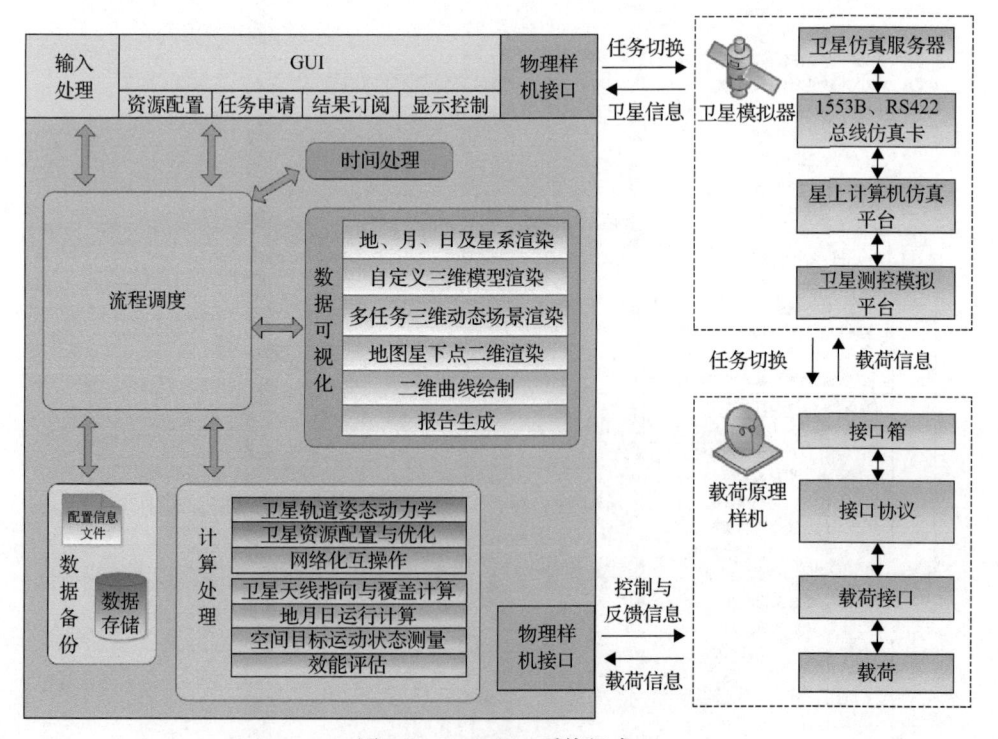

图 5-9 SpaceSim 系统组成

计算处理、数据备份和可视化等功能。同时，软件支持物理样机接口，能够与卫星模拟器进行协同仿真。

针对卫星或运载火箭等，SpaceSim 具有丰富的参数设置及多种仿真情景可以选择。图 5-10 显示了 SpaceSim 卫星设置界面。

图 5-10 SpaceSim 卫星设置界面

该软件具有多种飞行器设计所需的功能，同时可以进行空间环境分析。在总体设计阶段，可以将系统模型与 SpaceSim 相结合进行弹道与载荷分析，从而方便对设计情况进行调整，使得满足任务需求。

5.3.2 一体化飞行器入轨优化理论与方法

本节首先对一体化飞行器的快速发射优化问题进行分析。然后基于 Lambert 问题，采用粒子群优化算法完成星箭一体化飞行器末级转移入轨研究。同时，考虑了实际情况中连续有限推力和 J_2 摄动的影响，实现了星箭一体化飞行器末级精确入轨研究。

1. 一体化飞行器快速发射优化

针对突发事件，一体化飞行器发射需要具有灵活性、快速性。因此，除了在普通发射优化问题中将发射方位角 A_0、攻角转弯参数 a_m、k_a、俯仰角变化率 $\dot{\varphi}_1$、$\dot{\varphi}_2$、$\dot{\varphi}_3$ 作为优化设计变量外，在一体化飞行器轨迹优化入轨问题中将发射时间和

发射点经度也作为优化设计变量，即

$$s = [t_0, \lambda_0, A_0, a_m, k_a, \dot{\varphi}_1, \dot{\varphi}_2, \dot{\varphi}_3] \tag{5-1}$$

其中，t_0 为发射时间，范围可以是一天或几小时，是从某一天 0 时 0 分 0 秒开始计算的秒数；λ_0 为发射点经度。该优化问题的设计变量增加至 8 个。

该部分弹道规划思路为：进行发射位置、发射时间、飞行程序角参数的设计优化[37]，使一体化飞行器能够进入预定的目标轨道，尽量减少轨道调整时间。在任务轨道确定的情况下，通过调整发射时间、发射方位角、发射位置可以使一体化飞行器进入与目标轨道平面处于同一平面的停泊轨道，然后使用末级发动机进行同面变轨，转移至目标轨道，这样可以防止飞行器在空间进行大范围的异面轨道机动，从而可以减少轨道机动时间和燃料消耗。通过调整飞行程序角可以调整入轨时刻一体化飞行器所在轨道的半长轴和偏心率，以达到飞行器初步进入停泊轨道的目的。

场景描述：应对突发事件需求，2024 年 1 月 1 日，通过三级固体火箭发射一体化飞行器至目标轨道高度为 500km、轨道倾角为 98°、升交点赤经为 200°的圆形轨道，预计入轨位置位于近地点幅角 0°、真近点角 314.4°。先由三级固体火箭助推器和末级发动机将飞行器运送至较低的停泊轨道，再通过末级发动机将一体化飞行器运送至目标轨道。停泊轨道为高度 200km 左右的近圆轨道，轨道倾角为 98°，升交点赤经为 200°。本节研究内容为一体化飞行器从发射至进入停泊轨道的入轨过程。各飞行参数迭代结果见表 5-1。

表 5-1 飞行参数迭代结果

飞行参数	最小值	迭代值	最大值
发射时间 t_0	39600s	43843s	46800s
发射点经度 λ_0	90°	103.445°	120°
发射方位角 A_0	−2.9631rad	−2.9128rad	−2.8631rad
攻角转弯参数 a_m	6.1°	6.10146°	6.7°
攻角转弯参数 k_a	0.15	0.15794	0.25
俯仰角变化率 $\dot{\varphi}_1$	−0.014rad/s	−0.01271rad/s	−0.011rad/s
俯仰角变化率 $\dot{\varphi}_2$	−0.012rad/s	−0.00993rad/s	−0.008rad/s
俯仰角变化率 $\dot{\varphi}_3$	−0.0012rad/s	−0.00051rad/s	−0.0005rad/s

一体化飞行器在发射系下位置优化结果如图 5-11 所示。一体化飞行器在发射

系下速度优化结果如图 5-12 所示。一体化飞行器经纬高位置优化结果如图 5-13 所示。

图 5-11 发射系下位置优化结果

图 5-12 发射系下速度优化结果

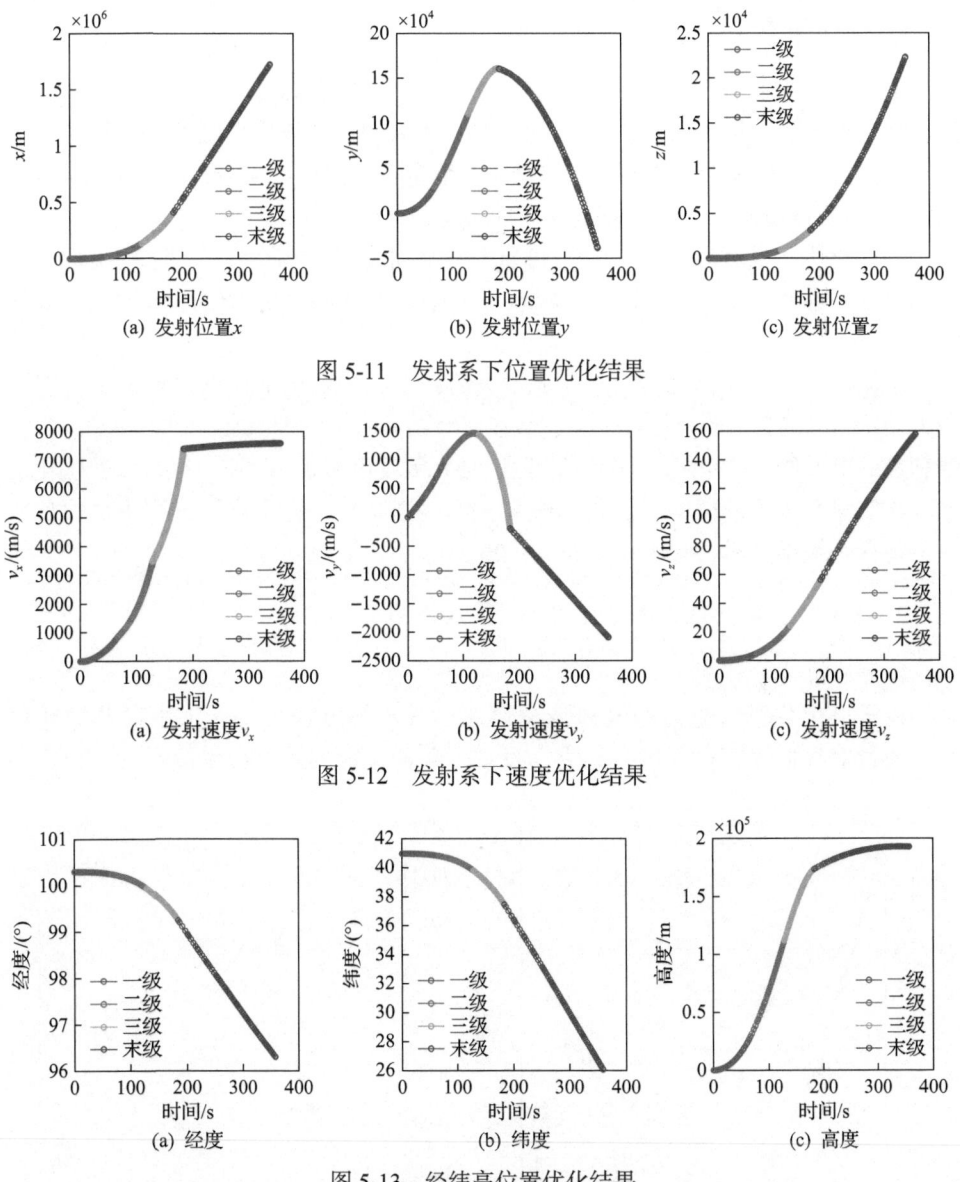

图 5-13 经纬高位置优化结果

仿真结果入轨停泊轨道半长轴为 6571.266km，偏心率为 0.0006624，轨道倾角为 98°，升交点赤经为 200.00077°，升交点赤经误差为 0.00077°，发射时间为 2024 年 1 月 1 日 12 时 10 分 33 秒，发射点经度为 103.445°。

一体化飞行器总飞行时间为358s，一级飞行时间为67s，二级飞行时间为62s，三级飞行时间为55s，末级工作时间为174s。一级飞行结束后一级发动机分离，质量减小1300kg，进入二级飞行段，二级发动机分离后质量减小558kg，第三级火箭发动机点火，三级分离后质量减小220kg，仿真结果与初始火箭参数一致。当三级分离、末级开始工作时，地固系速度达到7395m/s，此刻由位置和速度转换成轨道根数，半长轴为5842km，偏心率为0.1266，分离后助推器将自行落入大气层，不需要另外消耗推进剂制动离轨。一体化飞行器经过358s后进入停泊轨道，入轨质量为600.15kg，入轨速度为7871.9m/s。

一体化飞行器质量和地固系速度优化结果如图5-14所示，一体化飞行器动压和轴向过载优化结果如图5-15所示，一体化飞行器攻角和俯仰角优化结果如图5-16所示。

由图可知，一体化飞行器动压先增大后减小，主要集中在80km以下位置，最大动压为0.0557MPa。最大轴向过载在三级结束时，为15.44g。动压和轴向过载都满足约束条件。在一级攻角转弯阶段，最大负攻角为6.10146°，符合参数优化结果，在二级及以上阶段时，俯仰角按变化率逐渐减小，整个飞行过程中最大负攻角出现在三级结束时，最大负攻角为–26.28°。

2. 基于粒子群优化算法的最省燃料入轨方法

1）算法描述

粒子群优化算法是一种群体演化算法，其求解过程源于人工生命和演化理论。通过对鸟群飞行过程进行研究，发现了鸟群飞行的最终结果像是受一个中心

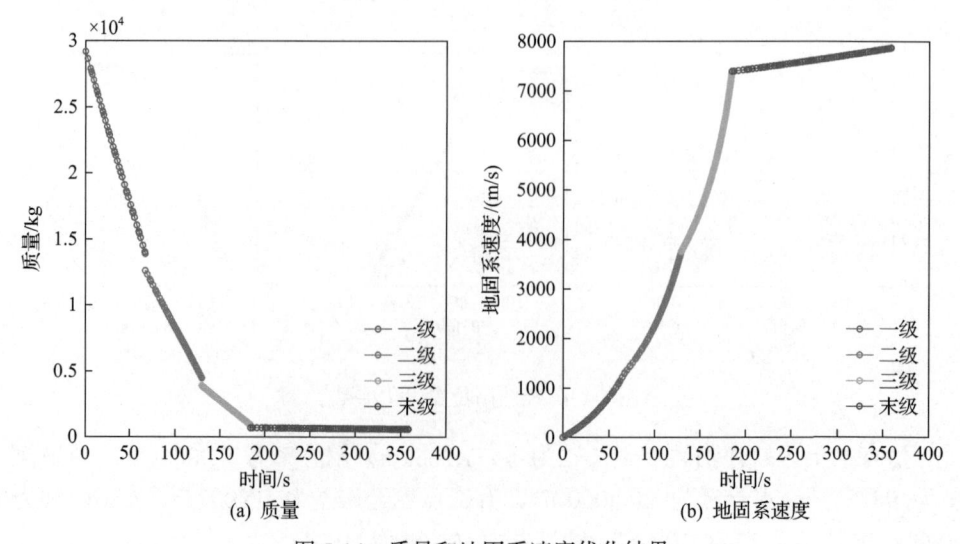

(a) 质量

(b) 地固系速度

图5-14 质量和地固系速度优化结果

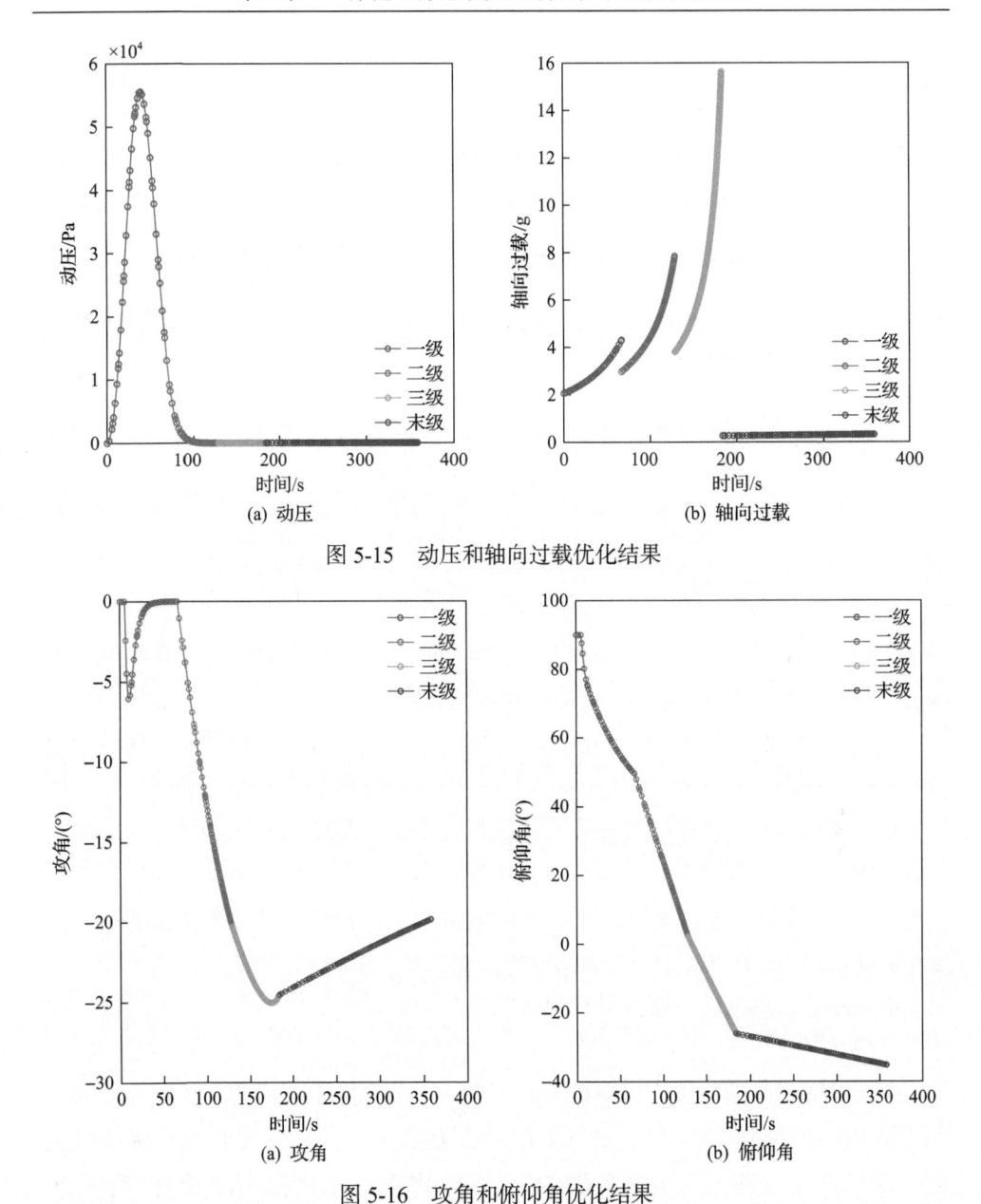

图 5-15 动压和轴向过载优化结果

图 5-16 攻角和俯仰角优化结果

的控制，但是对于某一个个体，其在每一刻只会追随若干相邻个体的行动，可简单解释为由简单规则的相互作用推动着复杂全局行为的发展。

首先，粒子群优化算法需要初始化，即生成一组随机粒子。之后的每一次迭代，所有的粒子都会按照两个极值来迭代更新自己的值：一是个体极值点——粒子自己的历史最优解，其位置用 P_i 表示；二是全局极值点——整个种群的历史最优解，其

位置用 P_g 表示。每个粒子都会使用式(5-2)~式(5-4)更新自己的位置和速度。如果粒子总数是 n，搜索空间的维数是 D，第 i 个粒子表示成 $X_i=(x_{i1},x_{i2},\cdots,x_{iD})^T$ ($i=1,2,\cdots,n$)。把 X_i 代入目标函数就能计算出该粒子对应的适应度值，可以通过它来判断该粒子位置的优劣。第 i 个粒子的速度表示为 $v_i=(v_{i1},v_{i2},\cdots,v_{iD})^T$；第 i 个粒子能搜索到的历史最优位置记为 $P_i=(p_{i1},p_{i2},\cdots,p_{iD})^T$，所有粒子能搜索到的历史最优位置记为 $P_g=(p_{g1},p_{g2},\cdots,p_{gD})^T$，则根据以下公式可以将粒子的速度和位置从第 k 代更新到第 $k+1$ 代。

$$v_{id}^{k+1} = wv_{id}^k + C_1 r_1 \left(p_{id} - x_{id}^k\right) + C_2 r_2 \left(p_{gd} - x_{id}^k\right) \tag{5-2}$$

$$v_{id}^{k+1} = \begin{cases} v_d^{\max}, & v_{id}^{k+1} \geqslant v_d^{\max} \\ -v_d^{\max}, & v_{id}^{k+1} < -v_d^{\max} \end{cases} \tag{5-3}$$

$$x_{id}^{k+1} = x_{id}^k + v_{id}^{k+1} \tag{5-4}$$

其中，w 是惯性权重，对于基本的粒子群优化算法，w 值可以当作1，通常当 w 的取值范围为[0.8,1.2]时，算法有更快的收敛速度；v_{id}^k ($i=1,2,\cdots,n;d=1,2,\cdots,D$) 是粒子 i 在第 k 次迭代中第 d 维的速度；C_1 和 C_2 是学习因子，作用是调节向两个极值点方向移动的步长上限，通常令 $C_1=C_2=2$；r_1 和 r_2 是两个相互独立的在[0,1]均匀分布的随机数；x_{id}^k 是粒子 i 在第 k 次迭代中第 d 维的位置；p_{id} 是粒子 i 在第 k 次迭代中第 d 维的个体极值位置；p_{gd} 是整个粒子群在第 d 维的全局极值位置。$[-v_d^{\max},v_d^{\max}]$ 是每一维粒子的速度 v_d 的限制区间。假设粒子第 d 维位置的取值范围在区间 $[-x_d^{\max},x_d^{\max}]$，则通常可取 $v_d^{\max}=Kx_d^{\max}$，$0.1 \leqslant K \leqslant 1.0$。

本节最省燃料入轨方案的计算过程如下。

(1)初始化。

在搜索空间内随机生成初始粒子的位置 X_i^0（根据本节内容为 Lambert 问题变轨过程中的转移时间和入轨点真近点角）及其速度 v_i^0，初始粒子的个体极值位置 P_i 就位于 X_i^0，根据适应度函数(两次速度脉冲增量大小之和)计算出该粒子的适应度值，可将这个值作为初始粒子的个体极值，将所有个体极值中最好的粒子位置作为全局极值点 P_g，其适应度值就是全局最优值。

(2)评价每一个粒子。

每次迭代利用 Lambert 问题求解得出的两次速度脉冲之和作为粒子的适应度值，两次速度脉冲之和越小，说明燃料消耗越少，如果这一次目标函数值比该粒子的个体极值好，则该粒子的最好位置变为 P_i，同时相应地更新个体极值。如果目标函数值比全局极值还好，则更新 P_g 到当前粒子，记录下该粒子所对应的转移时间和入轨点真近点角，且更新全局极值。

(3) 粒子的更新。

按照式(5-2)～式(5-4)更新每一个粒子的位置和速度。

(4) 检验是否符合结束条件。

如果迭代次数超过设置的最大次数，那么停止计算。另外，如果粒子群连续多次搜索得到的全局极值对应的适应度值变化小于某个阈值，那么迭代也会停止，得到最优解。如果不满足这两种情况，则回到第(2)步继续计算。

(5) 转移轨道计算。

得出速度脉冲最小的粒子位置后，将其再次代入 Lambert 求解方法得到转移轨道。该轨道对应的两次速度脉冲增量之和最小，在该入轨过程中的燃料消耗最少。

2) 仿真算例

本节场景与表 5-1 的场景相同，但本节研究内容为一体化飞行器从停泊轨道通过转移轨道最终到达目标轨道的入轨过程。将一体化飞行器入轨的轨道参数作为变轨的初值，轨道参数见表 5-2。

表 5-2　脉冲变轨初始轨道参数

半长轴	偏心率	轨道倾角	升交点赤经	近地点幅角	真近点角
6571.266km	0.0006624	98°	200.00077°	159.59465°	−5.652°

在一体化飞行器进入停泊轨道之后，飞行器将滑行一段距离，使实际入轨点接近预计入轨点。停泊轨道和目标轨道可认为是圆形轨道且共面，以表 5-2 参数为初始位置计算一次 Lambert 问题，可以得到两脉冲点的地心角和入轨位置，然后采用牛顿迭代法迭代计算初始位置真近点角，可以得到能够在目标入轨点附近入轨的初始位置，通过计算将 0° 真近点角作为脉冲变轨的初始轨道根数的真近点角值，再以该位置进行 Lambert 问题求解，就可以完成入轨。该部分使用了粒子群优化算法，粒子维度为 2，分别是入轨点位于目标轨道的真近点角 θ_2 和 Lambert 转移时间 t_{12}。Lambert 双脉冲轨道转移过程如图 5-17 所示。

仿真结果全局最优粒子为

$$\text{gBest} = [341.415, 2774.583] \tag{5-5}$$

仿真结果显示，第二次脉冲入轨点位于目标轨道真近点角 341.415°处，整个变轨时长为 2774.583s，约 0.77h。粒子群适应度值曲线如图 5-18 所示。

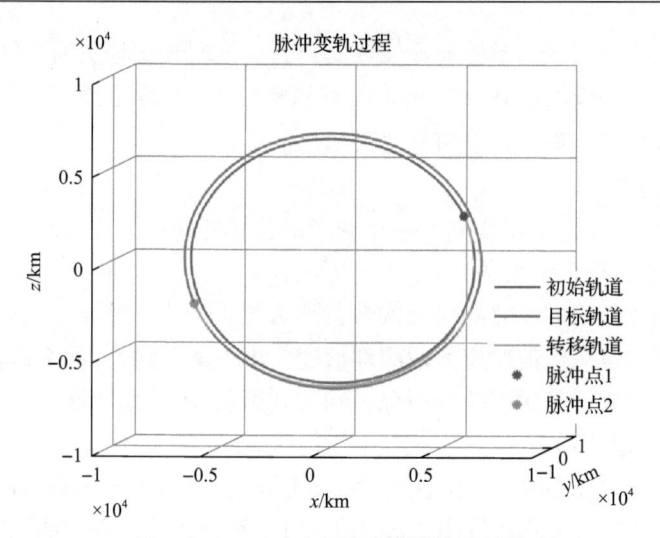

图 5-17 Lambert 双脉冲轨道转移过程

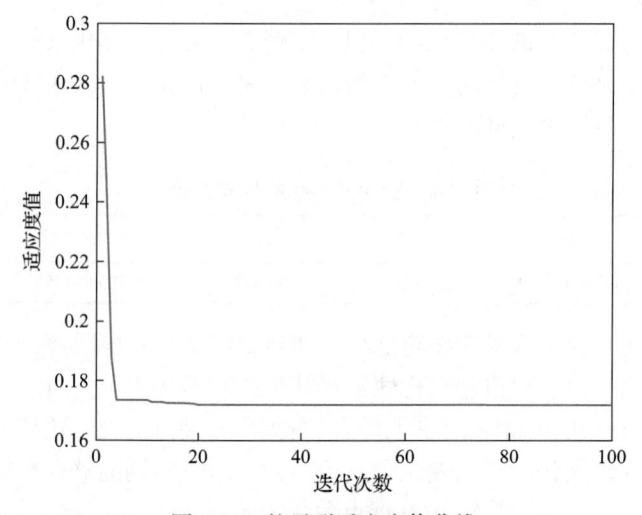

图 5-18 粒子群适应度值曲线

迭代次数达到 22 之后得到最优结果。此时，适应度值为

$$gBestValue = 0.171945 \tag{5-6}$$

式(5-6)表示从停泊轨道通过双脉冲转移到达目标轨道的过程中两次速度脉冲增量之和最小为 0.171945km/s。两次速度脉冲值分别为

$$\begin{cases} \Delta \boldsymbol{v}_1 = [30.4062, -4.1768, -79.4555] \text{m/s}, & |\Delta \boldsymbol{v}_1| = 85.1772 \text{m/s} \\ \Delta \boldsymbol{v}_2 = [-31.3641, -2.4978, 80.8625] \text{m/s}, & |\Delta \boldsymbol{v}_2| = 86.7680 \text{m/s} \end{cases} \tag{5-7}$$

在转移轨道上，两次脉冲点轨道参数见表 5-3。由该表可知，两个脉冲点通过

位置和速度转换而来的轨道根数除真近点角外相同,说明粒子群优化算法得到的两个脉冲冲量结果正确。

表 5-3 两次脉冲点轨道参数

脉冲点	半长轴	偏心率	轨道倾角	升交点赤经	近地点幅角	真近点角
1	6718.958km	0.022632	98.02131°	−160.0072°	160.47684°	−0.8833°
2	6718.958km	0.022632	98.02131°	−160.0072°	160.47684°	−179.062°

3. Lambert 问题求解

本节给出 Lambert 问题的具体求解思路,Lambert 问题求解过程如图 5-19 所示。

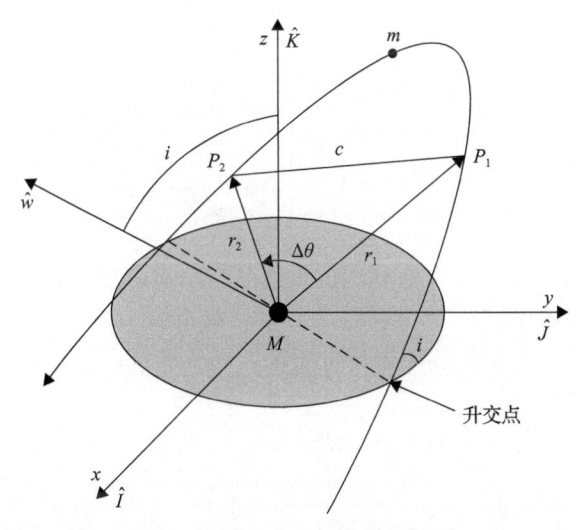

图 5-19 Lambert 问题求解过程

飞行器 m 绕地球 M 运行,点 P_1 和 P_2 的位置矢量分别为 r_1 和 r_2。真近点角变化 $\Delta\theta$ 为

$$\cos\Delta\theta = \frac{r_1 \cdot r_2}{r_1 r_2} \tag{5-8}$$

由于 cos 函数存在象限不清楚的问题,所以先要计算出 $r_1 \times r_2$ 在 Z 轴的分量,即

$$(r_1 \times r_2)_Z = r_1 r_2 \sin\Delta\theta \cos i \tag{5-9}$$

可以用标量 $(r_1 \times r_2)_Z$ 的符号来确定 $\Delta\theta$ 的正确象限,考虑飞行器顺行和逆行,如下所示:

$$\Delta\theta = \begin{cases} \arccos\left(\dfrac{r_1 \times r_2}{r_1 r_2}\right), & (r_1 \times r_2)_Z \geq 0, \quad \text{顺行轨道} \\ 360 - \arccos\left(\dfrac{r_1 \times r_2}{r_1 r_2}\right), & (r_1 \times r_2)_Z < 0, \quad \text{顺行轨道} \\ \arccos\left(\dfrac{r_1 \times r_2}{r_1 r_2}\right), & (r_1 \times r_2)_Z < 0, \quad \text{逆行轨道} \\ 360 - \arccos\left(\dfrac{r_1 \times r_2}{r_1 r_2}\right), & (r_1 \times r_2)_Z \geq 0, \quad \text{逆行轨道} \end{cases} \tag{5-10}$$

如果已知从 P_1 点到 P_2 点的运行时间 Δt，可以把 v_1 求出来，进而根据 r_1 和 v_1 来确定轨迹，即由拉格朗日系数 f、g、$\dot{f}$、$\dot{g}$ 与 r_1、v_1 可以得到该轨迹上任何的位置和速度，即

$$\begin{cases} r_2 = f r_1 + g v_1 \\ v_2 = \dot{f} r_1 + \dot{g} v_1 \end{cases} \Rightarrow \begin{cases} v_1 = \dfrac{1}{g}(r_2 - f r_1) \\ v_2 = \dfrac{1}{g}(\dot{g} r_2 - r_1) \end{cases} \tag{5-11}$$

已知 r_1 和 v_1 或 r_2 和 v_2，可以利用位置速度与轨道六根数相互转换方法求解出轨道六根数。只要确定系数 f、g、$\dot{f}$、$\dot{g}$，就可以求解 Lambert 问题。

拉格朗日系数及其导数与两点位置真近点角之差的函数关系为

$$\begin{aligned} f &= 1 - \dfrac{\mu r_2}{h^2}(1 - \cos\Delta\theta), & g &= \dfrac{r_1 r_2}{h}\sin\Delta\theta \\ \dot{f} &= \dfrac{\mu}{h}\dfrac{1 - \cos\Delta\theta}{\sin\Delta\theta}\left[\dfrac{\mu}{h^2}(1 - \cos\Delta\theta) - \dfrac{1}{r_1} - \dfrac{1}{r_2}\right], & \dot{g} &= 1 - \dfrac{\mu r_1}{h^2}(1 - \cos\Delta\theta) \end{aligned} \tag{5-12}$$

这里引入普适变量 χ，其满足

$$\dot{\chi} = \dfrac{\sqrt{\mu}}{r} \tag{5-13}$$

令 $z = a\chi^2$，则式 (5-12) 变为

$$\begin{aligned} f &= 1 - \dfrac{\chi^2}{r_1}C(z), & g &= \Delta t - \dfrac{1}{\sqrt{\mu}}\chi^3 \dfrac{r_1 r_2}{h} S(z) \\ \dot{f} &= \dfrac{\sqrt{\mu}}{r_1 r_2}\chi[zS(z) - 1], & \dot{g} &= 1 - \dfrac{\chi^2}{r_2}C(z) \end{aligned} \tag{5-14}$$

其中，

$$C(z) = \frac{1-\cos\sqrt{z}}{z}, \quad S(z) = \frac{\sqrt{z}-\sin\sqrt{z}}{\sqrt{z^3}} \tag{5-15}$$

当 $z=0$ 时，可使用泰勒级数展开为

$$C(z) = \sum_{k=0}^{\infty}\frac{(-z)^k}{2k+1}, \quad S(z) = \sum_{k=0}^{\infty}\frac{(-z)^k}{2k+3} \tag{5-16}$$

假设两个关于 g 的表达式相等，两个关于 f 的表达式相等，则可得 $\Delta\theta$ 和 Δt 之间的关系为

$$\sqrt{\mu}\Delta t = \chi^3 S(z) + \chi\sqrt{C(z)}\left(\sin\Delta\theta\sqrt{\frac{r_1 r_2}{1-\cos\Delta\theta}}\right) \tag{5-17}$$

其中，等式右边括号中均为已知项数组成的常量。将括号内容记作 A，为了找出 χ 和 z 两个量之间不涉及轨道根数的关系，令关于 f 的两个表达式相等，可得

$$\chi^2 C(z) = r_1 + r_2 + A\frac{zS(z)-1}{\sqrt{C(z)}} \tag{5-18}$$

式(5-18)右边只与 z 有关，可用 $y(z)$ 表示，则有

$$\chi = \sqrt{\frac{y(z)}{C(z)}} \tag{5-19}$$

$$y(z) = r_1 + r_2 + A\frac{zS(z)-1}{\sqrt{C(z)}} \tag{5-20}$$

将式(5-19)代入式(5-17)，可得

$$\sqrt{\mu}\Delta t = \left[\frac{y(z)}{C(z)}\right]^{\frac{3}{2}} S(z) + A\sqrt{y(z)} \tag{5-21}$$

已知时间间隔 Δt，可以用牛顿迭代法解出 z。构造函数

$$F(z) = \left(\frac{y(z)}{C(z)}\right)^{\frac{3}{2}} S(z) + A\sqrt{y(z)} - \sqrt{\mu}\Delta t \tag{5-22}$$

用牛顿公式进行迭代计算：

$$z_{i+1} = z_i - \frac{F(z_i)}{F'(z_i)} \tag{5-23}$$

通常将 $z_0 = 0$ 作为关于 z 的初始值，这是一种简单合理的方法。此外，也可以根据 $F(z)$ 的函数选择 z_0，要求在 z_0 附近函数 $F(z)$ 值的符号发生改变。随后可以得到只与 z 有关的拉格朗日系数为

$$\begin{aligned} f &= 1 - \frac{y(z)}{r_1}, & g &= A\sqrt{\frac{y(z)}{\mu}} \\ \dot{f} &= \frac{\sqrt{\mu}}{r_1 r_2}\sqrt{\frac{y(z)}{C(z)}}\left[zS(z)-1\right], & \dot{g} &= 1 - \frac{y(z)}{r_2} \end{aligned} \tag{5-24}$$

以上即完成了 Lambert 问题的求解，在已知初、末位置矢量和转移时间的条件下可以快速求解出转移轨道。

4. Lambert 有限推力精确入轨策略

1) 算法说明

在 Lambert 问题的计算中，主要考虑了主发动机推力无限大，速度脉冲增量可以瞬时变化，然而在实际中主发动机推力不可能无限大，本节研究的入轨航天器系统主发动机推力有限，不能将其简化为速度脉冲增量假设，此时需要进行一定的转换。在入轨航天器的 Lambert 轨道转移问题计算参数时，将脉冲模型调整为连续的有限推力模型，如果某次变轨的时刻 t、速度脉冲增量 Δv、变轨发动机推力 F 已知，发动机比冲 I_s 不变，则可以确定发动机的工作参数。

Lambert 脉冲变轨实现原理如图 5-20 所示。

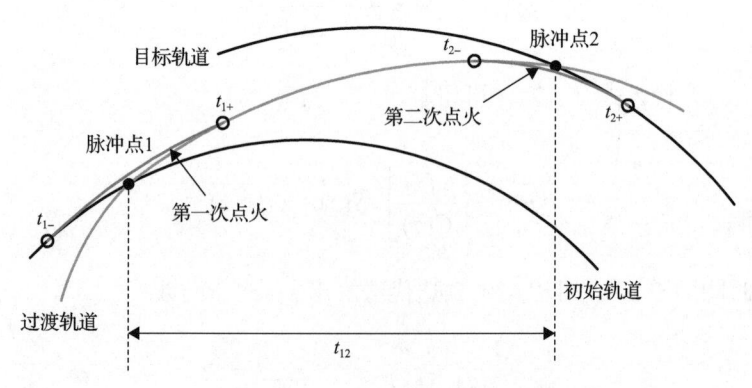

图 5-20 Lambert 脉冲变轨实现原理

设第一次脉冲所消耗的燃料质量为 Δm_1（可由齐奥尔科夫斯基公式计算得到），发动机消耗的燃料质量为 $\dot{m}$，则这次脉冲所对应发动机的工作时长是 $t_1 = \Delta m_1 / \dot{m}$，过渡轨道为椭圆轨道，故以脉冲点 1 为起始，分别向前、后递推 $\Delta t_1 / 2$，得到 t_{1-}、t_{1+}，以 t_{1-} 为第一次点火的起始点，以 t_{1+} 为第一次点火的结束点，完成了第一个推力段的设计，进入过渡轨道。第二次点火的持续时间为 $t_2 = \Delta m_2 / \dot{m}$，工程化方法与第一次点火相同，分别向前、后递推 $\Delta t_2 / 2$，得到 t_{2-}、t_{2+}，以 t_{2-} 为第二次点火的起始点，以 t_{2+} 为第二次点火的结束点，即可完成整个轨道转移的过程。

基于 Lambert 问题中已经求解出的速度脉冲增量 Δv_1、Δv_2，推力方向沿 Δv_1、Δv_2 的连续点火时间长度 Δt_1、Δt_2 分别为

$$\Delta t_1 = \frac{m_0 I_s}{F}\left(1 - e^{-\frac{|\Delta v_1|}{I_s}}\right) \tag{5-25}$$

其中，m_0 为初始质量；F 为推力大小。

$$\Delta t_2 = \frac{(m_0 - \dot{m}\Delta t_1) I_s}{F}\left(1 - e^{-\frac{|\Delta v_2|}{I_s}}\right) \tag{5-26}$$

依据前面内容可分别求得第一次脉冲关机时间 t_{1+} 和第二次脉冲点火时间 t_{2-}，即 $t_{1+} = t_0 + \Delta t_1 / 2$、$t_{2-} = t_0 + \Delta t_2 / 2$。而有限推力变轨开始的位置和轨道根数可以根据初始轨道在脉冲点 1 的轨道六根数倒推 $\Delta t_1 / 2$ 时间得到。根据轨道动力学方程，从推力开始位置选取一定的步长，进行轨道递推，直到 Δt_1 后第一次推力变轨结束，进入转移轨道。再根据转移轨道根数递推轨道，直到距脉冲点 2 为 $\Delta t_2 / 2$ 位置，开始第二次推力变轨，经过 Δt_2 时间后推力结束，飞行器进入目标任务轨道。

2）仿真算例

本节 Lambert 有限推力入轨仿真将 5.3.2 节通过粒子群优化算法计算出的两次脉冲转换为有限推力，更符合实际情况。初始轨道参数与 5.3.2 节相同，其他飞行器入轨初始参数如表 5-4 所示。

表 5-4　飞行器入轨初始参数

发动机推力	发动机比冲	初始质量
2000N	3500m/s	600.15kg

第一次脉冲对应推力时间为 25.25s，第二次脉冲对应推力时间为 25.1s。

Lambert 推力变轨转移过程如图 5-21 所示，两个推力段示意图如图 5-22 所示。

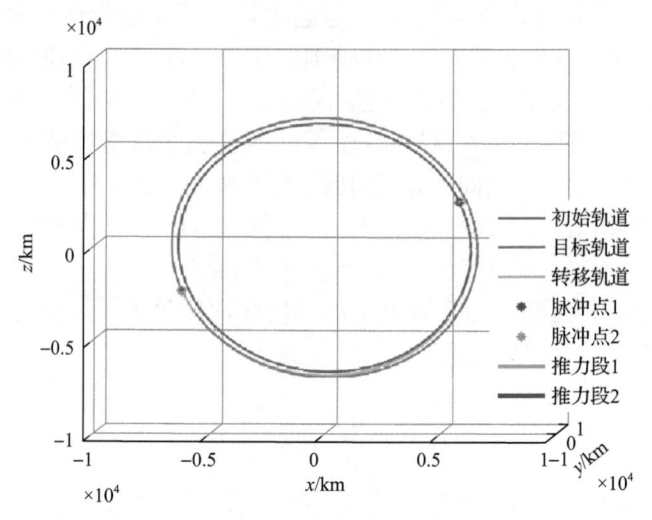

图 5-21　Lambert 推力变轨转移过程

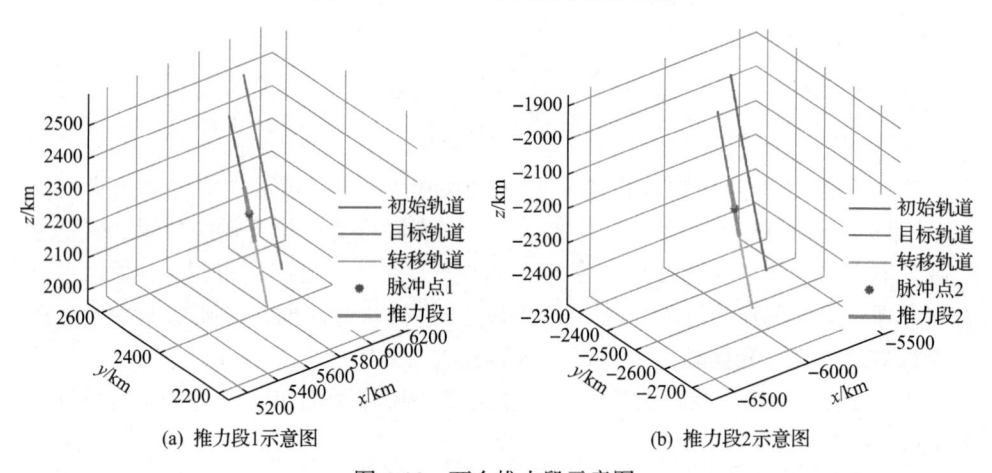

(a) 推力段1示意图

(b) 推力段2示意图

图 5-22　两个推力段示意图

变轨初始轨道、转移轨道和目标轨道参数见表 5-5。变轨过程轨道参数见表 5-6。

表 5-5　变轨初始轨道、转移轨道和目标轨道参数

名称	半长轴	偏心率	轨道倾角	升交点赤经
初始轨道	6571.266km	0.0006624	98°	200.00077°
转移轨道	6718.958km	0.022632	98.02131°	199.9928°
目标轨道	6871km	0	98°	200°

表 5-6　变轨过程轨道参数

名称	第一次推力变轨 开始	第一次推力变轨 结束	第二次推力变轨 开始	第二次推力变轨 结束
半长轴	6571.266km	6718.953km	6718.953km	6870.995km
偏心率	0.0006624	0.02263	0.02263	0.0000413
轨道倾角	98°	98.02131°	98.02131°	98°
升交点赤经	200.00077°	199.9928°	199.9928°	200°
近地点幅角	159.59465°	160.3632°	160.3632°	250.3724°
真近点角	−0.858506°	0.098196°	180.1498°	91.84024°

仿真结果表明，经过第一次推力变轨后，飞行器所在转移轨道根数与前面计算结果相比半长轴误差为 5m，偏心率误差为 2×10^{-6}，轨道倾角和升交点赤经几乎没有误差。经过第二次推力变轨后，飞行器所在目标轨道根数与目标轨道相比半长轴误差为 5m，偏心率误差为 4.13×10^{-5}，轨道倾角与升交点赤经相同。因此，可认为该方法精度较高，达到要求。

综合仿真结果，一体化飞行器从发射到进入目标轨道，最终入轨质量为 571.3kg，总飞行时间约为 3228.873s(0.897h)，因此一体化飞行器能够在发射之后完成 1h 内入轨。

5. J_2 摄动下入轨补偿方法

1) 算法说明

星箭一体化飞行器在低地球轨道上飞行时，会受到各种摄动力的影响，主要为地球非球形引力摄动(J_2 摄动)。在 J_2 摄动下，当星箭一体化飞行器末级转移时，如果还是按照 Lambert 问题求解出两个速度脉冲增量进行变轨，那么在转移时轨道会发生偏移而无法到达入轨点，因此需要对 Lambert 问题的第一个速度脉冲进行一定的修正，以消除 J_2 摄动的影响，使星箭一体化飞行器能够在预计的入轨点完成第二次推力变轨。

地球引力的位函数为

$$U = \frac{\mu}{r}\left\{1 - \sum_{n=2}^{\infty}\left(\frac{R_e}{r}\right)^2\left[J_n P_n \sin\varphi - \sum_{m=1}^{n} J_{nm} P_{nm} \sin\varphi \cos[m(\lambda - \lambda_{nm})]\right]\right\} \quad (5\text{-}27)$$

其中，φ 是地心纬度；λ 是地心经度；P_n、P_{nm} 是多项式；J_n、J_{nm} 是带谐项系数。

本节星箭一体化飞行器的目标轨道是低地球轨道，J_2 摄动项比较大，此时动力学方程为

$$\ddot{r} = -\frac{\mu m}{r^3} r + \text{grad} U \tag{5-28}$$

其中，μ 为引力系数；r 为位置矢量；U 为地球引力；grad 为梯度。

飞行器的轨道动力学方程应在地心惯性坐标系下表达为

$$\begin{cases} \dot{r}_x = v_x \\ \dot{r}_y = v_y \\ \dot{r}_z = v_z \\ \dot{v}_x = -\frac{\mu r_x}{r^3}\left[1 + \frac{3}{2}J_2\left(\frac{R_E}{r}\right)^2\left(1 - 5\frac{r_z^2}{r^2}\right)\right] \\ \dot{v}_y = -\frac{\mu r_y}{r^3}\left[1 + \frac{3}{2}J_2\left(\frac{R_E}{r}\right)^2\left(1 - 5\frac{r_z^2}{r^2}\right)\right] \\ \dot{v}_z = -\frac{\mu r_z}{r^3}\left[1 + \frac{3}{2}J_2\left(\frac{R_E}{r}\right)^2\left(3 - 5\frac{r_z^2}{r^2}\right)\right] \end{cases} \tag{5-29}$$

Lambert 问题通常是在理想二体模型下求解的。假设在理想二体模型下求解的 Lambert 问题的初始位置为 r_1，需要的速度为 v_1，目标位置为 r_2，转移时间为 Δt，但是在 J_2 摄动的影响下，飞行器在初始位置经过 Δt 时间后的位置与 r_2 有一定误差。对于 J_2 摄动下的 Lambert 问题，可以在理想二体模型情况下引入状态转移矩阵来解决，状态转移矩阵为

$$\boldsymbol{\Phi}(t,t_0) = \begin{bmatrix} \Phi_{11} & \Phi_{12} \\ \Phi_{21} & \Phi_{22} \end{bmatrix} = \begin{bmatrix} \dfrac{\partial \boldsymbol{r}}{\partial \boldsymbol{r}_0} & \dfrac{\partial \boldsymbol{r}}{\partial \boldsymbol{v}_0} \\ \dfrac{\partial \boldsymbol{v}}{\partial \boldsymbol{r}_0} & \dfrac{\partial \boldsymbol{v}}{\partial \boldsymbol{v}_0} \end{bmatrix} \tag{5-30}$$

假设在 J_2 摄动下，飞行器经过 Δt 时间后所在位置为 $r_{2\text{int}}$，$r_{2\text{int}}$ 可以由式(5-29)积分得到。设 v_{1t} 为第一次推力变轨点需要的速度，则速度修正向量为

$$\delta v_{1t} = (\Phi_{12})^{-1}(r_2 - r_{2\text{int}}) \tag{5-31}$$

需要速度更新为

$$v_{1t}(k+1) = v_{1t}(k) + \delta v_{1t}(k) \tag{5-32}$$

当 $r_2 - r_{2\text{int}}$ 小于设定值时，迭代结束。

J_2 摄动下 Lambert 问题求解流程如图 5-23 所示，步骤如下。

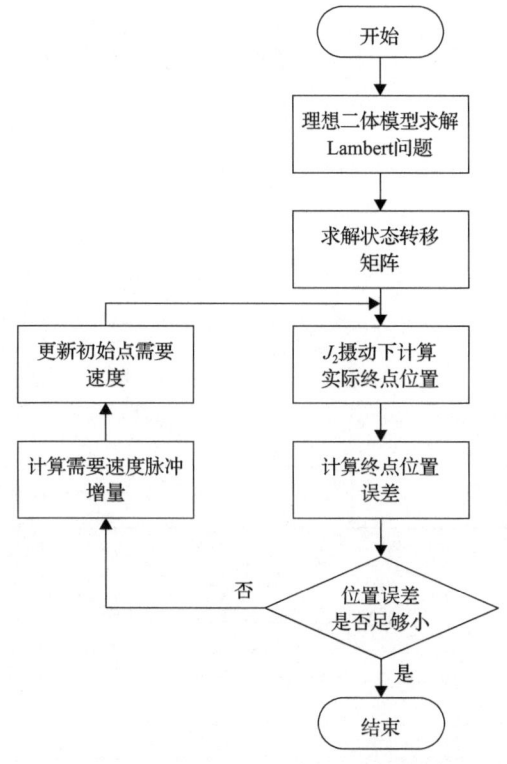

第 5 章 一体化飞行器系统设计方案与指标体系验证

图 5-23 J_2 摄动下 Lambert 问题求解流程

(1) Lambert 问题求解，获得初始位置为 r_i，需要的速度为 v_i，目标位置为 r_2，转移时间为 Δt。

(2) 以 r_i、v_i、Δt 在 J_2 摄动下计算经过 Δt 后飞行器的实际位置 $r_{2\text{int}}$。

(3) 由于 J_2 摄动，$r_{2\text{int}}$ 与 r_2 存在一定偏差，计算位置误差 $\Delta r = r_{2\text{int}} - r_2$。

(4) 计算转移矩阵 $\boldsymbol{\Phi}$，求解在初始位置需要的速度脉冲增量 Δv 与新的需要速度，即 $v_{k+1} = v_k + \Delta v$，用新的需要速度计算新的实际入轨位置，并求出与预期位置的误差。

(5) 重复步骤(3)、步骤(4)，当实际入轨点误差足够小时，停止计算。

2) 仿真算例

本节初始轨道参数与 5.3.2 节相同，初始飞行器参数为表 5-4 参数，包括推力、比冲、质量。J_2 摄动下基于 Lambert 问题的推力变轨过程和两推力段示意图分别如图 5-24 和图 5-25 所示。

仿真结果表明，第一次脉冲对应推力时间为 55.85s，第二次脉冲对应推力时间为 51.36s。第一次速度脉冲增量为 [98.117,−156.406,−49.915]m/s，增量大小为 191.262m/s，第二次速度脉冲增量为 [10.105,−155.756,100.441]m/s，速度脉冲增量大小为 185.608m/s，J_2 摄动下轨道的偏移可以认为是异面变轨，因此本节计算所得两次速度脉冲增量较式(5-7)计算结果更大，脉冲转移时间为 2774.582s。

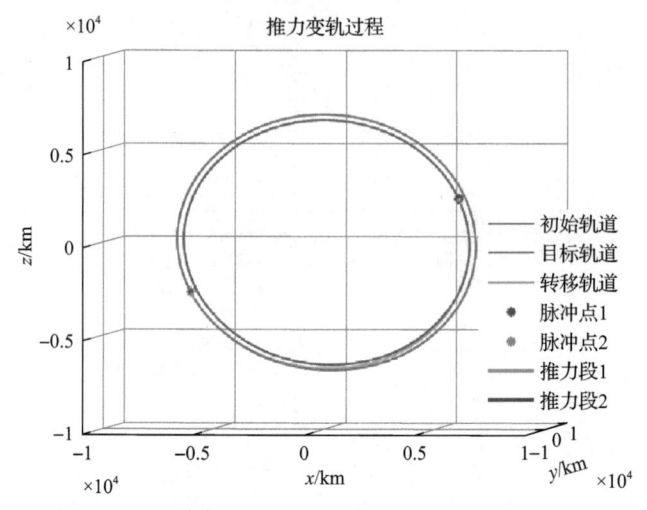

图 5-24 J_2 摄动下推力变轨过程

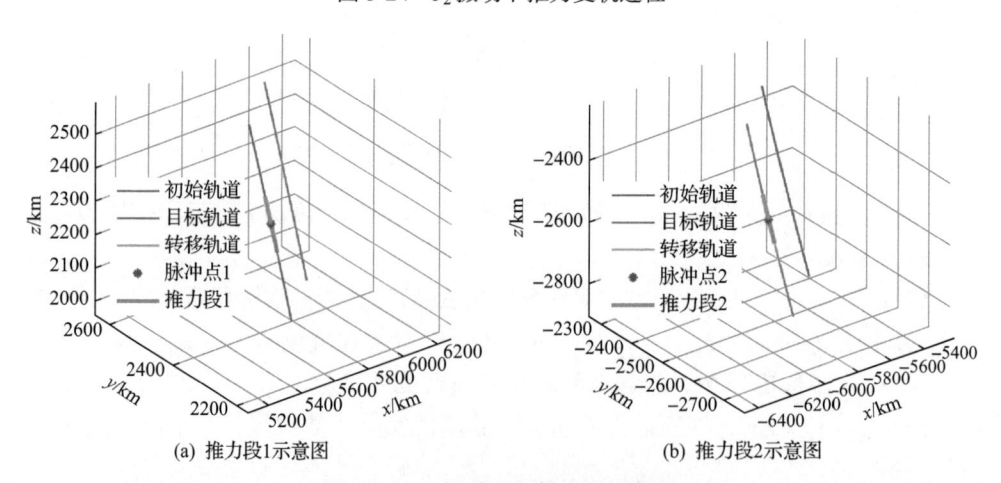

(a) 推力段1示意图　　　　(b) 推力段2示意图

图 5-25 J_2 摄动下两推力段示意图

J_2 摄动下变轨过程轨道参数见表 5-7。

表 5-7 J_2 摄动下变轨过程轨道参数

名称	第一次推力变轨		第二次推力变轨	
	开始	结束	开始	结束
半长轴	6571.266km	6719.266km	6718.953km	6871.825km
偏心率	0.0006624	0.022712	0.022712	0.000131

续表

名称	第一次推力变轨 开始	第一次推力变轨 结束	第二次推力变轨 开始	第二次推力变轨 结束
轨道倾角	98°	98.17101°	98.17101°	97.99992°
升交点赤经	200.00036°	199.5595°	199.6016°	200.00012°
近地点幅角	159.59596°	156.0975°	156.0449°	−45.4109°
真近点角	−1.900268°	5.350850°	183.7008°	28.45943°

仿真结果表明，经过第二次推力变轨后，飞行器所在目标轨道根数与目标轨道相比半长轴的误差小于1km，偏心率的误差为1.31×10^{-4}，轨道倾角误差为$8\times10^{-5\circ}$，升交点赤经误差为$1.2\times10^{-4\circ}$。因此，可认为入轨补偿方法精度较高，达到要求。

综合仿真结果，一体化飞行器从发射到进入目标轨道，最终入轨质量为538.88kg，总飞行时间约为 3257.302s(0.905h)，因此一体化飞行器能够在发射之后完成 1h 内入轨。

5.3.3 一体化飞行器快速部署理论与方法

星下点的轨迹调整对于在轨飞行器完成快速响应任务的重调度具有重要意义[38]。

本节主要围绕对地观测任务的快速响应，通过调整在轨综合飞行器的亚星点轨迹实现任务重调度，完成指定地面目标点的应急观测任务，从而实现空间快速部署和应用的目标[38]，具体方法如下[39]。

从地心惯性坐标系(r)到地心固联坐标系($r_\oplus$)的半径矢量转换矩阵为

$$r_\oplus = R_z(a_G)r = \frac{a(1-e^2)}{1+e\cos f}\begin{bmatrix}\cos(a_G-\Omega)\cos(\omega+f)+\sin(a_G-\Omega)\sin(\omega+f)\cos i \\ -\sin(a_G-\Omega)\cos(\omega+f)+\cos(a_G-\Omega)\sin(\omega+f)\cos i \\ \sin(\omega+f)\sin i\end{bmatrix} \quad (5\text{-}33)$$

其中，R_z为地心惯性坐标系框架中围绕坐标轴z的旋转矩阵[40]；a为半长轴[41]；e为偏心率；i为轨道倾角；ω为近地点幅角；Ω为升交点赤经[42]；f为真近点角[43]；a_G为真近点角为f时以弧度制计算的格林尼治平恒星时。

大地纬度$\varphi\in[-\pi/2,\pi/2]$可以通过以下地心纬度来计算：

$$\sin\varphi \approx \frac{r_\oplus(3)}{r} = \sin(\omega+f)\sin i \quad (5\text{-}34)$$

并且经度$\lambda\in[-\pi,\pi)$为

$$\begin{bmatrix} \sin\lambda \\ \cos\lambda \end{bmatrix} = \frac{1}{\sqrt{1-\sin^2(\omega+f)\sin^2 i}} \begin{bmatrix} -\cos(\omega+f) & \sin(\omega+f)\cos i \\ \sin(\omega+f)\cos i & \cos(\omega+f) \end{bmatrix} \begin{bmatrix} \sin(a_G-\Omega) \\ \cos(a_G-\Omega) \end{bmatrix}$$

(5-35)

使用地心纬度作为初始猜测，通过数值迭代获得真实的大地纬度。对于给定的初始轨道，通过轨道运动获得每个时刻的轨道元素，然后可得到相应的地理经纬度。

基于以上方法，针对飞行器共面机动星下点调整、异面机动星下点调整以及过渡轨道直接机动三种机动方式，提出了机动方式的对应近似解析算法，同时对燃料最优、时间最优、三脉冲变轨三种变轨策略进行仿真验证与分析，验证各算法的可靠性、准确性及高效性，以实现在保证变轨精度的前提下星下点轨迹调整的快速计算。

1. 单脉冲燃料最优星下点轨迹调整方法

大推力脉冲式变轨可以处理成一个瞬时过程[44]，本节以正切脉冲为例给出单脉冲作用下的燃料最优机动算法[45]。

首先，设定初始轨道及目标点，对初始轨道数据进行仿真计算。然后，寻找初始轨道星下点轨迹与在目标纬线目标点距离最近位置，以此保证飞行器轨道变化幅度最小，保证燃料消耗最少。最后，对最优目标轨道所需速度进行解算，求解速度脉冲大小及方向。

仿真条件：假设飞行器变轨机动过程为单脉冲过程，且不改变轨道平面。假设单脉冲过程为瞬时完成，即不考虑助推时间，且助推时速度变化值应小于飞行器燃料提供的最大脉冲值 0.8109km/s。鉴于仿真验证中初始轨道为 500km 太阳同步圆形轨道，根据圆形轨道的特点，假设飞行器变轨机动位置为初始位置。因本节任务为燃料最优机动，故对任务最大时间进行限制，限制为 24h 之内调整星下点轨迹经过目标点。

本节共提供六个算例，分别选取两种不同的初始轨道和三个不同的目标点(北京、台北及伦敦)对结果进行验证，以实现在限制星下点轨迹经过目标的最大时间条件下，飞行器消耗最少燃料调整自身星下点轨迹经过目标点的目的。

各初始轨道六根数参数如表 5-8 所示，北京、台北、伦敦三个目标点的经纬度如表 5-9 所示。

表 5-8 初始轨道六根数参数

初始轨道序号	半长轴 a/km	轨道偏心率 e	轨道倾角 i/(°)	升交点赤经 Ω/(°)	近地点幅角 ω/(°)	真近角 f/(°)
1	6878.1	0	97.37	180	0	180
2	6878.1	0	97.37	60	0	180

表 5-9 三个目标点的经纬度

目标点	北京	台北	伦敦
经度	116°E	122°E	0°
纬度	40°N	25°N	51°N

根据任务目标，不同初始轨道与不同目标点的时间最优解如表 5-10 所示，各仿真算例对应的全过程星下点轨迹如图 5-26～图 5-31 所示。

由表 5-10 可见，对于选定的两条初始轨道及不同的目标点，均可实现星下点调整的任务目标，且脉冲值远小于可用最大脉冲值，过顶偏差均在 0.01°以下，精度较高，采用牛顿迭代法的迭代次数一般为 1～2 次，计算效率较高。

综上，本节在满足飞行器变轨后星下点经过目标点的要求下，采用较小的脉冲值实现了星下点轨迹调整，且星下点轨迹调整精度较高。

表 5-10 不同初始轨道与不同目标点的时间最优解（单脉冲燃料）

序号	初始轨道种类	目标点	过顶偏差/(°)	速度脉冲/(km/s)	任务时间/h	迭代次数
1		北京	0.0025	−0.1797	3.831	2
2	1	台北	0.0066	−0.2572	3.666	2
3		伦敦	0.0037	−0.1425	11.391	2
4		北京	0.0042	−0.0056	19.829	1
5	2	台北	0.0001	−0.0185	19.663	2
6		伦敦	0.0011	−0.0739	16.617	2

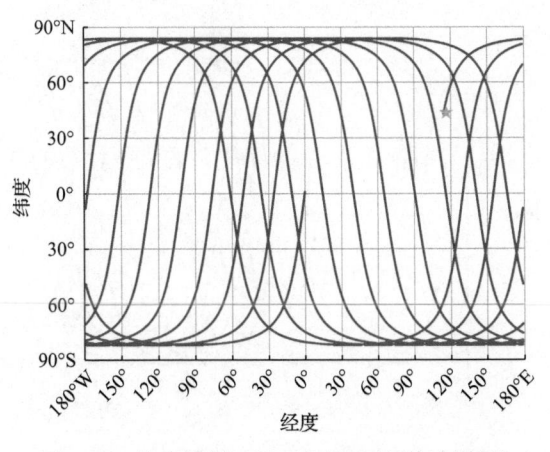

图 5-26 仿真算例 1 星下点轨迹（单脉冲燃料）

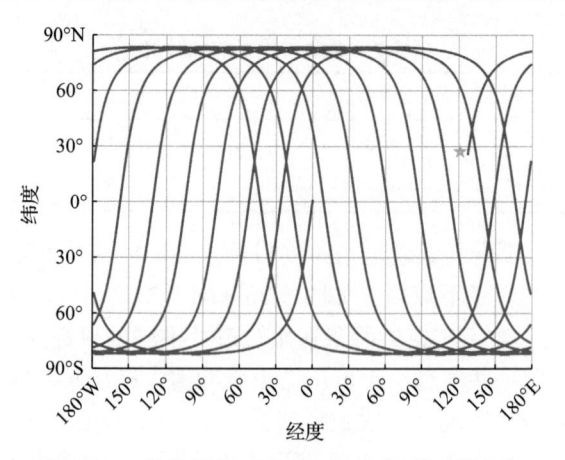

图 5-27 仿真算例 2 星下点轨迹(单脉冲燃料)

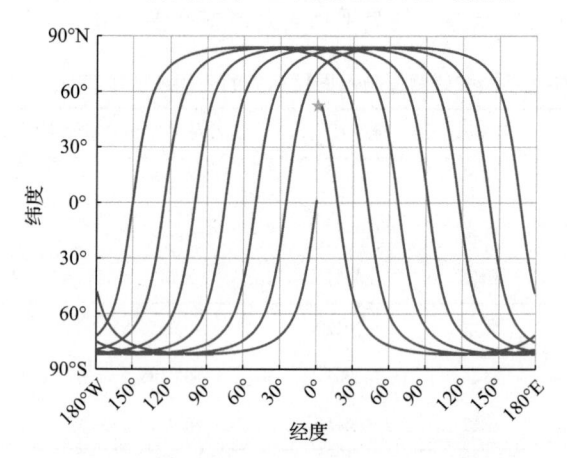

图 5-28 仿真算例 3 星下点轨迹(单脉冲燃料)

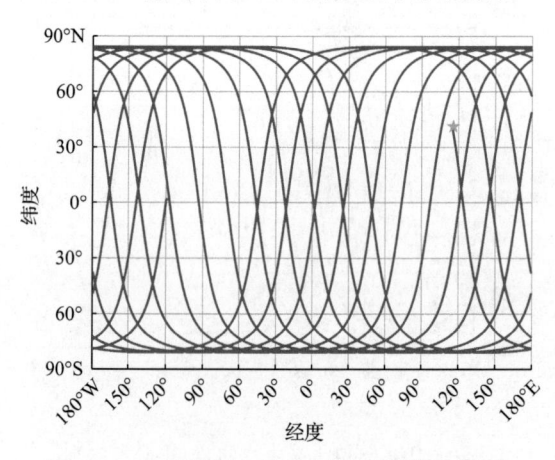

图 5-29 仿真算例 4 星下点轨迹(单脉冲燃料)

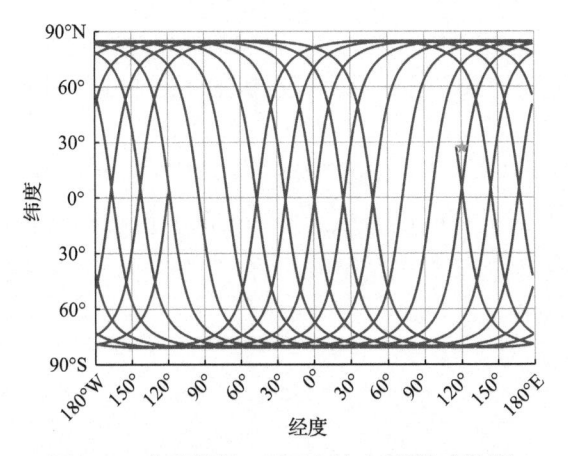

图 5-30 仿真算例 5 星下点轨迹(单脉冲燃料)

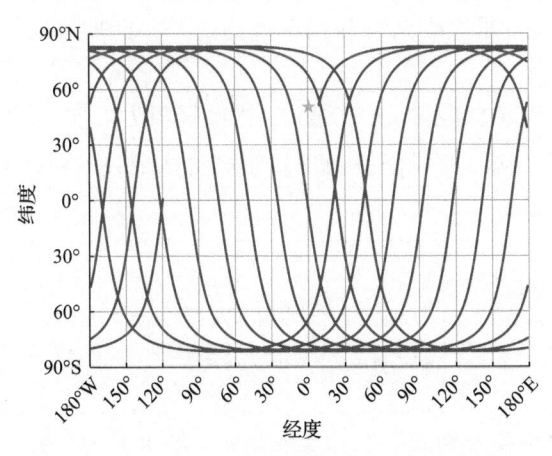

图 5-31 仿真算例 6 星下点轨迹(单脉冲燃料)

2. 单脉冲时间最优星下点轨迹调整方法

已知待观测目标点 S^* 的经纬度为 (λ^*, φ^*)。飞行器在整个运行过程中的机动示意图如图 5-32 所示。后面下标"0"和"1"分别表示初始轨道和机动轨道。由于 J_2 摄动对轨道参数 Ω、ω 产生的漂移影响以及在轨道运行中真近点

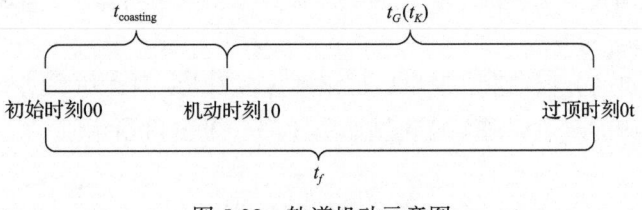

图 5-32 轨道机动示意图

角 f 的变化，分别使用"00"和"0t"表示初始轨道在初始时刻和施加脉冲时刻的轨道参数；使用"10"和"1t"表示机动轨道在施加脉冲后和飞越目标点的轨道参数。

飞行器自接到任务指令到飞越目标点的总响应时间记为 t_f，且 t_f 分为施加脉冲前在初始轨道上的滑行时间 t_{coasting} 和施加脉冲后在机动轨道上的运行时间 t_G/t_K 两部分。飞行器需要在剩余燃料的约束下用最短的时间飞越目标点，因此性能指标为响应时间 t_f。

$$J = \min t_f \tag{5-36}$$

机动过程中受到的约束条件如下。

(1) 燃料消耗需在星上剩余燃料约束范围内[46]，此项可转换为施加脉冲幅值 $\Delta V_{\max}$ 的约束。

(2) 最小的近地点高度不低于200km，以减轻阻力摄动。

(3) 最终飞越目标点，完成任务，即过顶时刻的经纬度与目标点 (λ^*, φ^*) 一致[46]。

$$\begin{cases} \sqrt{\Delta V_r^2 + \Delta V_t^2 + \Delta V_n^2} \leqslant \Delta V_{\max} \\ h_{p\min} \geqslant 200\text{km} \\ \lambda(t_f) = \lambda^*, \quad \varphi(t_f) = \varphi^* \end{cases} \tag{5-37}$$

优化参数为：机动时刻的参数纬度幅角 u、轨道面内和轨道面外的脉冲分量 $\Delta V = \Delta V_{\text{in-plane}} + \Delta V_{\text{out-plane}}$。为简化问题，本节只将周向脉冲作为轨道面内的脉冲分量，即认为 $\Delta V_r = 0$ [46]。

本节共提供10个算例，分别选取两种初始轨道下的三个目标点(北京、台北、伦敦)对结果进行验证，并在不同的脉冲幅值约束下探究时间最优星下点调整方法，以探究本章算法在保证经过目标点的同时在时间上能够有一定程度的缩短。

在前6个算例中，假设初始接到观测任务时刻地球惯性坐标系与地心固联坐标系重合，根据飞行器参数及剩余燃料约束计算得到飞行器可产生的最大脉冲幅值为0.8109km/s。

依据星下点的光照情况，卫星对目标进行观测[46]，具体仿真结果如表5-11所示，各情况对应的全过程星下点轨迹如图5-33～图5-38所示。

表 5-11 不同初始轨道与不同目标点的时间最优解(单脉冲时间)

序号	初始轨道种类	目标点	滑行时间 t_{coasting}/s	过顶偏差 $|\Delta\lambda|+|\Delta\varphi|$ /(°)	全程用时 t_f/h	燃料最优全程用时 $\hat{t}_f$/h
1		北京	2053	0.0922	3.484	3.831
2	1	台北	1814	0.1470	3.388	3.666
3		伦敦	2230	0.0349	10.736	11.391
4		北京	2053	0.0338	8.645	19.829
5	2	台北	1814	0.0678	19.269	19.663
6		伦敦	2230	0.0382	2.749	16.617

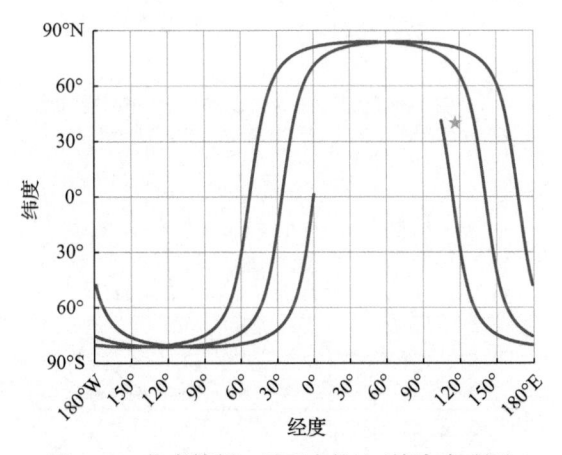

图 5-33 仿真算例 1 星下点轨迹(单脉冲时间)

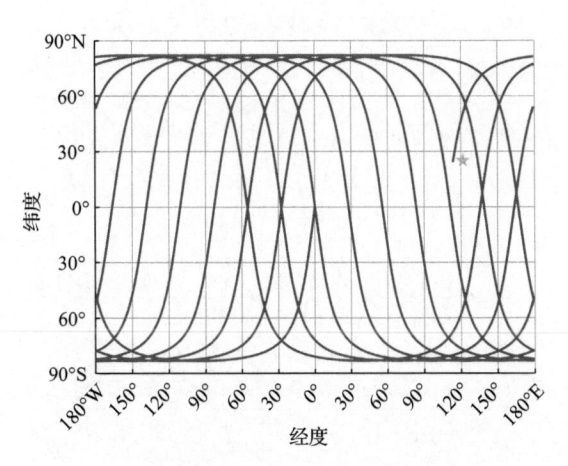

图 5-34 仿真算例 2 星下点轨迹(单脉冲时间)

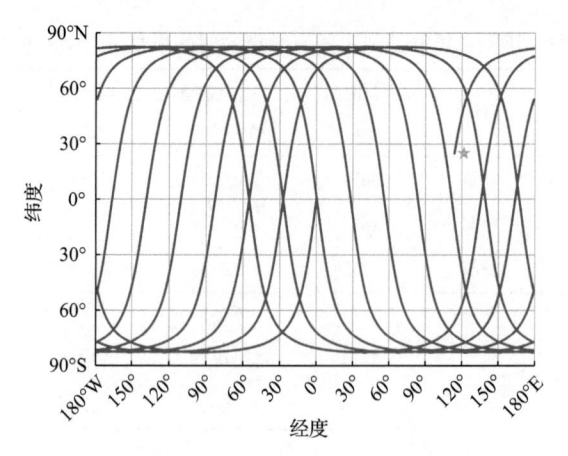

图 5-35　仿真算例 3 星下点轨迹（单脉冲时间）

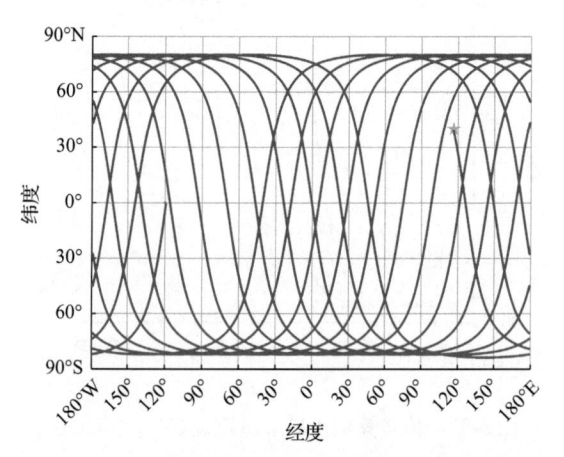

图 5-36　仿真算例 4 星下点轨迹（单脉冲时间）

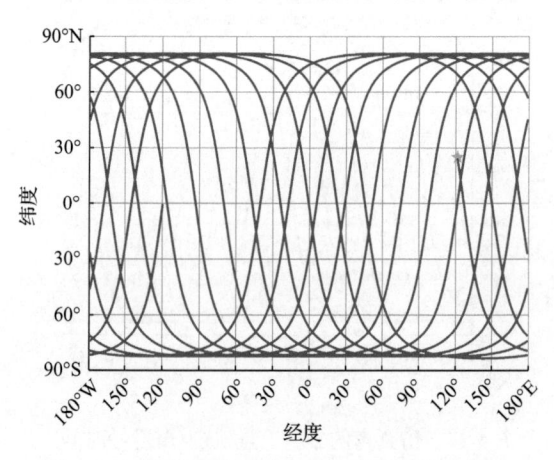

图 5-37　仿真算例 5 星下点轨迹（单脉冲时间）

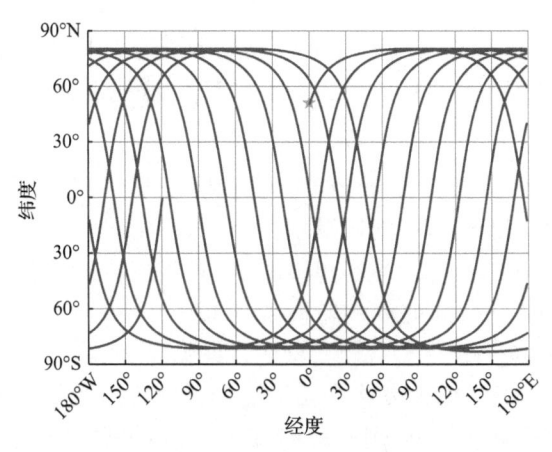

图 5-38 仿真算例 6 星下点轨迹(单脉冲时间)

由表 5-11 可见，在所研究的两组初始轨道与各目标点中，相对燃料最优解，时间最优解的总响应时间可减少 0.2h 以上，且过顶偏差可控制在 0.15°以内。故本章算法在保证一定过顶精度的同时，可以有效降低总响应时间。

本节选取表 5-8 中的 1 号轨道作为轨道初始参数，目标点为北京，不同脉冲幅值约束下的仿真结果如表 5-12 所示。由表 5-12 可见，在不同脉冲幅值约束下，剩余燃料减少，即脉冲幅值约束减少，对应全程用时增加，与燃料最优全程用时相减即为相较燃料最优策略节省时间，由 0.35h 逐渐降低至 0.18h，时间节省程度降低。

表 5-12 不同脉冲幅值约束下的仿真结果

序号	脉冲幅值约束 ΔV_{max} /(km/s)	周向脉冲 ΔV_t /(km/s)	过顶偏差 $\|\Delta\lambda\|+\|\Delta\varphi\|$ /(°)	全程用时 t_f /h	燃料最优全程用时 $\hat{t}_f$ /h
1	0.8109	−0.6460	0.0922	3.4811	
7	0.8	−0.6402	0.0722	3.4853	
8	0.7	−0.5819	0.0451	3.5303	3.831
9	0.6	−0.5002	0.0694	3.5957	
10	0.5	−0.4316	0.0332	3.6547	

3. 过渡轨道直接机动星下点轨迹调整方法

针对星下点轨迹调整问题，有时需要考虑给定目标轨道的情况，如回归轨道、太阳同步轨道等，以满足任务需求。本节将针对当前轨道及给定的目标轨道，对采用过渡轨道的三脉冲机动方式星下点轨迹调整方法进行研究。

设定初始格林尼治平恒星时为 2019 年 1 月 1 日 8 点整。初始时间的格林尼治平恒星时角为 $a_{G0} = 0.681733$。指定的观测点(以四川某点为例)为 2022 年 5 月

12 日，经纬度为 $\lambda^* = 92.5°$、$\varphi^* = 30°$。初始轨道为太阳同步轨道，其中轨道元素为：$a_1 = R_\oplus + 500\text{km}, e_1 = 0, i = 97.3°, \Omega_1 = 270°$，近地点辐角 $u_{10} = 10°$，目标轨道参数为：$a_1 = R_\oplus + 559.3\text{km}, e_1 = 0, i = 97.3°, \Omega_1 = 270°, u_{10} = 10°$。

对于给定的初始轨道和目标轨道，整个转移过程中有四个弧段：

(1) 第一脉冲前初始轨道中的初始弧段 1；

(2) 第一脉冲和第二脉冲之间的转移弧段 3；

(3) 第二脉冲和第三脉冲之间的转移弧段 4；

(4) 第三脉冲和点 P_t 之间最终轨道中的最终弧段 2。

对于初始轨道，第一脉冲发生在初始时刻；然后，不考虑初始弧段 1。三个脉冲分别出现在 P_1、P_3、P_2 处（图 5-39）。弧段 2、3 和 4 的转数分别设置为 N_2、N_3、N_4。

对于使用理想二体模型的非机动初始轨道，从初始位置 P_1 到指定纬度 φ^* 的飞行时间由开普勒方程得出，即

$$t_N = \left[(M_{1t} - M_{10}) + 2\pi N_R\right]\sqrt{\frac{a_1^3}{\mu}} \tag{5-38}$$

其中，M_{1t} 为从初始位置到指定飞行时间的平近点角；M_{10} 为从原点到初始位置的平近点角；N_R 为飞行转数。

对于使用理想二体模型的机动飞行器，从初始时间到 P_t 点的总飞行时间由开普勒方程得出，即

$$t_M = \pi(2N_3 + 1)\sqrt{\frac{(r_3 + a_1)^3}{8\mu}} + \pi(2N_4 + 1)\sqrt{\frac{(r_3 + a_1)^3}{8\mu}} + (2\pi N_2 + u_{2t} - u_{10})\sqrt{\frac{a_2^3}{\mu}} \tag{5-39}$$

式 (5-39) 右侧的三项分别表示弧段 3、4 和 2 的传递时间。r_3 接近 a_1，使用二阶泰勒级数展开，得到以下近似值：

$$\left(\frac{r_3 + a_1}{2}\right)^{3/2} \approx r_3^{3/2}\left[1 + \frac{3}{4}\left(\frac{a_1}{r_3} - 1\right) + \frac{3}{32}\left(\frac{a_1}{r_3} - 1\right)^2\right]$$
$$\approx \frac{11}{32}r^{3/2} + \frac{9}{16}a_1 r_3^{1/2} + \frac{3}{32}a_1^2 r^{-1/2} \tag{5-40}$$

其中，r_3 为弧段 3 的轨道半径。

同样地，仅需将 a_1 替换为 a_2 就能够对 $\left[(r_3 + a_2)/2\right]^{3/2}$ 进行估计。将式 (5-40) 代入式 (5-39) 并两侧乘以 $\sqrt{r_3}$，得到

$$\frac{11\pi}{32}\bigl[(2N_3+1)+(2N_4+1)\bigr]r_3^2 + \frac{9\pi}{16}\bigl[a_1(2N_3+1)+a_2(2N_4+1)\bigr]r_3$$
$$+\bigl[(2\pi N_2+u_{2t}-u_{10})a_2^{3/2}-t_M\sqrt{\mu}\bigr]r_3^{1/2}+\frac{3\pi}{32}\bigl[a_1^2(2N_3+1)+a_2^2(2N_4+1)\bigr]=0$$

(5-41)

此外，使用理想二体模型的机动飞行器的总飞行时间为

$$t_M = \delta\tilde{t} + t_N \tag{5-42}$$

三脉冲转移方法如图 5-39 所示。

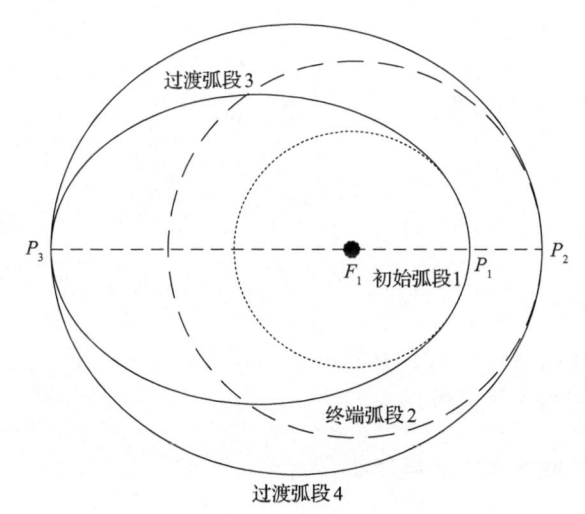

图 5-39 三脉冲转移方法

两个模型的时间差 $\delta\tilde{t}$ 由以秒为单位计算的经度差 $\Delta\lambda$ 获得，即

$$\delta\tilde{t} = \frac{\Delta\lambda}{\omega_\oplus} \tag{5-43}$$

用式(5-42)和式(5-43)替换式(5-41)，得到

$$\frac{11\pi}{32}\bigl[(2N_3+1)+(2N_4+1)\bigr]r_3^2 + \frac{9\pi}{16}\bigl[a_1(2N_3+1)+a_2(2N_4+1)\bigr]r_3$$
$$+\bigl[(2\pi N_2+u_{2t}-u_{10})a_2^{3/2}-(t_N+\Delta\lambda/\omega_\oplus)\sqrt{\mu}\bigr]r_3^{1/2}$$
$$+\frac{3\pi}{32}\bigl[a_1^2(2N_3+1)+a_2^2(2N_4+1)\bigr]=0$$

(5-44)

由此，一旦获得 r_3，三个切向脉冲为

$$\begin{cases}\Delta V_1=\sqrt{\dfrac{2\mu r_3}{a_1(r_3+a_1)}}-\sqrt{\dfrac{\mu}{a_1}}\\ \Delta V_2=\sqrt{\dfrac{2\mu a_2}{r_3(r_3+a_2)}}-\sqrt{\dfrac{2\mu a_1}{r_3(r_3+a_1)}}\\ \Delta V_3=\sqrt{\dfrac{\mu}{a_2}}-\sqrt{\dfrac{2\mu r_3}{a_2(r_3+a_1)}}\end{cases} \quad (5\text{-}45)$$

对应的时间为

$$\begin{cases}t_1=0\\ t_2=\pi(2N_3+1)\sqrt{\dfrac{(r_3+a_1)^3}{8\mu}}\\ t_3=t_2+\pi(2N_4+1)\sqrt{\dfrac{(r_3+a_2)^3}{8\mu}}\end{cases} \quad (5\text{-}46)$$

对于不同的 N_2、N_3、N_4，总消耗 ΔV_{tot} 不同。在本节问题中，最小能量解对应的值为：$N_2=0$、$N_3=1$、$N_4=11$、$r_3=6688.124\text{km}$。三次脉冲大小分别为：$\Delta V_1=0.002886\text{km/s}$、$\Delta V_2=0.073193\text{km/s}$、$\Delta V_3=0.069667\text{km/s}$，总消耗为 $\Delta V_{\text{tot}}=0.145746\text{km/s}$。对应施加脉冲的时间为：$t_1=0\text{s}$、$t_2=8155.9\text{s}$。

5.3.4 一体化飞行器应用仿真与验证

1. 通信链路模型定义

通信链路模型能够模拟链路传输特性，支持开展信号传输过程中的大气损耗、雨衰、自由空间损耗等的通信链路性能仿真。

1) 通信链路衰减模型

电波损耗主要考虑大气损耗、雨衰和自由空间损耗[47]。

(1) 大气损耗模型。

大气损耗模型介绍如下[47]：当 $f<57\text{GHz}$ 时，计算每千米损耗值为

$$r_0=\left[\left(7.19\cdot10^{-3}+\dfrac{6.09}{f^2+0.227}+\dfrac{4.81}{(f-57)^2+1.50}\right)\right]\cdot f^2\cdot10^{-3} \quad (5\text{-}47)$$

$$r_w=\left[0.05+0.0021\rho_\omega+\dfrac{3.6}{(f-22.2)^2+8.5}+\dfrac{10.6}{(f-183.3)^2+9.0}+\dfrac{8.9}{(f-325.4)^2+26.3}\right]\cdot f^2\rho_\omega 10^{-4} \quad (5\text{-}48)$$

其中，r_0 为空气导致的每千米损耗；r_w 为水蒸气导致的每千米损耗；ρ_ω 为水蒸气的密度；f 为信号频率，单位 GHz[40]。

(2) 雨衰模型。

雨衰导致的信号衰减 γ_R（单位 dB/km）计算如下：

$$\gamma_R = k(R_{0.01})^\alpha \tag{5-49}$$

其中，$R_{0.01}$ 为概率超过 0.01% 的年平均降雨量，单位 mm/h；k、α 均为 f 的函数，可以表示为[48]

$$k = \left[k_H + k_V + (k_H - k_V)\cos^2\theta\cos(2\tau) \right]/2 \tag{5-50}$$

$$\alpha = \left[k_H\alpha_H + k_V\alpha_V + (k_H\alpha_H - k_V\alpha_V)\cos^2\theta\cos(2\tau) \right]/2k \tag{5-51}$$

其中，k 为天线方向性增益；k_H 为水平极化方向的天线增益；k_V 为垂直极化方向的天线增益；θ 为天线方向的极化角；τ 为信号的偏振角；α_H 为水平极化方向的极化角；α_V 为垂直极化方向的极化角。

在整个传输路径上的降雨量并不是均匀的，图 5-40 为地-空路径上衰减预测过程示意图。其中，h_S 为地球站在海平面以上的高度(km)，α 为仰角，h_R 为降雨高度(km)，L_S 为倾斜路径的长度(km)，L_G 为倾斜路径的水平投影(km)[48]，那么其他时间概率（P 取为 0.001%～1%）的衰减值(dB)为

$$A_P = A_{0.01}\left(\frac{P}{0.01}\right)^{-(0.655+0.0331\ln P - 0.0451\ln A_{0.01} - \beta(1-P)\sin\alpha)} \tag{5-52}$$

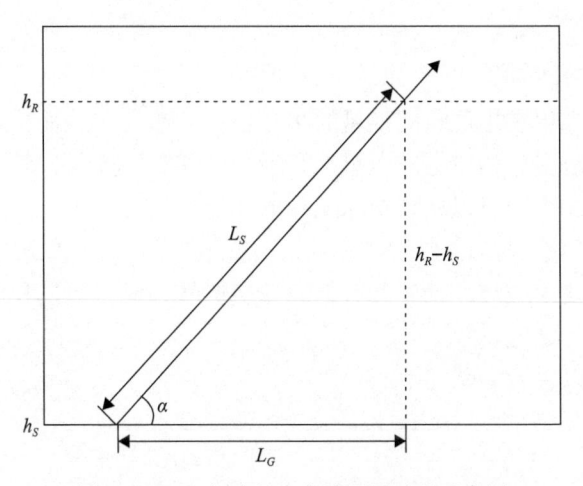

图 5-40 地-空路径上衰减预测过程示意图

(3) 自由空间损耗模型。

发射天线定向发射，到达接收点的信号功率为[47]

$$P_R = \frac{P_T G_T A_R \eta}{4\pi d^2} = P_T G_T G_R \left(\frac{\lambda_e}{4\pi d}\right)^2 = \frac{P_T G_T G_R}{L_f} \tag{5-53}$$

其中，P_R 为接收天线接收到的功率；P_T 为发射天线发射的功率；G_T 为发射天线的增益；A_R 为接收天线的有效接收面积；η 为接收天线的效率；d 为发射天线和接收天线之间的距离；λ_e 为电磁波的波长；G_R 为接收天线的增益；L_f 为自由空间损耗（无单位）。

2) 链路预算计算模型

链路预算主要用于计算信号传输过程中的增益、载波噪声比及误码率(bit error ratio，BER)，并分析通信系统的性能是否满足工程需求，计算流程如下。

(1) 计算发射机等效全向辐射功率(equivalent isotropic radiated power，EIRP)。

(2) 计算自由空间损耗。

(3) 计算接收端功率。

(4) 计算功率密度。

(5) 计算接收机功率温度比(G/T)。

(6) 计算载波噪声密度比(C/N_0)。

(7) 计算载波噪声比(C/N)。

(8) 计算码元能量(E_b/N_0)。

(9) 计算误码率。

2. 导航载荷模型定义

1) 导航精度分析理论

导航卫星可求出在定位瞬间卫星的实时位置坐标[49]，从而确定用户的位置和速度。由数颗导航卫星构成导航卫星网（又称为导航星座）[50]，其具有全球和近地空间的立体覆盖能力，可以实现全球无线电导航[51]。

2) 导航定位理论

卫星信号主要由载波，伪码和数据码三层信号构成，可以利用伪距和伪距率进行接收机定位与定速。

伪距方程可以表示为[38]

$$ho_i = \sqrt{(x_i - x)^2 + (y_i - y)^2 + (z_i - z)^2} + \delta t_u \tag{5-54}$$

其中，x_i、y_i、z_i 表示在地心固联坐标系下第 i 颗卫星的位置，该位置可以通过卫星轨道参数计算得到；x、y、z 表示接收机在地心固联坐标系下的位置；δt_u 表示等效钟差。

在接收机位置 x、y、z 和 δt_u 处进行泰勒级数展开可得[38]

$$\frac{\partial \rho_i}{\partial x} = \frac{-(x_i - x)}{\sqrt{(x_i - x)^2 + (y_i - y)^2 + (z_i - z)^2}} = \frac{-(x_i - x)}{r_i} = R_x \tag{5-55}$$

同理可得

$$\frac{\partial \rho_i}{\partial y} = \frac{-(y_i - y)}{r_i} = R_y \tag{5-56}$$

$$\frac{\partial \rho_i}{\partial z} = \frac{-(z_i - z)}{r_i} = R_z \tag{5-57}$$

这样可得伪距在 x、y、z 处的泰勒级数展开为

$$\rho_i - \rho_i(x, y, z, \delta t_u) = R_x \cdot \Delta x + R_y \cdot \Delta y + R_z \cdot \Delta z + 1 \cdot \Delta \delta t_u + \varepsilon \tag{5-58}$$

N 颗卫星的伪距定位整理可得

$$G \begin{bmatrix} \Delta x \\ \Delta y \\ \Delta z \\ \Delta \delta t_u \end{bmatrix} = \boldsymbol{b} \tag{5-59}$$

其中，

$$\boldsymbol{G} = \begin{bmatrix} -R_x^{(1)}(u_{k-1}) & -R_y^{(1)}(u_{k-1}) & -R_z^{(1)}(u_{k-1}) & 1 \\ -R_x^{(2)}(u_{k-1}) & -R_y^{(2)}(u_{k-1}) & -R_z^{(2)}(u_{k-1}) & 1 \\ \vdots & \vdots & \vdots & \vdots \\ -R_x^{(N)}(u_{k-1}) & -R_y^{(N)}(u_{k-1}) & -R_z^{(N)}(u_{k-1}) & 1 \end{bmatrix} \tag{5-60}$$

$$\boldsymbol{b} = \begin{bmatrix} \rho_1 - r_1(\overline{u_{k-1}}) - \delta t_{u,k-1} \\ \rho_2 - r_2(\overline{u_{k-1}}) - \delta t_{u,k-1} \\ \vdots \\ \rho_N - r_N(\overline{u_{k-1}}) - \delta t_{u,k-1} \end{bmatrix} \tag{5-61}$$

$$\boldsymbol{u} = (x, y, z) \tag{5-62}$$

u_{k-1} 和 $\delta t_{u,k-1}$ 分别表示进行 $k-1$ 次迭代求得的位置和等效钟差结果。

$$\begin{bmatrix} \Delta x \\ \Delta y \\ \Delta z \\ \Delta \delta t_u \end{bmatrix} = \left(\boldsymbol{G}^{\mathrm{T}} \boldsymbol{G}\right)^{-1} \boldsymbol{G}^{\mathrm{T}} \boldsymbol{b} \tag{5-63}$$

对接收机位置和等效钟差进行更新[38]：

$$\begin{bmatrix} x_k \\ y_k \\ z_k \end{bmatrix} = \begin{bmatrix} x_{k-1} \\ y_{k-1} \\ z_{k-1} \end{bmatrix} + \begin{bmatrix} \Delta x \\ \Delta y \\ \Delta z \end{bmatrix}$$
$$\delta t_{u,k} = \delta t_{u,k-1} + \Delta \delta t_u \tag{5-64}$$

对伪距进行求导可得[38]

$$\dot{\rho}_i = \dot{r}_i + \delta t_m \tag{5-65}$$

其中，

$$\dot{r}_i = (\boldsymbol{v}_i - \boldsymbol{v}) \cdot \mathbf{1} \tag{5-66}$$

$$\mathbf{1}^{\mathrm{T}} = \frac{\begin{bmatrix} x_i - x & y_i - y & z_i - z \end{bmatrix}}{\sqrt{(x - x_i)^2 + (y - y_i)^2 + (z - z_i)^2}} \tag{5-67}$$

整理可得

$$\boldsymbol{G} \begin{bmatrix} v_x \\ v_y \\ v_z \\ \delta t_{mu} \end{bmatrix} = \dot{\boldsymbol{b}} \tag{5-68}$$

其中，δt_{mu} 为等效钟差的导数；$\dot{\boldsymbol{b}}$ 中的第 i 项可以表达为[38]

$$\dot{b}_i = \dot{\rho}_i + \frac{v_x^i(x - x_i) + v_y^i(y - y_i) + v_z^i(z - z_i)}{r_i} \tag{5-69}$$

3) 定位精度分析

(1) 定位误差方差分析。

矩阵定位方程可改写为

$$G\begin{bmatrix} \Delta x + \varepsilon_x \\ \Delta y + \varepsilon_y \\ \Delta z + \varepsilon_z \\ \Delta \delta t + \varepsilon_{\delta t_0} \end{bmatrix} = b + \varepsilon_\rho \tag{5-70}$$

用最小二乘法求解式(5-70)，可得

$$\begin{bmatrix} \Delta x + \varepsilon_x \\ \Delta y + \varepsilon_y \\ \Delta z + \varepsilon_z \\ \Delta \delta t + \varepsilon_{\delta t_u} \end{bmatrix} = \left(G^{\mathrm{T}} G\right)^{-1} G^{\mathrm{T}} b + \left(G^{\mathrm{T}} G\right)^{-1} G^{\mathrm{T}} \varepsilon_\rho \tag{5-71}$$

伪距定位误差方差矩阵为[38]

$$\mathrm{Cov}\begin{bmatrix} \varepsilon_x \\ \varepsilon_y \\ \varepsilon_z \\ \varepsilon_{\delta t_y} \end{bmatrix} = E\left[\left(G^{\mathrm{T}} G\right)^{-1} G^{\mathrm{T}} \varepsilon_\rho \left(\left(G^{\mathrm{T}} G\right)^{-1} G^{\mathrm{T}} \varepsilon_\rho\right)^{\mathrm{T}}\right]$$

$$= \left(G^{\mathrm{T}} G\right)^{-1} G^{\mathrm{T}} E\left(\varepsilon_\rho \varepsilon_\rho^{\mathrm{T}}\right) G \left(G^{\mathrm{T}} G\right)^{-1} \tag{5-72}$$

$$= \left(G^{\mathrm{T}} G\right)^{-1} \sigma_{\mathrm{URE}}^2 = H \sigma_{\mathrm{URE}}^2$$

其中，矩阵 H 定义为

$$H = \left(G^{\mathrm{T}} G\right)^{-1} \tag{5-73}$$

H 通常称为权系数矩阵，是一个 4×4 的对称矩阵。

(2) 精度因子。

位置精度衰减因子(position dilution of precision，PDOP)为

$$\mathrm{PDOP} = \sqrt{h_{11} + h_{22} + h_{33}} \tag{5-74}$$

几何精度衰减因子(geometric dilution of precision，GDOP)为

$$\mathrm{GDOP} = \sqrt{h_{11} + h_{22} + h_{33} + h_{44}} \tag{5-75}$$

其中，h_{11}、h_{22}、h_{33}、h_{44} 为权系数矩阵 $\boldsymbol{H}$ 的对角线元素。

误差方程为

$$\tilde{\boldsymbol{G}} \begin{bmatrix} \Delta e \\ \Delta n \\ \Delta u \\ \Delta \delta t_u \end{bmatrix} = \boldsymbol{b} \tag{5-76}$$

其中，Δe、Δn、Δu 分别为东向定位误差、北向定位误差和天向定位误差[38]。

此时，几何矩阵 $\tilde{\boldsymbol{G}}$ 可以表示为

$$\tilde{\boldsymbol{G}} = \begin{bmatrix} -\cos\theta^{(1)}\sin\alpha^{(1)} & -\cos\theta^{(1)}\cos\alpha^{(1)} & -\sin\theta^{(1)} & 1 \\ -\cos\theta^{(2)}\sin\alpha^{(2)} & -\cos\theta^{(2)}\cos\alpha^{(2)} & -\sin\theta^{(2)} & 1 \\ \vdots & \vdots & \vdots & \vdots \\ -\cos\theta^{(N)}\sin\alpha^{(N)} & -\cos\theta^{(N)}\cos\alpha^{(N)} & -\sin\theta^{(N)} & 1 \end{bmatrix} \tag{5-77}$$

其中，$\theta^{(N)}$、$\alpha^{(N)}$ 分别表示卫星 N 的俯仰角和方向角。

$\tilde{\boldsymbol{H}}$ 为

$$\tilde{\boldsymbol{H}} = \left(\tilde{\boldsymbol{G}}^{\mathrm{T}} \tilde{\boldsymbol{G}} \right)^{-1} \tag{5-78}$$

可得几何分布较好，相应的 GDOP 值较小；几何分布较差，相应的 GDOP 值较大[38]。

3. 遥感载荷模型定义

合成孔径雷达(synthetic aperture radar，SAR)成像卫星、多光谱成像卫星、红外成像卫星和可见光成像卫星等均为成像型遥感卫星[52]，地面处理系统进行定位解译、判读、识别等处理形成最终的卫星图像情报[52,53]。

1) 主要影响因素

影响可见光成像卫星系统目标识别能力的因素众多。根据在轨可见光成像卫星系统的运行特性，影响其目标识别能力的主要因素包括星下点分辨率、图像质量、偏航角、成像条件、目标与背景对比度以及信息处理水平等。下面对其中的三个影响因素进行介绍。

(1) 星下点分辨率。分辨率是影响成像卫星图像质量的关键因素。分辨率越高，目标在图像上的细节显示越清楚，相应的目标识别能力越强。美国国家图像解译度分级标准(national imagery interpretability rating scale，NIIRS)的等级划分也是对应到分辨率的，即什么样的 NIIRS 等级对应什么样的图像分辨率，进而对应什么

样的解译能力[53]。

(2) 成像条件。成像条件有太阳高度角、大气、云、雾等，给积分时间的设置带来了极大难度，尤其在较高纬度地区[53]，这些干扰更为严重。

(3) 图像质量。遥感器性能水平决定了光学卫星成像质量，相应参数包括调制传递函数、信噪比、量化位数等[53]。

2) 成像条件影响因子

(1) 太阳高度角影响因子。

太阳高度角计算[54]可得

$$\sin h = \sin\varphi\sin\delta + \cos\varphi\cos\delta\cos t \tag{5-79}$$

其中，φ 为目标区域的纬度；δ 为太阳入射光和赤道之间的角度；t 为太阳时角。

一般地，当目标区域的太阳高度角 $h \geqslant 30°$ 时，可进行详查，$h \geqslant 15°$ 可进行普查。可以使用简单的分段函数来描述太阳高度角影响因子[54]，即

$$f_h = \begin{cases} 1, & 60° < h \\ 0.95, & 30° < h \leqslant 60° \\ 0.65, & 15° < h \leqslant 30° \\ 0.35, & 5° < h \leqslant 15° \\ 0, & h \leqslant 5° \end{cases} \tag{5-80}$$

(2) 气象影响因子。

云量影响因子的函数描述如下：

$$f_{\text{cloud}} = 1 - \frac{n_{\text{cloud}}^2}{64} \tag{5-81}$$

其中，n_{cloud} 为云量水平。

使用分段函数来描述雾影响因子的权重，即

$$f_{\text{fog}} = \begin{cases} 0 \\ 0.2 \\ 0.4 \\ 0.6 \\ 0.8 \\ 1 \end{cases} \tag{5-82}$$

综合云和雾的影响，气象影响因子计算为

$$f_{\text{oto}} = f_{\text{fog}} \cdot f_{\text{cloud}} \tag{5-83}$$

(3) 目标外形及对比度影响因子。

识别不同形状的目标卫星的概率计算如下[54]：

$$\varphi_t = \frac{\sum_\lambda R_t(\lambda)}{401} \tag{5-84}$$

背景 n_m 中材质的平均反射率可由式(5-85)计算得到：

$$\varphi_b = \frac{\sum_\lambda [Rb_1(\lambda) + Rb_2(\lambda) + \cdots + Rb_{n_m}(\lambda)]}{401 \cdot n_m} \tag{5-85}$$

亮度对比度 α_m 可由式(5-86)计算求得

$$\alpha_m = |\varphi_t - \varphi_b| \tag{5-86}$$

根据色度空间的欧几里得距离定义色差，将其用作对比度[54]，记为 β_m。计算 β 值的公式为

$$\beta_m = \frac{\sum_{i=1}^{n_m}\left(\sum_j \left(Rb_i(\lambda bi_j) - R_t(\lambda bi_j)\right)\right)}{n_1 + n_2 + \cdots + n_n} \tag{5-87}$$

场景中对比度影响因子 f_{cen} 计算如下：

$$f_{\text{cen}} = \alpha_m \cdot \beta_m \tag{5-88}$$

4. 仿真算例

一体化飞行器面向突发灾害时的应急空间任务，如地震、山火等，这些任务除了要求快速发射并执行任务，还对任务本身具有要求。例如，灾害发生后，卫星需要快速对目标区域进行遥感成像并提供目标区域的导航增强功能，因为地震等灾害可能导致当地的通信能力失效，导航功能又可能因为灾害发生后的天气受到影响；随后还需要尽快将遥感数据传输至地面站，以供用户分析数据并快速进行决策。因此，本节对载荷的通信、导航和遥感一体化任务进行模拟仿真并执行验证。

具体地，本节应用 SpaceSim 进行导航能力、侦察能力的验证。①验证 SpaceSim 中通过读取双行元文件的形式添加 GPS 以及北斗导航星座的方法；②验证 GPS 与北斗导航星座联合导航的特点及导航精度；③验证 SpaceSim 利用侦察指令实现卫星对特定目标的发现与跟踪；④验证卫星侦察目标并跟踪目标的原理；⑤验证导航增强对导航定位精度的影响。

在验证场景中，为验证导航能力，在 SpaceSim 中利用 GPS 和北斗联合导航

星座为地面上的用户提供导航支持，完成仿真，并输出导航定位误差、GDOP 以及优选定位星等相关信息。

GPS 和北斗联合导航预期结果如图 5-41 所示。

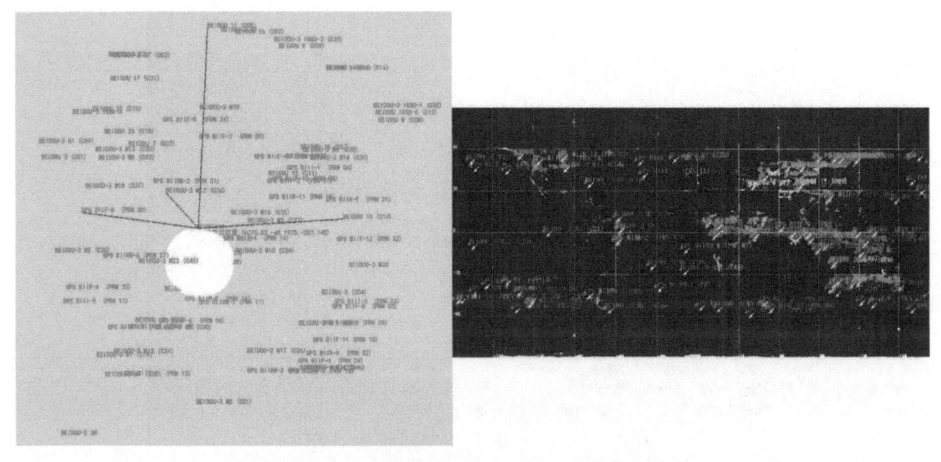

图 5-41　GPS 和北斗联合导航预期结果

为验证快速侦察与导航增强能力，在 SpaceSim 中的轨道上创建了一颗一体化载荷卫星，现使用该卫星探测和侦察飞机，并使卫星在侦测到飞机后始终保持对飞机的跟踪，进行导航增强。一体化载荷卫星仿真参数如表 5-13 所示。

表 5-13　一体化载荷卫星仿真参数

参数名		数值
轨道参数	半长轴	6871.12km
	偏心率	0.000682705
	轨道倾角	97.3989°
	升交点赤经	260.689°
	近地点幅角	266.4°
	真近点角	79.39°
通信载荷参数	天线波束类型	圆锥波束通信
	天线锥角	15°
	发射机/接收机频率	14.5GHz
导航载荷参数	频率波段	L1
	测距码	C/A
遥感载荷参数	分辨率	0.5m/642 像素
	视场	1°

飞机进入卫星的侦察范围后，卫星应当迅速捕捉到飞机的位置，将飞机调整至视野中央，并进行长时间跟踪观察、导航增强，预期结果如图 5-42～图 5-44 所示。可以观察到场景中存在的优选导航星及导航的实时状态信息。

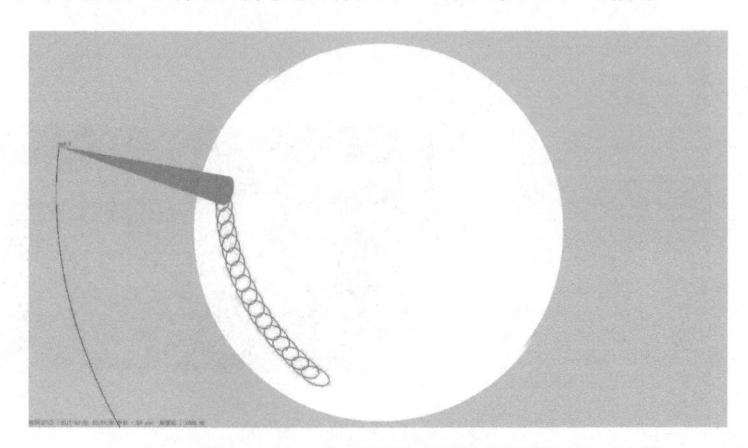

图 5-42　一体化载荷卫星捕捉目标

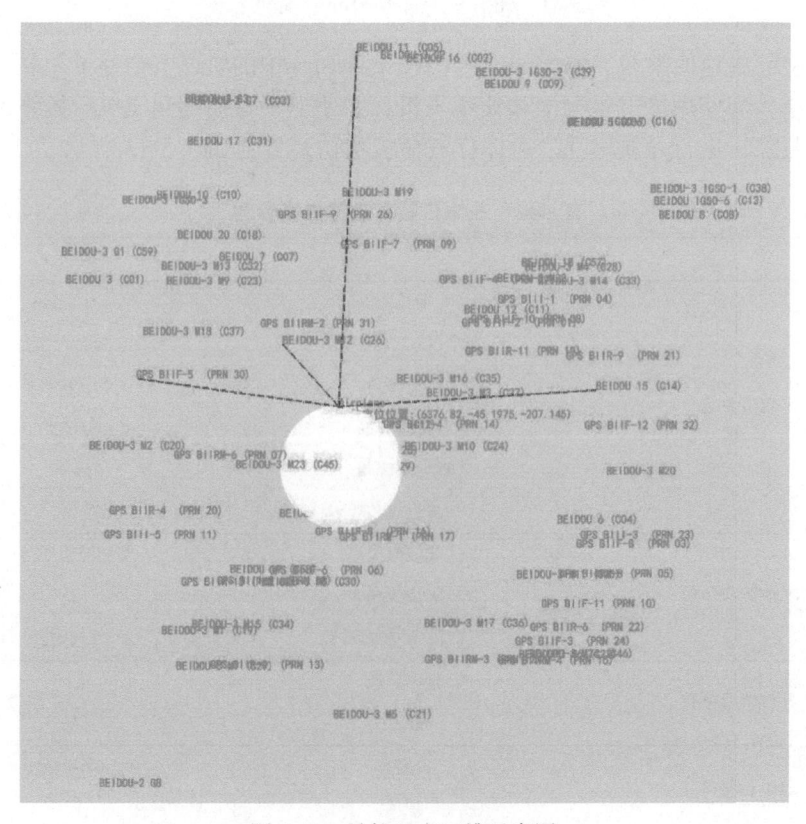

图 5-43　导航星座三维示意图

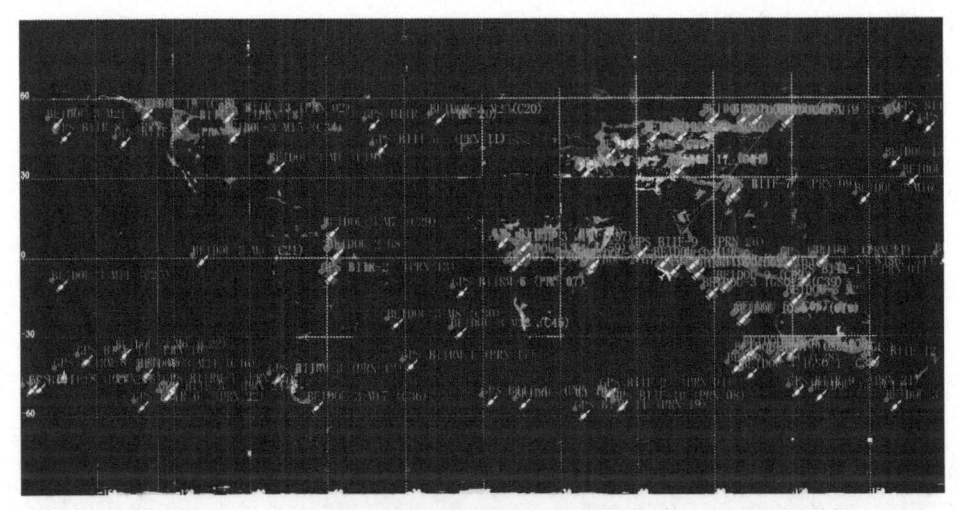

第5章 一体化飞行器系统设计方案与指标体系验证

图 5-44 导航星座二维示意图

将文件输出结果导出，进行比较，给出导航定位误差与 GDOP 数据，如图 5-45 所示。

	SECONDS	JD	time	Airplane.定位误差(km)	Airplane.几何精度因子
1					
2	0.000	2457755.000000	2017-01-01_12:00:00.000	0.000000	0.000000
3	640.000	2457755.007407	2017-01-01_12:10:39.999	0.009083	1.933566
4	1280.000	2457755.014815	2017-01-01_12:21:19.999	0.008672	1.882509
5	1920.000	2457755.022222	2017-01-01_12:32:00.000	0.009065	1.915859
6	2560.000	2457755.029630	2017-01-01_12:42:39.999	0.009382	1.963786
7	3200.000	2457755.037037	2017-01-01_12:53:19.999	0.008331	1.790395
8	3840.000	2457755.044444	2017-01-01_13:04:00.000	0.008618	1.854912
9	4480.000	2457755.051852	2017-01-01_13:14:39.999	0.008470	1.869577
10	5120.000	2457755.059259	2017-01-01_13:25:19.999	0.009348	2.012834
11	5760.000	2457755.066667	2017-01-01_13:36:00.000	0.009124	1.964198
12	6400.000	2457755.074074	2017-01-01_13:46:39.999	0.009651	2.052256
13	7040.000	2457755.081481	2017-01-01_13:57:19.999	0.009184	1.931916
14	7680.000	2457755.088889	2017-01-01_14:08:00.000	0.009531	1.971036
15	8320.000	2457755.096296	2017-01-01_14:18:39.999	0.008926	1.832208
16	8960.000	2457755.103704	2017-01-01_14:29:19.999	0.009277	1.973125
17	9600.000	2457755.111111	2017-01-01_14:40:00.000	0.008744	1.880814
18	10240.000	2457755.118519	2017-01-01_14:50:39.999	0.008912	1.920434
19	10880.000	2457755.125926	2017-01-01_15:01:19.999	0.008659	1.867292
20	11520.000	2457755.133333	2017-01-01_15:12:00.000	0.008897	1.934086
21	12160.000	2457755.140741	2017-01-01_15:22:39.999	0.009052	1.993849
22	12800.000	2457755.148148	2017-01-01_15:33:19.999	0.008871	1.975104
23	13440.000	2457755.155556	2017-01-01_15:44:00.000	0.008993	1.941492
24	14080.000	2457755.162963	2017-01-01_15:54:39.999	0.008582	1.891296
25	14720.000	2457755.170370	2017-01-01_16:05:19.999	0.008760	1.864300
26	15360.000	2457755.177778	2017-01-01_16:16:00.000	0.008926	1.937220
27	16000.000	2457755.185185	2017-01-01_16:26:39.999	0.009399	1.956581
28	16640.000	2457755.192593	2017-01-01_16:37:19.999	0.010393	2.137543
29	17280.000	2457755.200000	2017-01-01_16:48:00.000	0.010016	2.194132
30	17920.000	2457755.207407	2017-01-01_16:58:39.999	0.008568	1.910775
31	18560.000	2457755.214815	2017-01-01_17:09:19.999	0.008854	1.846745
32	19200.000	2457755.222222	2017-01-01_17:20:00.000	0.008625	1.843452
33	19840.000	2457755.229630	2017-01-01_17:30:39.999	0.008762	1.850950
34	20480.000	2457755.237037	2017-01-01_17:41:19.999	0.008671	1.820419
35	21120.000	2457755.244444	2017-01-01_17:52:00.000	0.009615	2.075528
36	21760.000	2457755.251852	2017-01-01_18:02:39.999	0.009511	2.044971
37	22400.000	2457755.259259	2017-01-01_18:13:19.999	0.009093	1.974905
38	23040.000	2457755.266667	2017-01-01_18:24:00.000	0.009008	1.969663
39	23680.000	2457755.274074	2017-01-01_18:34:39.999	0.008591	1.880837
40	24320.000	2457755.281481	2017-01-01_18:45:19.999	0.009389	2.005095
41	24960.000	2457755.288889	2017-01-01_18:56:00.000	0.008512	1.924777
42	25600.000	2457755.296296	2017-01-01_19:06:39.999	0.008706	1.857199
43	26240.000	2457755.303704	2017-01-01_19:17:19.999	0.008484	1.797596
44	26880.000	2457755.311111	2017-01-01_19:28:00.000	0.008780	1.840513

图 5-45 导航定位误差与 GDOP 数据

可以看出，导航增强后相较于独立导航在精度上有了明显提升。在运行过程中，当飞机出现在侦察卫星天线的覆盖范围内时，侦察卫星将迅速锁定目标，并调整天线指向使得飞机位于天线覆盖范围中心，随后，卫星和飞机继续运行，此时侦察卫星天线指向将始终跟随飞机移动，完成对飞机的追踪。

5.4 基于 MBSE 与 SpaceSim 的一体化飞行器指标体系验证

5.4.1 一体化飞行器系统联合仿真模型定义

图 5-46 定义了应用于 SpaceSim 仿真的元模型。利用衍型扩展 SysML 以支持领域建模是 SysML 提供的灵活性和重用性。SpaceSim 元模型包括以下部分。

(1) 主模块<<SpaceSim>>，它定义了仿真执行模块，是 UML(unified modeling language，统一建模语言)类(Class)的扩展，如虚线箭头所示。主模块具有一系列属性：通信方式，由枚举类型 SpaceSimInterface 指定为用户数据报协议(user datagram protocol，UDP)还是传输控制协议和网际协议(transmission control protocol/internet protocol，TCP/IP)；收发地址以确定通信 IP；是否发送和接收数据；版本号以保证建模和分析的一致性。这个模块还包括以下各块作为组成属性。

(2) 时间定义模块，包括仿真默认时间<<默认时间>>、开始时间<<场景开始时间>>和结束时间<<场景结束时间>>。这些模块是 UML 类的扩展，定义了仿真工具中的时间，包括一个<<仿真时间>>的属性。

(3) 场景定义模块<<仿真场景>>，定义了场景模块，同时也具有一个<<仿真时间>>的属性。这个模块也是 UML 类的扩展。

(4) 输出定义模块<<SpaceSim 输出>>。如果 SpaceSim 模块的接收数据布尔值为 1，则需要指定 SpaceSim 输出的数据列表。这个模块扩展了 UML 类，指定了接收的数据。

(5) 执行系统<<SpaceSim 仿真系统>>。这个模块通常是感兴趣的系统，一般是具体的航天器模型。

(6) 仿真约束模块<<SpaceSim 约束>>。它同时扩展了 UML 类和属性。仿真约束模块定义了一系列联合仿真所需的参数关联，如指令拼接和转换等。当仿真约束模块隶属于系统模块时，成为约束属性。

(7) 指令字符串属性<<字符串指令>>。它扩展了 UML Property，是仿真模块内置的属性，定义了仿真发送指令的元素。

(8) 指令数组串属性<<数组指令>>。它扩展了 UML Property，是仿真模块内置的属性，将字符串指令转换为数组，是实际通过接口发送的内容。

第 5 章 一体化飞行器系统设计方案与指标体系验证

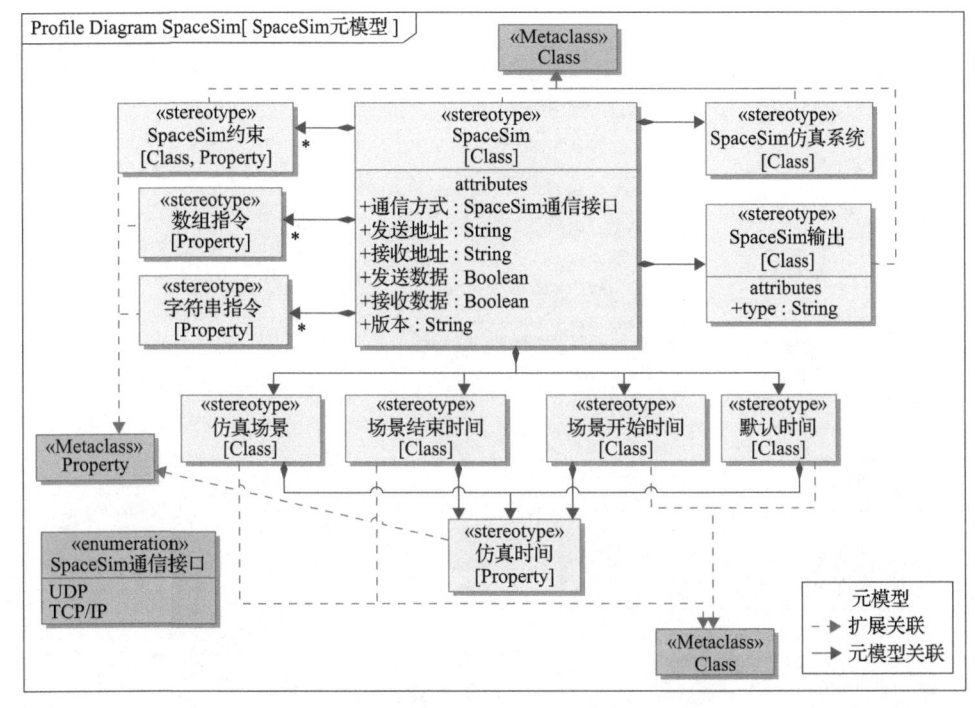

图 5-46 SpaceSim 元模型

图 5-47 定义了系统模型和 SpaceSim 工具联合仿真计算弹道参数的模型。不同类型的模块利用颜色进行区分。执行模块为具有衍型<<SpaceSim>>的模块"SpaceSim 弹道仿真模块",右侧的注释块显示了衍型下具有的全部属性列表。它具有四个美国信息交换标准码(American standard code for information interchange,ASCII)数组指令属性和 8 个字符串属性并显示在值属性分区中。约束属性中定义了 9 个 7 类约束模块,这些约束属性将辅助完成系统元素转换为指令的功能。四个场景定义模块主要定义了仿真涉及的时间,并且包括一个约束属性将时间转换为规定的格式。输出模块和数据接收模块是类似的,输出模块定义了应当接收的数据类型,数据接收模块在仿真中实际接收数据并绘图。一体化飞行器为仿真系统模块,具有额外的衍型<<SpaceSim 仿真系统>>。收发地址同样出现在注释中,利用 UDP 收发数据,因此仿真工具应按照注释设置。

图 5-48 描述了时间场景模块中合并时间参数图。6 个时间属性值为输入,参数模块执行了其他语言编写的函数,返回一个指定格式的字符串。

图 5-49 定义了仿真时间设置指令参数图。它包括接收时间定于模块中的指定时间格式字符串,并输入至函数中构建为指令,同时还包括一个设置仿真时间的计算模块。

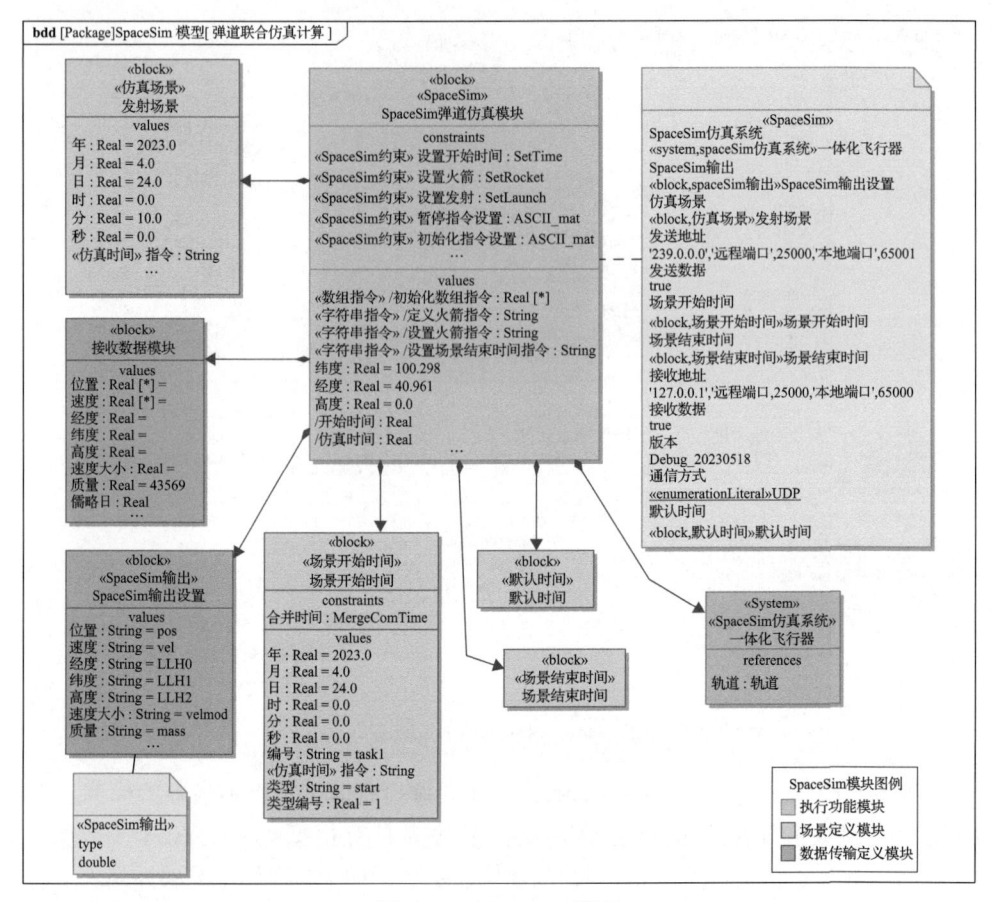

图 5-47 SpaceSim 模型

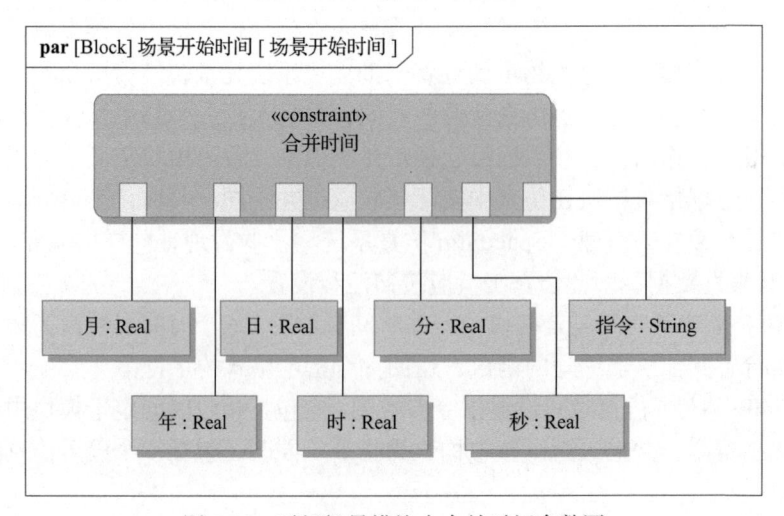

图 5-48 时间场景模块中合并时间参数图

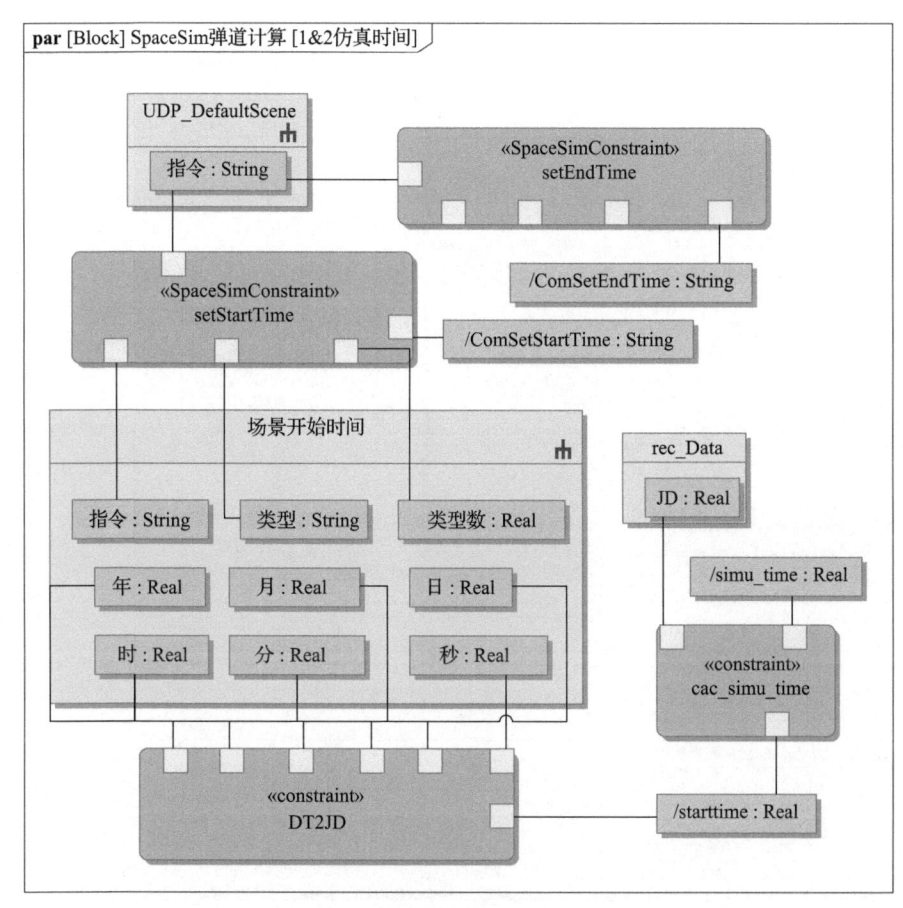

第 5 章　一体化飞行器系统设计方案与指标体系验证　　·251·

图 5-49　仿真时间设置指令参数图

图 5-50 定义了仿真场景设置参数图。这是仿真的核心，将系统模型中定义的飞行器参数通过构建指令，在 SpaceSim 工具中定义一个相同参数的领域模型，以保证模型间信息转换的一致性。

仿真模型还包括几个其他指令定义的参数图，如定义弹道飞行指令和设置输出的参数图及一个将字符串指令转换为 ASCII 数组的参数图。数组是实际发射的指令格式，因此具有<<数组指令>>衍型的属性的多重性不为 1。

5.4.2　一体化飞行器系统联合仿真验证

图 5-51 为控制仿真活动图，负责发送指令并接收数据。这是一张允许执行的活动图，可以显示正在活动的元素。活动图中首先允许接收仿真指令，这些指令是人为发出的。接收到不同的指令后，读取对应的指令并发送到发送指令模块。开始仿真指令下连接了一个接收数据的行为。虚线框表示可中断区域(interruptible

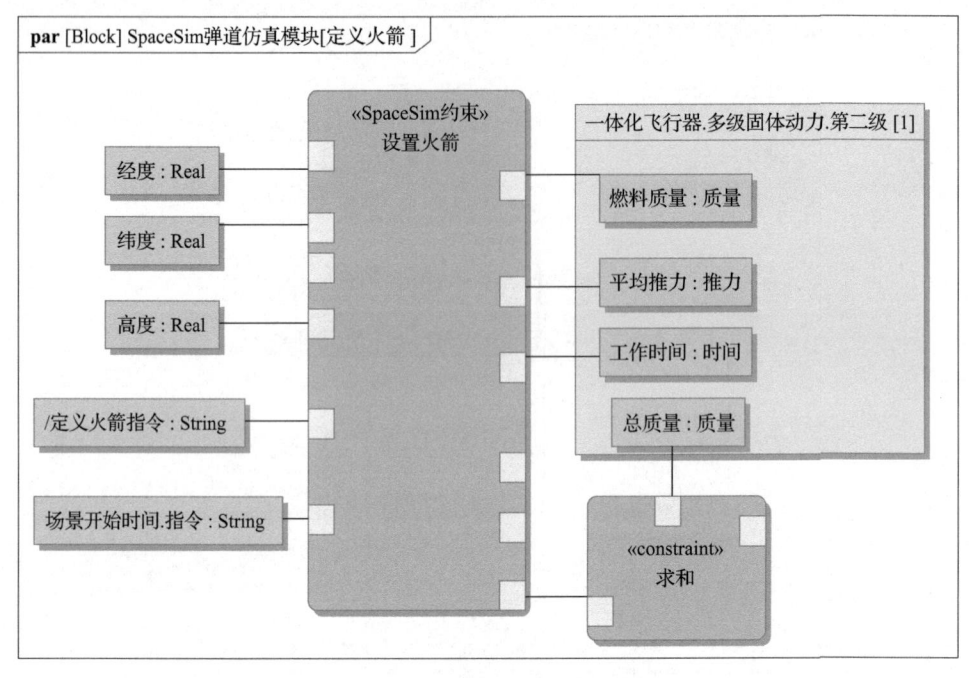

图 5-50 仿真场景设置参数图

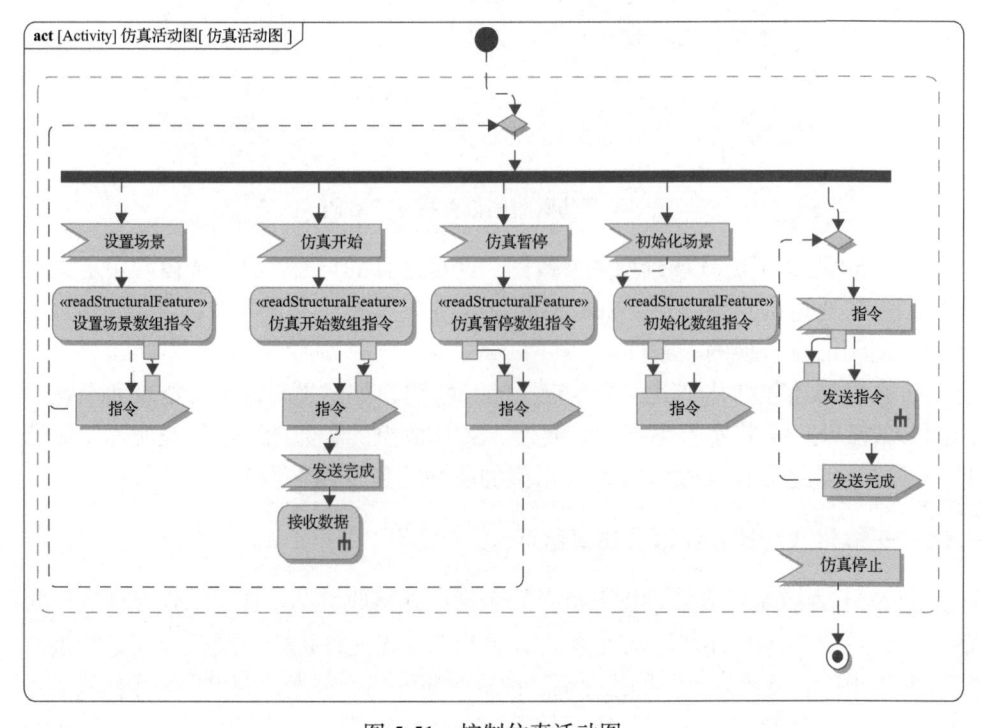

图 5-51 控制仿真活动图

activity region，IAR），由接收 UDPStop 指令控制该区域的终止，接收指令行为具有一条跨越至可中断区域外的控制流，同时流上具有一个末端具有箭头的"z"标识表示该流可中断区域。"接收数据"活动为调用活动，右下角的靶形标记表示其具有另外一张活动图来描述行为，该活动能够接收 SpaceSim 数据。

图 5-52 为仿真中 GUI 定义。SysML 的 GUI 定义要求每一个图形元素代表一个系统的部分。注释表示了每一个面板或其他元素对应的属性。例如，中间定义三级的区域中，外面一层表示了多级固体动力面板，内部的每一行代表每一级的属性，每一个值又对应了每一个值属性。下方三个矩阵面板代表了三张绘制曲线，它们代表了接收数据模块的三个值属性，同时引用了图 5-53 所示的三个图形配置文件。五个指令按钮代表了五个控制仿真的指令，点击这些按钮便可以发出对应的指令以控制仿真的起止。

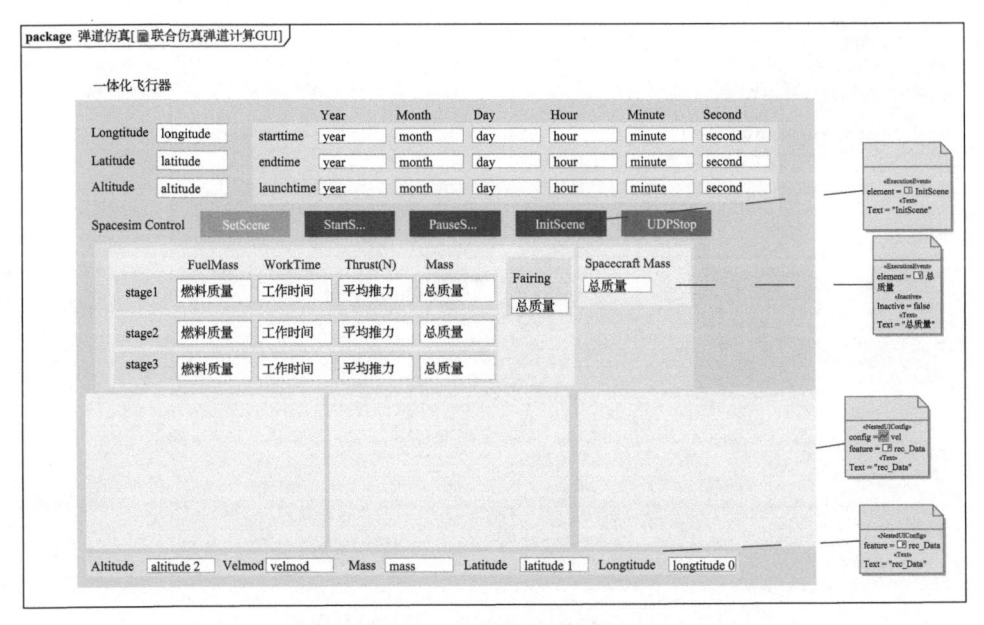

图 5-52　仿真中 GUI 定义

SpaceSim 与 MBSE 联合仿真界面中，左侧为 SysML 模型和 GUI，右侧为 SpaceSim 界面。SysML 工具界面后方为工具界面，展示了执行的模块、中间的命令行及右侧的值属性和值。GUI 中显示了一系列设置和返回的参数以及三条绘制曲线，这些曲线可以导出为表格文件。右侧的 SpaceSim 软件中间为二维轨道曲线，下方为通过 UDP 接口接收到的指令。整个仿真仅需要设置 SpaceSim 工具的通信接口，其他所有元素（包括仿真的起止）都由系统模型控制，实现了系统模型和领域工具的联合仿真。

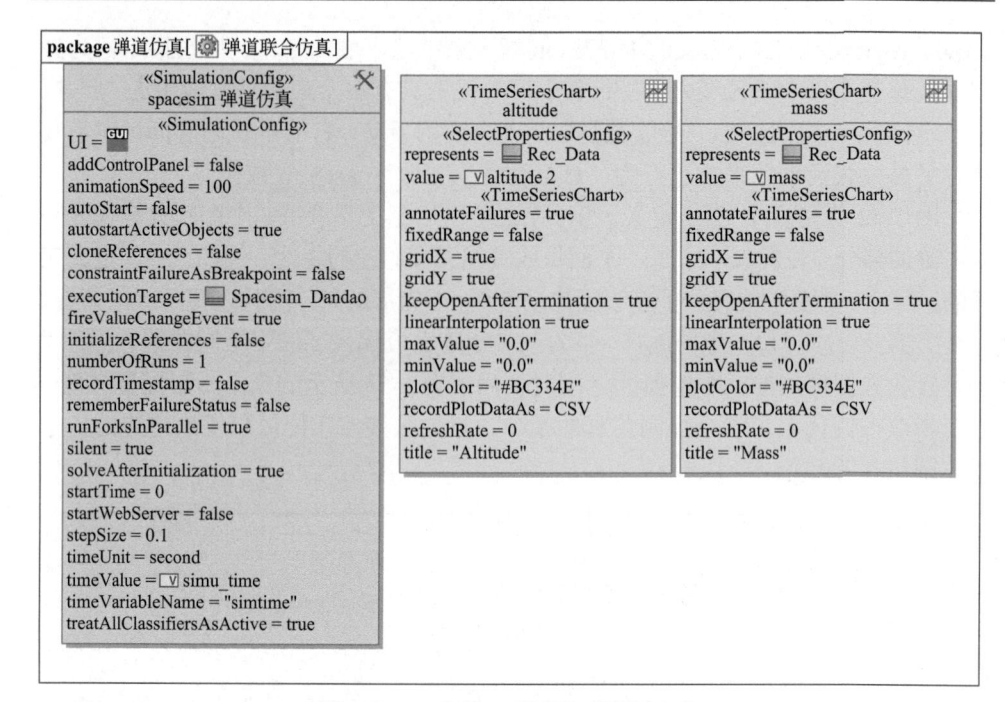

图 5-53 SpaceSim 弹道仿真配置文件

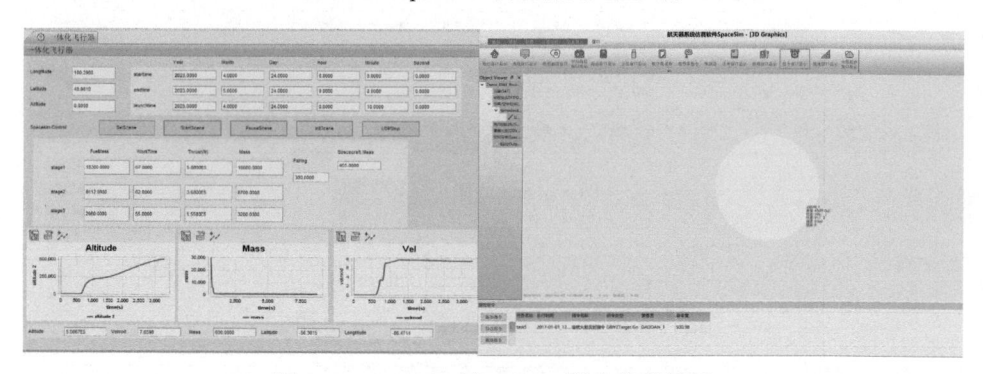

图 5-54 SpaceSim 与 MBSE 联合仿真界面

仿真中获得了一体化飞行器质量、速度和高度的实时曲线。仿真的最后，可以从 GUI 中得到当前的高度和质量。在 5.2.1 节中验证载质比的入轨质量参数就是来自于此。

图 5-55 为联合仿真控制入轨航天器快速机动并执行遥感任务的模型定义图。该仿真不需要接收数据，因此执行模块的注释中接收数据的布尔值为 0，即 false，没有接收地址。场景中需要的系统模型为轨道参数和载荷参数。

由于没有接收参数，所以 GUI 需要重新定义。图 5-56 为 SpaceSim 快速部署与遥感任务 GUI 定义。

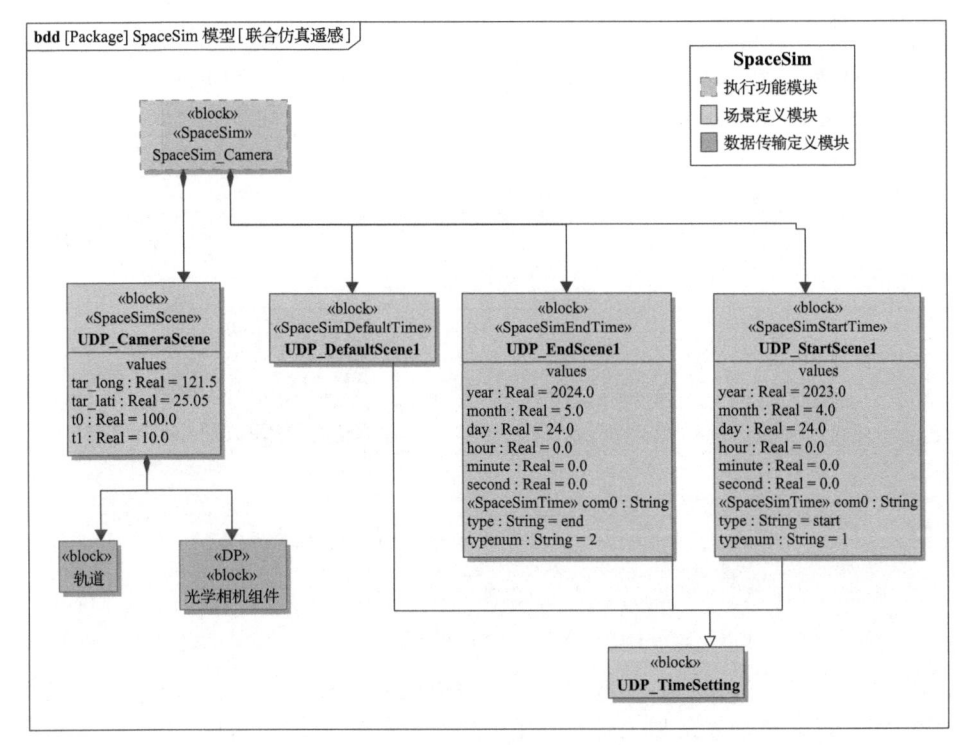

图 5-55 模型定义图

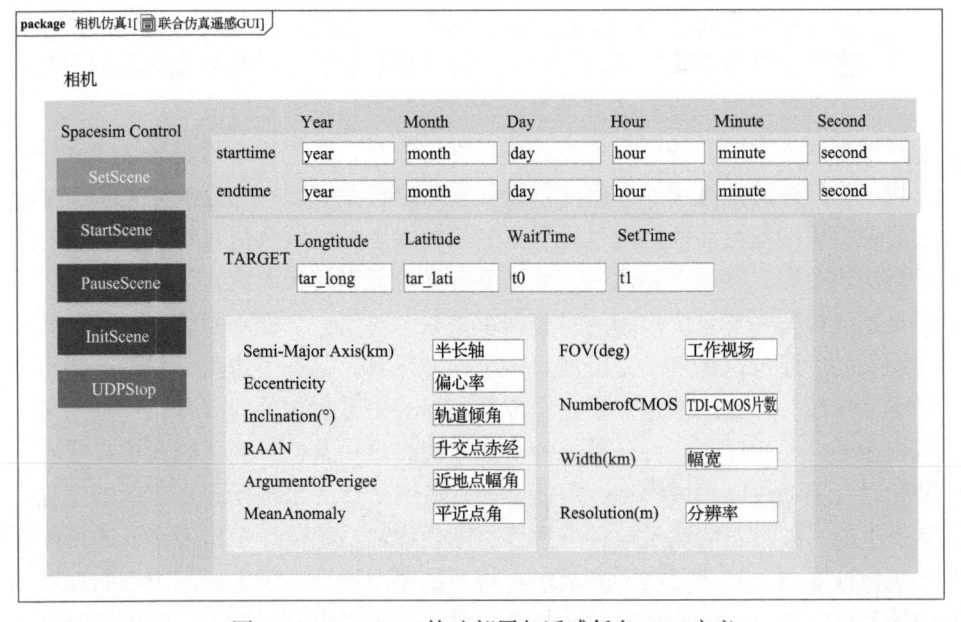

图 5-56 SpaceSim 快速部署与遥感任务 GUI 定义

图 5-57 为 SpaceSim 快速部署与遥感任务联合仿真界面中，左侧在系统模型中定义了仿真时间、星下点转移参数、轨道参数和载荷参数，右侧 SpaceSim 工具中展示了指令、三维轨道界面以及左下角模拟的相机界面。

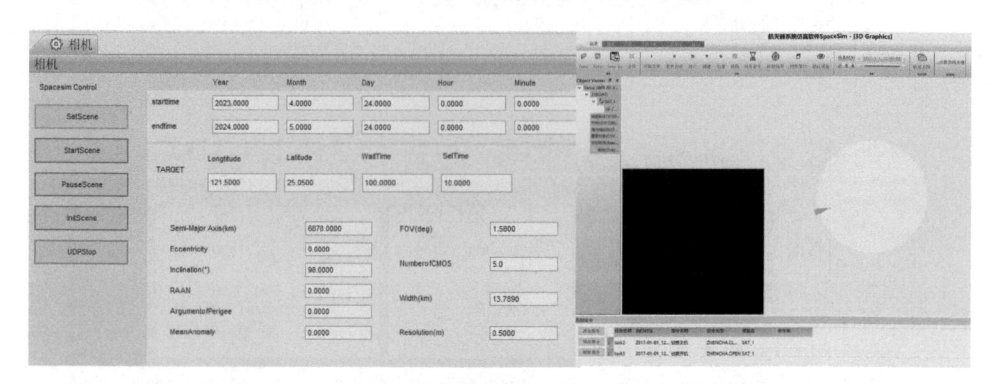

图 5-57　SpaceSim 快速部署与遥感任务联合仿真界面

尽管每一个仿真情景都需要定义模型实例，但由于构造了元模型以及模块化建模，仿真部分支持模型重用，带来了仿真的灵活性。系统的时间是以泛化形式定义的，它们都是定义了时间参数并合并为指定格式的字符串，因此在一个时间设置模块中定义这些元素和关联，利用泛化定义系统的默认模块、开始模块和停止模块，利用重新定义设置各自的值。如图 5-55 下方所示，其他元素可以利用复制操作并少量修改重用，如主执行模块、场景设置模块。主执行模块包括指令发送的活动图，该图与模块一同被复制，但没有接收数据，因此接收数据的行为被移除。对于其他数据接收的仿真情形，也仅需要重新定义该行为即可。约束模块是通过模型库重用的，约束模块本身不会发生变化，其应用是通过聚合于系统执行模块成为约束属性重用的，因此仅需要重新定义参数图以改变参数关联即可。

这种重用性与灵活性是通过元模型的架构实现的。联合仿真将系统模型与领域模型构建关联，领域模型通过系统模型定义的元素转换而成，计算的数据也将返回至系统模型并与系统模型的对应需求关联。对于一个复杂系统，这种方式是很有意义的。通常这种复杂系统涉及多个领域仿真，每一个仿真工具都需要重新手动定义参数，计算结果也需要在全部系统需求中寻找相关的部分，重新定义为领域模型语言并验证。这种分散式的仿真不能满足一致性，当系统元素或需求发生变化时，手动改变领域模型，可能会导致遗漏。然而系统元素或需求的变化是经常发生的，如果不能满足这种一致性，则会增加系统设计中出现错误的可能性并影响设计周期，甚至可能影响成本。将系统模型作为系统工程的中心数据库和知识库，可以有效避免这种问题，带来一系列基于模型的好处。尽管需要额外成本来设计、维护系统模型并开发与领域模型的接口，但从长远来看这种投入是有益的，尤其是当进行更多类似的 MBSE 工作时，以前的模型允许形成模型库并实现重用，可以越来越减少成本并加快设计周期。

5.4.3 一体化飞行器指标体系验证

图 3-10 中定义了一体化飞行器的顶层系统需求，并从不同角度执行了验证。此外，图 3-40 中定义的载荷指标也在图 5-3 中执行了验证。在系统工程中，通常系统工程师会验证顶层的指标或是他们所关注的指标。表 5-14 显示了在本研究中涉及的一体化飞行器顶层系统需求验证情况。

表 5-14 一体化飞行器顶层系统需求验证情况

需求内容	需求类型	验证方式
载质比	性能需求	利用 MBSE 与 SpaceSim 中执行联合仿真得到入轨质量，并通过参数图确认载质比
荷载比	性能需求	利用参数图确认荷载比
具有动态重构能力	功能需求	构建了飞行器工作模式行为图并执行逻辑验证
具有快速响应能力	功能需求	在 MBSE 与 SpaceSim 中执行联合仿真验证快速入轨和快速部署能力
光学相机指标	性能需求	利用参数图验证光学相机的分辨率、幅宽等指标

5.5 本章小结

本章通过 SpaceSim 工具和 MBSE 方法对第 4 章中的一体化飞行器设计方案进行了仿真验证，MBSE 与 SpaceSim 的联合仿真验证了飞行器设计方案的完备性和需求指标的追溯确认。

参 考 文 献

[1] 李淑. 中国成功发射快舟一号卫星[J]. 中国航天, 2013, (10): 22.

[2] 司马文. 2014年世界遥感卫星回顾[J]. 数字通信世界, 2015, (2): 44-59.

[3] 刘琦岩, 陈峰, 郑彦宁. 科技情报和信息服务为战略决策提供支撑[J]. 中国国情国力, 2019, (10): 33-37.

[4] 高雅丽. 我国成功发射快舟十一号固体运载火箭[N]. 中国科学报, 2022-12-8(1).

[5] 刘畅, 庄嘉靖. 长四丙成功发射遥感三十四号02星[J]. 数字通信世界, 2022, (3): 148.

[6] 徐庆鹤, 范立佳, 高洪涛, 等. 遥感卫星平台与载荷一体化构型[J]. 航天返回与遥感, 2014, 35(4): 9-16.

[7] 张保淑. 长光卫星: 领跑中国商业航天[N]. 人民日报海外版, 2023-7-31(9).

[8] 高辰. 长二丁成功发射遥感三十六号卫星[J]. 数字通信世界, 2022, (11): 91.

[9] 朱德超. "吉林一号"小卫星升空在即航天产业园建设快马加鞭[N]. 吉林日报, 2015-5-5(9).

[10] 宋伟阳, 解鹏, 王循. 大型空间离轴三反相机分体支撑结构设计[J]. 光学精密工程, 2021, 29(3): 571-581.

[11] 夏青, 钱山, 张士峰, 等. 飞行器可靠性与性能一体化设计初步研究[J]. 弹箭与制导学报, 2009, 29(1): 257-259, 263.

[12] 刘继民, 郝建平, 刘立泽. 一体化设计理论及其进展[J]. 机械设计, 2006, 23(3): 4-7.

[13] 封燕芳. 基于数字建模的机电一体化数字智能控制系统的设计与实现[J]. 自动化应用, 2024, 65(20): 75-77, 81.

[14] 房德磊, 尚建忠, 罗自荣, 等. 全液压驱动管道机器人公理化设计[J]. 国防科技大学学报, 2019, 41(6): 63-69, 99.

[15] 吴瑛戟. 基于公理化设计理论的中性笔设计方法研究[J]. 中国制笔, 2020, (4): 14-26.

[16] 刘鑫, 李公法, 向峰, 等. 基于公理设计的人机协作数字孪生建模技术[J]. 计算机集成制造系统, 2023, 29(11): 3547-3559.

[17] 杨静雅, 邓兴民, 杨超. MBSE在模型库设计中的应用[C]//2019年(第四届)中国航空科学技术大会, 沈阳, 2019: 960-965.

[18] 王昊琪, 张旭, 唐承统. 复杂工程系统下基于模型的公理化设计方法[J]. 机械工程学报, 2018, 54(7): 184-198.

[19] 王昊琪, 张旭. 基于公理化设计的系统工程方法与MBSE模型体系[J]. 航空制造技术, 2016, (13): 94-104.

[20] Suh N P. 公理设计——发展与应用[M]. 谢友柏, 等译. 北京: 机械工业出版社, 2004.

[21] 肖人彬, 蔡池兰, 刘勇. 公理设计的研究现状与问题分析[J]. 机械工程学报, 2008, 44(12): 1-11.

[22] 甘克勤, 丛超, 张宝林, 等. 基于划分的文本聚类算法在标准文献中的试验与对比研究[J]. 标准科学, 2013, (10): 47-50.

[23] 邬宏伟, 邓益民. 基于有向图的设计耦合识别及相关解耦策略分析[J]. 机械设计与研究, 2020, 36(6): 20-23.

[24] 韩凤宇, 林益明, 范海涛. 基于模型的系统工程在航天器研制中的研究与实践[J]. 航天器工程, 2014, 23(3): 119-125.

[25] Borky J M, Bradley T H. 基于模型的系统工程有效方法[M]. 高星海, 译. 北京: 北京航空航天大学出版社, 2020.

[26] ISO/IEC/IEEE. ISO/IEC/IEEE 24641: 2023 Systems and software engineering—methods and tools for model-based systems and software engineering[S]. New York: IEEE Standards Association, 2023.

[27] 张龙阳, 杨卫东. 需求模板一致性智能化检查[J]. 计算机应用与软件, 2023, 40(9): 290-295, 302.

[28] Xu M, Jiang L, Jia X. The global coverage of a remote-sensing satellite in a sun-synchronous orbit[J]. Transactions of the Japan Society for Aeronautical and Space Sciences, 2018, 61(3): 99-105.

[29] 胡国军, 李世忠, 胡海彦, 等. 一种对地观测卫星的数据传输系统及星地链路设计[J]. 遥感信息, 2009, (1): 66-69, 74.

[30] 贺绍飞, 谷振丰, 李明泽, 等. 快速响应太阳同步轨道/发射窗口一体规划[J]. 航天控制, 2019, 37(5): 51-55.

[31] 金光, 张亮, 胡福生. 大 F 数高分辨率空间望远镜光学系统[J]. 光学精密工程, 2007, (2): 155-159.

[32] 王耕耘, 谢莉莉, 卜洪波. CMOS 图像传感器像元 MTF 与 SNR 设计方法[J]. 激光与光电子学进展, 2021, 58(20): 293-301.

[33] 刘伟, 杨沪宁. "天绘一号"卫星热控设计及飞行验证[J]. 遥感学报, 2012, 16(S1): 61-65.

[34] 王天烨. 星箭一体化飞行器快速入轨轨迹优化研究[D]. 哈尔滨: 哈尔滨工业大学, 2023.

[35] 陶淑苹, 金光, 曲宏松, 等. 实现空间高分辨成像的数字域时间延迟积分 CMOS 相机设计及分析[J]. 光学学报, 2012, 32(4): 93-101.

[36] 童鑫, 钟兴, 曲友阳, 等. 光学卫星等比降地速的地影区主动推扫姿态规划[J]. 宇航学报, 2023, 44(11): 1746-1756.

[37] 黄文博, 张强, 肖飞, 等. 空间快速响应航天器轨道/弹道一体化规划[J]. 固体火箭技术, 2012, 35(1): 11-16.

[38] 袁鸣, 鲍泳林, 武雨霞. 基于 MEMS 的火箭制导平台 INS 与 GPS 组合导航算法[J]. 太赫兹科学与电子信息学报, 2018, 16(5): 807-812.

[39] 宁铠, 吴宝林. 基于事件驱动的航天器星下点轨迹维持控制[J]. 航空学报, 2024, 45(10):

291-303.

[40] 李建轩, 朱倪瑶, 金祖升, 等. 电磁干扰多通道时域快速测量与信号计算方法[J]. 强激光与粒子束, 2024, 36(4): 37-42.

[41] 宋小勇, 杨元喜, 毛悦, 等. Schmidt算法在导航卫星自主定轨中的应用[J]. 测绘学报, 2024, 53(5): 879-888.

[42] 张晗, 康国华, 张琪, 等. 时间与燃料约束的参数自主寻优变轨滑模控制[J]. 中国空间科学技术, 2021, 41(4): 59-68.

[43] 杜兰, 张中凯, 刘利, 等. GEO卫星广播星历的拟合参数设计[J]. 中国空间科学技术, 2013, 33(3): 46-51.

[44] 常燕, 陈韵, 鲜勇, 等. 椭圆轨道上目标监测绕飞轨道构型设计与构型保持[J]. 系统工程与电子技术, 2017, 39(6): 1317-1324.

[45] 盛靖, 张刚, 耿云海. J_2摄动下脉冲推力星下点轨迹调整解析算法[J]. 宇航学报, 2016, 37(8): 908-916.

[46] 黄雄威, 王蜀泉, 张扬, 等. 基于特征参数拟合的多地面目标双星星下点轨迹规划[J]. 中国科学院大学学报, 2024, 41(5): 665-676.

[47] 王豹, 朱英军, 邵一瀚. 低轨卫星通信系统下行链路频偏补偿研究[J]. 中国信息化, 2024, (9): 62-64.

[48] 周文婵, 梅进杰. Ka波段卫星通信雨衰信道模型改进与仿真[J]. 舰船电子对抗, 2017, 40(4): 28-31, 54.

[49] 路一凡, 黄文乾, 尧如歌, 等. 面向灵巧通信卫星应用的数字多波束成形研究[J]. 无线电通信技术, 2024, 50(6): 1137-1146.

[50] 万峰, 张志军, 陈瑞启, 等. 卫星AIT数字孪生关键技术研究与应用[J]. 上海航天, 2024, 41(S1): 148-155.

[51] 薛恩, 郑恒. 导航卫星的随机着色Petri网可靠性模型[J]. 质量与可靠性, 2016, (4): 6-9, 38.

[52] 唐磊, 冀春雷, 苏航. 基于对比综合评价的预警探测效能评估方法[J]. 计算机与数字工程, 2024, 52(11): 3233-3236, 3338.

[53] 白保存, 冯孝辉. 遥感星座的效能分析与重构控制[J]. 计算机仿真, 2022, 39(8): 10-15, 103.

[54] 饶世钧, 陈涛, 洪俊. 基于改进KELM的电子侦察卫星效能评估方法[J]. 火力与指挥控制, 2022, 47(11): 71-75.